경찰대학

기출문제 정복하기

수학

Preface

경찰대학은 조국, 정의, 명예라는 학훈을 바탕으로, 국가관과 봉사정신이 투철한 신념의 경찰인 · 전문인 · 지성인의 양성을 위해 최선을 다하고 있습니다. 1979년 경찰대학설치법이 제정되고 1981년 제1기생이 입학한 이래 2018년 제34기 졸업생까지 현재 약 4,054명(여자 240명)의 졸업생이 경찰인으로서 사회에서 제 역할을 다하고 있습니다. 경찰대학은 전문성이 뒷받침된 창의적 능력과 인권을 존중하고 도덕성과 경찰정신으로 무장한 전인적 핵심리더 육성을 통해, 국민이 자랑하고 세계인들이 선망하는 세계 최고수준의 경찰교육기관으로 발돋움하고 있습니다.

경찰대학에 적합한 인재를 선발하기 위해 실시하는 1차시험 문제의 형식은 수능시험의 형태를 유지하는 것을 기본으로 합니다. 난도가 상당히 높은 편이므로 기출문제를 통해 출제경향을 파악하여 이에 따라 학습하는 것이 중요합니다.

본서는 2006학년도부터 2020학년도까지 총 15개년 기출문제와 상세한 해설을 수록하여 수험생들의 학습에 도움이 되도록 하였습니다.

경찰대학 진학을 위해 지금 이 시간에도 열정과 노력을 아끼지 않고 있을 수험생 여러분의 합격을 기원합니다.

1. 창학이념

① 국가관과 봉사정신에 투철한 신념의 경찰인을 양성한다. : 나라와 사회의 안녕질서를 지켜온 건국/구국/호국의 경찰정신을 계승하며, 민주주의 이념을 구현하는 국가수호의 견고한 보루로서 국민의 신뢰를 받는 봉사자로, 경찰조직의 정예간부로 역사적 소명을 다하는 경찰인을 양성한다.

② 치안업무 발전에 필요한 학술의 전문적 이론과 그 응용방법을 교수, 연구한다. : 인문/사회/자연과학등 일반학 및 경찰학 이론과 응용방법을 교수/연구하여 경찰업무에 대한 창의적이고 발전지향적인 치안시책을 개발한다.

③ 시대의 역사적 상황에 슬기롭고 기민하게 대처할 수 있는 역량을 갖춘 치안행정의 전문인을 양성한다. : 격변하는 사회의 변화발전에 대응할 수 있는 경찰지식과 그 실무능력을 갖춘 전문적인 인적자원을 육성한다.

④ 지도적 인격을 갖춘 지성인을 양성한다. : 국가와 민족을 위해 인할 수 있는 성실하고 유능한 인격체를 육성하기 위하여 지적/사회적/정서적/신체적 발달 및 도덕적 성장의 조화를 이룰 수 있는 전인교육을 실시한다.

2. 교육목표

① 법치질서를 확립하고 국민에 봉사하는 민주경찰 육성
② 올바른 가치관 확립과 지도적 인격도야
③ 체계적인 학습이론과 응용방법 습득
④ 창의적이고 전문적인 경찰 실무능력 배양

3. 학훈

① 조국 : 국가보위의 파수꾼이자 겨레의 선도자로서 자신보다 국가와 국민을 먼저 생각하고 사사로움 없는 충성심으로 자랑스러운 내 조국을 지켜나간다.

② 정의 : 올바르지 않은 것은 배척하고 바른 것은 굳건히 지키는 공명정대하고 청렴결백한 경찰인이 된다.

③ 명예 : 경찰과 자신의 명예를 목숨보다 소중히 여기며 이해를 초월하여 선악과 시비를 분명히 가릴 줄 아는 지도적 인격자가 된다.

4. 비전

① 사명(교육이념) : 경찰대학은 바른 인성과 전문 역량을 바탕으로 국민에 봉사하는 인재를 양성하고, 미래 치안을 선도하는 지식을 창출함으로써 국가와 인류사회 발전에 기여한다.

② 비전

구분		내용
비전		글로벌 치안 인재와 지식의 산실
4대 분야	교육	바른 인성과 전문역량을 갖춘 글로벌 인재 양성
	연구	미래 치안지식의 선도적 창출
	사회공헌	사회 나눔 활동을 통한 공유가치 실현
	인프라	세계 일류 치안중심대학 인프라 구축

5. 졸업 후 진로

① 의무복무

- 경찰대학을 졸업 후 6년간(병역기간 포함) 경찰에 의무적으로 복무
- 의무복무를 이행하지 못할 경우에는 소정의 학비를 상환해야 함

② 병역의무

- 졸업 전 군 훈련소에서 기초 군사훈련 이수(4주)
- 졸업 후 경찰교육원에서 전술지휘과정 이수(8주)
- 의경 기동대에서 총 2년간 지휘관 또는 참모 근무로 병역의무 이행
  →2019학년도 입학생부터 폐지

③ 인사관리

- 병역의무를 마친 후 경찰서에서 2년 6개월간 순환보직 실시(여학생은 졸업 후 전술지휘과정 이수 후 순환보직 실시)
- 지구대 또는 파출소 6개월, 경찰서 수사부서(경제팀) 2년의 순환보직을 마친 후 적성, 희망, 능력 등을 고려하여 인사배치 시행

④ 승진

- 경찰관의 승진은 시험승진과 심사승진으로 이루어지며, 일정한 기간 이상(병역의무기간을 제외하고 경감은 2년, 경정은 3년)의 승진소요연수 경과 후 승진 가능
- 경정까지는 시험승진과 심사승진이 병행되며, 총경부터는 심사에 의해서만 승진

전형일정

구분		일시	장소	내용
인터넷 원서접수 (11일간)		5~6월	인터넷	- 원서 접수 대행업체 홈페이지에 접속하여 원서접수(대학 홈페이지 상단 배너) - 접수 종료 전까지 24시간 접수 ※ 특별전형 지원자는 원서접수 후 지원자격 증빙 서류 기한 내 우편접수
1차시험	시험	7~8월	응시지구 지방경찰청 지정장소	- 지구(14개) : 서울, 부산, 대구(경북), 인천, 광주(전남), 대전, 경기, 강원, 충북, 전북, 경남, 울산, 제주, 충남 ※ 지정장소는 원서접수 후 홈페이지 공지 - 수험표, 컴퓨터용 사인펜, 신분증(주민등록증, 학생증, 운전면허증, 여권 등 사진대조 가능) 휴대
	시험문제 이의제기		인터넷	- 홈페이지 1차시험 이의 제기 코너에서 이의 접수
	합격자 발표		인터넷	- 대학 홈페이지 발표(SMS 발송) - 원서접수 홈페이지 성적 개별 확인
2차시험	구비서류제출	8월	인편 또는 우편(등기)	- 지정일 지정시까지 도착분만 유효함 - 미제출자 불합격 처리
	체력, 인적성, 신체검사, 면접시험	8~10월	경찰대학 경찰병원	- 세부일정은 1차시험 후 홈페이지 공지 ※ 신체검사 수수료, 식비 수험생 부담
최종 합격자 발표		12월	인터넷	- 대학 홈페이지 발표(SMS 발송) ※ 최종 사정 진행에 따라 조기발표 가능
합격자 등록		다음해 1월	인터넷	- 대학 홈페이지에서 합격증 출력 및 등록표 작성 입력
1차 추가합격자 발표		1월	인터넷	- 대학 홈페이지 개별 확인, 합격증 출력
1차 추가합격자 등록			인터넷	- 대학 홈페이지에서 합격증 출력 및 등록표 작성 입력 ※ 이후 등록포기자 발생 시 개별 통지
청람교육 입교		별도 계획에 의거 홈페이지 공지	경찰대학	- 본인이 직접 입교(2주 간 합숙) ※ 미입교(퇴교)자 발생 시 추가합격 개별 통지

※ 2020학년도 모집요강을 바탕으로 작성되었습니다.

1. 모집정원

① 50명(법학과 25명, 행정학과 25명), 학과는 2학년 진학 시 결정

2. 수업연한 : 4년

3. 지원자격

① 일반 · 특별전형 공통(연령, 국적, 학력)

- 2021학년도부터 신입생 입학연령 상한 41세
- 고등학교 졸업자, 입학년도 2월 졸업예정자 또는 법령에 따라 이와 같은 수준 이상의 학력이 있다고 인정된 자

※ 인문 · 자연계열 구분 없이 응시 가능

② 특별전형 지원자격 : 세부사항 경찰대학 홈페이지 참조(http://www.police.ac.kr/)

4. 결격사유

① 지원자격으로 제시된 학력, 연령, 국적에 해당되지 않는 사람

② 경찰공무원법 제7조 제2항의 결격사유에 해당하는 자

※ 「국적법」 제11조의2 제1항에 따른 복수국적자는 청람교육 입교 전에 타국적 포기절차가 완료되어야 함

③ 학장이 정한 신체기준 또는 체력기준에 미달하는 자

5. 구비서류

① 원서접수 구비서류(대상 : 응시자 전원)

- 홈페이지에서 응시원서 접수(수수료 : 원서접수 시 고지)
- 인터넷에 게시된 양식에 따라 응시원서 작성
- 칼라사진 3.5×4.5㎝ (온라인 응시원서 작성 시 첨부파일로 첨부)

※ 특별전형 지원자격 증빙 서류는 경찰대학 홈페이지 참조

② 2차시험 구비서류(대상 : 1차시험 합격자)

- 신원진술서 2부(수험생 본인이 자필로 작성하고 사진 부착, 양식은 홈페이지 다운로드)
- 개인정보제공동의서 2부
- 기본증명서 1부
- 가족관계증명서 1부
- 고등학교 개인별 출결 현황 1부
- 고등학교 학교생활기록부 2부(비적용 대상자는 졸업증서나 합격증 사본을 제출하되 원본은 2차 시험 시 지참)

6. 시험내용

구분	내용				비고
1차 시험	과목	국어	수학	영어	- 모집정원의 400% 선발 - 최종사정에 반영
	문항 수	45문항	25문항	45문항	
	시험시간	60분	80분	60분	
	출제형태	객관식(5지선다형) ※ 수학은 단답형 주관식 5문항 포함			
	배점 전체	100점	100점	100점	
	배점 문항	2점, 3점	3점, 4점, 5점	2점, 3점	
	출제범위	대학수학능력시험과 동일			
		화법과 작문, 독서와 문법, 문학	수학Ⅱ, 미적분Ⅰ, 확률과 통계	영어Ⅰ, 영어Ⅱ	
2차 시험	신체검사, 체력시험, 인적성검사, 면접시험				- 신체검사는 합격, 불합격만 결정 - 체력시험 · 면접시험은 합격, 불합격 결정 후 최종 사정에 반영 - 인적성검사 결과는 면접 자료로 활용
최종 사정 (1,000점)	- 제1차시험 성적 : 20%(200점) - 체력시험 성적 : 5%(50점) - 면접시험 성적 : 10%(100점) - 학교생활기록부 성적 : 15%(150점) - 대학수학능력시험성적 : 50%(500점)				- 학생부 3학년 1학기까지 반영 - 수능시험 표준점수 적용, 영역별 가산점 없음 - 복수지원 제한규정 미적용 ※ 최종사정 방법 참조

7. 최종사정 방법(1,000점)

① 1차시험 성적(20%) : 총점 300점을 200점으로 환산

② 체력검사 성적(5%) : 50점 만점, 20+[(평가 원점수)×3/5]로 환산

※ 체력조건 및 평가기준은 경찰대학 홈페이지 참조

③ 면접시험 성적(10%) : 100점 만점

항목	점수(100)	비고
인성 · 적격성 면접	40	- 평가점수는 100점 만점으로 60점 미만 불합격 - 최종사정 성적환산 : 평가점수÷2+50
창의성 · 논리성 면접	30	
집단토론 면접	30	
생활태도 평가	감점제	

④ 학교생활기록부 성적(15%) : 교과 성적 135점, 출석성적 15점 만점

㉠ 교과성적 산출방법 : 이수단위와 석차등급(9등급)이 기재된 전과목 반영

- 산출공식 = 135점 − (5 − 환산평균) × 5

- 환산평균=환산총점÷이수단위 합계
- 환산총점=과목별 단위 수×석차등급 환산점수의 합계
- 학교생활기록부 석차등급 환산점수

석차등급	1등급	2등급	3등급	4등급	5등급	6등급	7등급	8등급	9등급
점수	5점	4.5점	4점	3.5점	3점	2.5점	2점	1.5점	1점

※ 예체능 교과(우수, 보통, 미흡 3등급 평가) 제외

ⓛ 출석성적 산출방법
- 1·2학년 및 3학년 1학기까지의 결석일수를 5개 등급으로 구분

결석일수	1일 미만	1~2일	3~5일	6~9일	10일 이상
점수	15점	14점	13점	12점	11점

- 지각, 조퇴, 결과는 합산하여 3회를 결석 1일로 계산
- 질병 및 천재지변 등으로 인한 결석, 지각, 조퇴, 결과는 결석일수 계산에서 제외
- 학교생활기록부 출결사항에서 사고(무단)의 경우만 산정

ⓒ 학교생활기록부 비적용대상자의 성적 산출 방법
- 검정고시, 외국고등학교 일부 또는 전 과정 이수자, 조기졸업(예정)자, 입학년도 2월 기준 3년 전 졸업자 등에 한하여 적용
- 수능성적에 의한 비교내신으로 산출

⑤ 대학수학능력시험 성적(50%) : 국어·영어·수학 및 탐구 2과목 필수, 한국사 필수

영역	국어·수학·영어	한국사	탐구	합계
점수	각 140점	등급별 감점 여부	80점	500점

※ 제2외국어, 직업탐구는 제외

8. 남·여 공통 신체조건

구분	내용
체격	경찰공무원채용신체검사 및 약물검사 결과 건강상태가 양호하고 사지가 완전하며 가슴, 배, 입, 구강, 내장의 질환이 없어야 함
시력	시력(교정시력을 포함한다)은 좌우 각각 0.8 이상이어야 함
색신	색신 이상이 아니어야 함(약도색신 이상(異常)은 제외한다)
청력	정상(좌우 각각 40데시벨(db) 이하의 소리를 들을 수 있는 경우)이어야 함
혈압	고혈압(수축기 혈압이 145mmHg을 초과하거나 확장기 혈압이 90mmHg 초과) 또는 저혈압(수축기 혈압이 90mmHg을 미만이거나 확장기 혈압이 60mmHg 미만)이 아니어야 함
사시(斜視)	검안기 측정 결과 수평사위 20프리즘 이상이거나 수직사위 10프리즘 이상이 아니어야 함(안과전문의의 정상 판단을 받은 경우는 제외한다)
문신	시술동기, 의미 및 크기가 경찰공무원의 명예를 훼손할 수 있다고 판단되는 문신이 없어야 함

Q 1차 시험의 시험시간, 출제형태, 난이도 등은 어떻게 되나요?

A 시험시간은 국어 60분, 수학 80분, 영어 60분이며, 문항수는 국어 45문항, 수학 25문항, 영어 45문항입니다. 또한 각각 5지선다형이며 말하기, 듣기평가는 제외이고, 수학은 단답형 주관식 5문항이 포함됩니다. 문제의 난이도는 응시자의 수준을 고려하여 출제하므로 일반적인 시험보다 어렵다고 느끼는 학생들이 있으며, 문제형식은 가급적 수능시험형태를 유지하는 것을 기본으로 합니다.

Q 1차 시험은 어디에서 보나요?

A 1차 시험은 수험생 응시지구의 관할 지방경찰청이 지정하는 장소에서 실시되며 보통 해당 지방경찰청 소재지 내 지정학교에서 시행됩니다. 예를 들어 경기도의 경우 보통 수원에서 실시합니다. 장소는 원서접수 후 별도로 대학 홈페이지에 공지합니다.

Q 경쟁률은 어떤가요?

A 2015학년도 신입생 경쟁률은 남학생 59 : 1, 여학생 160.5 : 1입니다.

Q 경찰대학의 학과는 무엇이 있나요?

A 법학과, 행정학과 등 총 2개의 학과가 있습니다.

Q 법학과, 행정학과 구분은 어떻게 하나요?

A 신입생 모집은 학과 구분 없이 50명을 모집하며, 그 후 희망에 따라 학과지원을 받고 한쪽이 과원일 경우 성적순으로 재배분합니다. 예를 들어 행정학과 지원자 60명일 경우 초과지원자 10명은 법학과로 재배분하는데 그 기준은 입학성적순으로 하게 됩니다. 학과별 정원은 각각 25명입니다.

Q 계열별(인문계, 자연계)로 모집하거나 특혜 또는 차별이 있나요?

A 응시생의 계열과 상관없이 최종성적순에 따라 50명을 모집하며 계열에 따른 특혜나 차별은 전혀 없습니다.

Q 이과생, 실업계, 검정고시 합격자도 지원할 수 있나요?

A 문과, 이과, 실업계 고등학교 학생 모두 아무 제한 없이 지원할 수 있습니다. 물론 검정고시 합격자도 지원 가능합니다. 다만, 우리대학에서 요구하는 대학수학능력시험의 영역을 응시해야 합니다.

Q 수시모집, 편입학제도가 있는가요?, 타 대학 수시합격자도 지원가능한가요?

A 수시모집, 편입학제도는 없습니다. 따라서 모집요강에 나와 있는 절차에 따라 응시해야 합니다. 경찰대학은 특별법에 의해 설립된 대학으로 복수지원 금지규정에 해당되지 않습니다. → 2023학년도부터 편입학 도입 예정

Q 재외교포 특례입학 등 수능을 보지 않고도 입학할 수 있는 방법이 있나요?

A 경찰대학 입학을 위해서는 반드시 수학능력시험에 응시하셔야 합니다.

Q 외국어 특기, 경시대회 입상, 학생회 활동, 봉사활동, 무도단증 등에 대한 어떠한 가산점이 있나요?

A 어떤 종류에 대해서도 가산점을 부여하지 않고 있으며, 아울러 차별이나 감점도 없습니다.

Q 내신반영 과목중 비중이 더 높은 과목이 있나요?

A 전 과목 모두 반영하되 과목의 단위수가 높은 경우 그만큼 비중이 크다고 생각하면 되겠습니다. 만약 국어가 4단위이고, 생물이 2단위라고 하면 단위수가 높은 국어과목이 전체에서 더 큰 비중을 차지하게 됩니다.

Q 비교내신제는 구체적으로 어떻게 하나요?

A 수험생의 수학능력시험성적을 기준으로 상위자와 하위자, 차차상위자와 차차하위자의 점수를 표준으로 비교하여 평균된 내신성적을 산출합니다.

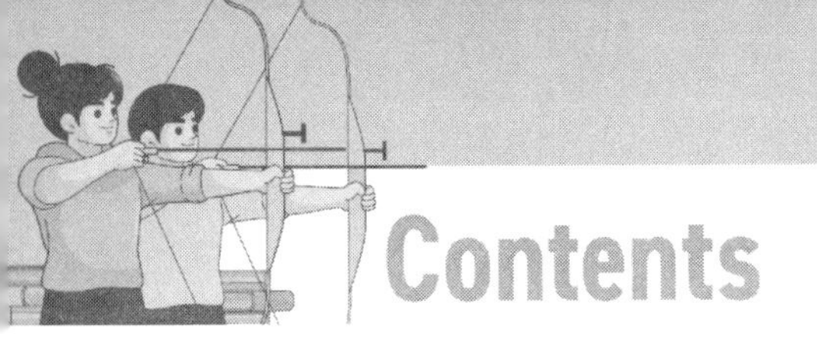

Contents

01 경찰대학 기출문제

02 경찰대학 정답 및 해설

15 2020학년도 기출문제

▶ 해설은 p. 144에 있습니다

※ 각 문항의 답을 하나만 고르시오. 【1~20】

01 실수 x에 대하여 $2^{3x}=9$일 때, $3^{\frac{2}{x}}$의 값은? [3점]

① 4 ② 8
③ 16 ④ 32
⑤ 64

02 $x>1$일 때, $\log_x 1000+\log_{100}x^4$이 $x=\alpha$에서 최솟값 m을 갖는다. $\log_{10}\alpha^m$의 값은? [3점]

① 6 ② 7
③ 8 ④ 9
⑤ 10

03 실수 x에 대하여 ... 일 때, $\lim f(x)=a$, $\lim f(x)=b$
라 하자 ...

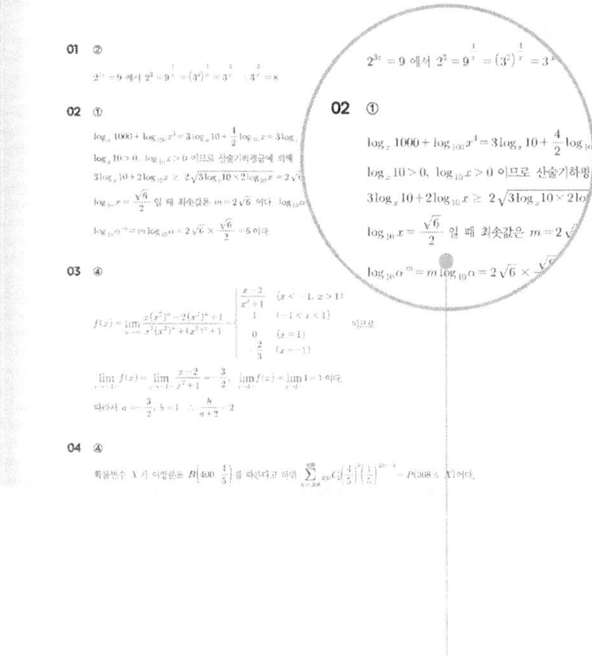

15 2020학년도 정답 및 해설

01 ②

$2^{3x}=9$ 에서 $2^3=9^{\frac{1}{x}}=(3^2)^{\frac{1}{x}}=3^{\frac{2}{x}}$ ∴ $3^{\frac{2}{x}}=8$

02 ①

$\log_x 1000+\log_{100}x^4=3\log_x 10+\frac{4}{2}\log_{10}x=3\log_x 10+2\log_{10}x$

$\log_x 10>0$, $\log_{10}x>0$ 이므로 산술기하평균에 의해

$3\log_x 10+2\log_{10}x\ge 2\sqrt{3\log_x 10\times 2\log_{10}x}=2\sqrt{6}$

$\log_{10}x=\frac{\sqrt{6}}{2}$ 일 때 최솟값은 $m=2\sqrt{6}$ 이다.

$\log_{10}\alpha^m=m\log_{10}\alpha=2\sqrt{6}\times\frac{\sqrt{6}}{2}=6$ 이다

03 ④

04 ④

정답 및 해설

상세하고 꼼꼼한 해설을
함께 수록하여 학습효율을
확실하게 높였습니다.

기출문제

2006학년도부터
2020학년도까지 15개년의
경찰대학 기출문제를 수록하여
실전에 완벽하게 대비할 수
있습니다

01 2006학년도 기출문제

02 2007학년도 기출문제

03 2008학년도 기출문제

04 2009학년도 기출문제

05 2010학년도 기출문제

06 2011학년도 기출문제

07 2012학년도 기출문제

08 2013학년도 기출문제

09 2014학년도 기출문제

10 2015학년도 기출문제

11 2016학년도 기출문제

12 2017학년도 기출문제

13 2018학년도 기출문제

14 2019학년도 기출문제

15 2020학년도 기출문제

PART 01

기출문제 정복하기

01 | 2006학년도 기출문제

▶ 해설은 p. 2에 있습니다.

01 $\sqrt{\frac{1}{\sqrt{5}+\sqrt{2}}}\left(\sqrt{\frac{1}{\sqrt{5}+\sqrt{2}}}-1\right)+\left(\sqrt{\frac{1}{\sqrt{5}+\sqrt{2}}}-1\right)\left(\sqrt{\frac{1}{\sqrt{5}+\sqrt{2}}}+1\right)$
$+\sqrt{\frac{1}{\sqrt{5}+\sqrt{2}}}\left(\sqrt{\frac{1}{\sqrt{5}+\sqrt{2}}}+1\right)$의 값은?

① $\sqrt{5}+\sqrt{2}-1$
② $\sqrt{5}-\sqrt{2}-1$
③ $\sqrt{5}+\sqrt{2}+1$
④ $\sqrt{5}-\sqrt{2}+1$
⑤ 2

02 집합 $S=\{a, b, c\}$에 대하여 연산 $*$가 오른쪽 표와 같이 정의되어 있다. 예를 들어, $a*b=b$이다. 이때, 연산 $*$에 대한 항등원은?

*	a	b	c
a	a	b	a
b	b	b	b
c	a	b	c

① a
② b
③ c
④ b, c
⑤ 없다

03 다음의 다항식 중에서 $x^5-x^4+x^3-x^2+x-1$의 약수의 개수는?

$$x+1,\ x^2+x+1,\ x^3-2x^2+2x-1,\ x^4+x^2+1$$

① 0
② 1
③ 2
④ 3
⑤ 4

04

모든 실수 x에 대하여 행렬 $A=\begin{pmatrix} x+k & x-1 \\ 1 & x \end{pmatrix}$의 역행렬이 존재할 때, 이를 만족시키는 정수 k의 개수는?

① 1
② 2
③ 3
④ 4
⑤ 5

05

삼각형 T_n의 넓이가 $a_n=-n^2+24n+20$일 때, $a_1,\ a_2,\ \cdots,\ a_m$ 중에서 최댓값과 최솟값의 합은? (단, $n=1,\ 2,\ \cdots,\ m$이고 $a_m a_{m+1}<0$)

① 149
② 159
③ 164
④ 184
⑤ 207

06

양수 $x,\ y$가 $x^2+y^2=6xy$를 만족시킬 때, $\left|\dfrac{x-y}{x+y}\right|$의 값은?

① $\sqrt{2}$
② 1
③ $\dfrac{1}{\sqrt{2}}$
④ $\dfrac{1}{2\sqrt{2}}$
⑤ $\dfrac{1}{3\sqrt{2}}$

07

다음 극한값을 구한 것은?

$$\lim_{n\to\infty}\frac{1^2-2^2+3^2-4^2+\cdots+(2n-1)^2-(2n)^2}{1-n^2}$$

① 0
② 1
③ 2
④ 4
⑤ 6

08

무한급수 $S=1+\frac{1}{4}+\frac{1}{9}+\frac{1}{16}+\cdots+\frac{1}{n^2}+\cdots$ 이 수렴할 때,

$1+\frac{1}{9}+\frac{1}{25}+\frac{1}{49}+\cdots+\frac{1}{(2n-1)^2}+\cdots$ 과 같은 것은?

① $\frac{1}{2}S$

② $\frac{3}{4}S$

③ $S-\frac{1}{4}$

④ $S-\frac{1}{3}$

⑤ $S-\frac{1}{2}$

09

다음 그림을 이용하여 $\cos 2\theta$ 의 값을 $\cos\theta$ 를 써서 나타낼 때, 다음 중 옳은 것은? (단, $0^\circ<\theta<45^\circ$)

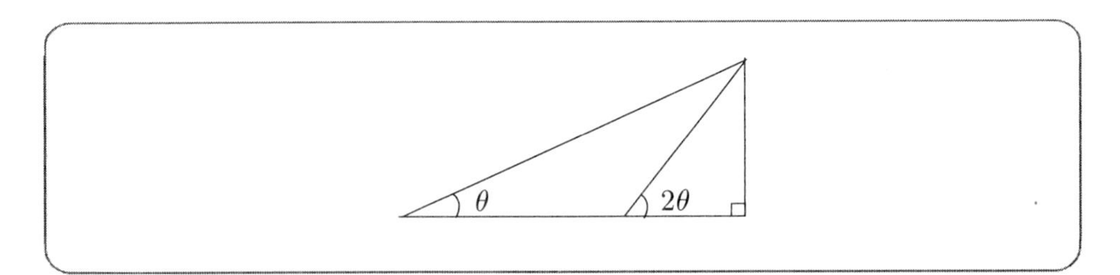

① $\cos^2\theta$

② $1-\cos^2\theta$

③ $1+\cos^2\theta$

④ $1-2\cos^2\theta$

⑤ $2\cos^2\theta-1$

10

n 이 정수일 때, $\left(\frac{1}{81}\right)^{\frac{1}{n}}$ 이 나타낼 수 있는 모든 자연수의 합은?

① 63

② 73

③ 83

④ 93

⑤ 103

11

함수 $y=f(x)$의 그래프와 $y=x$의 그래프는 다음 그림과 같다. $0<a<b<1$일 때, 다음 중에서 옳은 것을 모두 고른 것은? (단, $f \circ g$는 함수 f와 함수 g의 합성함수이고 f^{-1}는 함수 f의 역함수이다.)

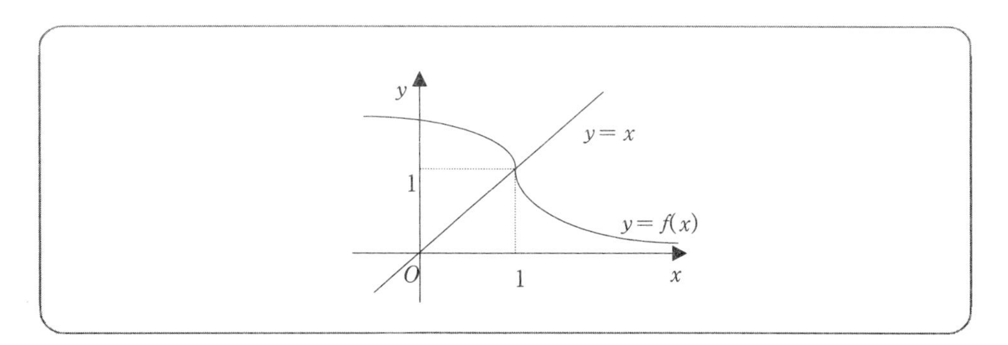

㉠ $f(a) < (f \circ f)(a)$
㉡ $(f \circ f)(a) < (f \circ f)(b)$
㉢ $f^{-1}(a) < f^{-1}(b)$

① ㉠
② ㉡
③ ㉢
④ ㉠㉡
⑤ ㉡㉢

12

실수 x, y가 1보다 클 때, $\dfrac{\log_x 2 + \log_y 2}{\log_{xy} 2}$의 최솟값은?

① 1
② 2
③ 3
④ 4
⑤ 5

13

함수 $y=f(x)$의 정의역 D는 $D=\left\{\frac{n}{2} \mid n=0, 1, 2, \cdots\right\}$이고, D에 속하고 $\frac{1}{2}$보다 큰 모든 x에 대하여 $f(x)-f(x-1)=2x-1$을 만족한다. $f(0)=-1$, $f\left(\frac{1}{2}\right)=0$일 때, $\sum_{n=0}^{10}\left\{f\left(n+\frac{1}{2}\right)-f(n)\right\}$의 값은?

① 50
② 54
③ 58
④ 62
⑤ 66

14

집합 $c=\{(x, y) \mid x+2y \le 30,\ 3x+2y \le 50,\ x \ge 0,\ y \ge 0\}$와 집합 $M_k=\{(x,y) \mid x+y=k\}$(단, $k=0, 1, 2, 3, \cdots$)에 대하여 $C \cap M_k \ne \varnothing$인 k 중에서 가장 큰 값과 가장 작은 값의 합은?

① 10
② 15
③ $\frac{50}{3}$
④ 20
⑤ 25

15

양수 x, y, z가 $x+y+z=1$을 만족시킬 때, $\frac{1}{x}+\frac{4}{y}+\frac{9}{z}$의 최솟값은?

① 36
② 38
③ 40
④ 42
⑤ 44

16

좌표평면 위의 원점 O에서 반직선 $\overrightarrow{OP}$와 반직선 $\overrightarrow{OQ}$가 이루는 각은 $\angle POQ = 60^o$이다. 두 반직선 사이에서 두 반직선에 접하고 넓이가 100π인 원의 중심을 M이라 하고, 반직선 $\overrightarrow{OM}$의 방향을 x축의 양의 방향으로 하자. 원 M이 반직선 $\overrightarrow{OP}$와 접하는 점의 y좌표를 p, 원 M이 반직선 $\overrightarrow{OQ}$와 접하는 점의 y좌표를 q라 할 때, pq의 값은?

① -75
② -25
③ 25
④ 50
⑤ 75

17

수열 $\{a_n\}$과 $\{b_n\}$은 $n \geq 2$일때, $a_n = 2a_{n-1} + b_{n-1}$과 $b_n = -3a_{n-1} - b_{n-1}$을 만족하고 $a_1 = b_1 = 1$이다. $a_{100} + b_{100}$의 값은?

① -2
② -1
③ 0
④ 1
⑤ 2

18

두 곡선 $y = \log_2 x$, $y = \log_3 x$와 직선 $x = 32$로 둘러싸인 영역에 포함되는 x, y좌표가 모두 정수인 점의 개수는? (단, 경계 위의 점은 제외한다.)

① 29
② 31
③ 33
④ 35
⑤ 37

19

K씨는 다음 그림과 같이 한 변의 길이가 K씨의 걸음으로 400보인 정사각형 모양의 분수 광장을 A쪽으로 들어가 B쪽으로 나오는 길로 매일 출근을 한다. 분수대를 비켜 광장을 통과하는 A, B 사이의 최단거리는 K씨의 걸음으로 약 몇 보인가? (단, 분수대는 원 모양이고 그 중심은 광장의 두 대각선의 교점과 일치하며 반지름의 길이는 K씨의 걸음으로 약 141보 $[=100\sqrt{2}$ 보]이다.)

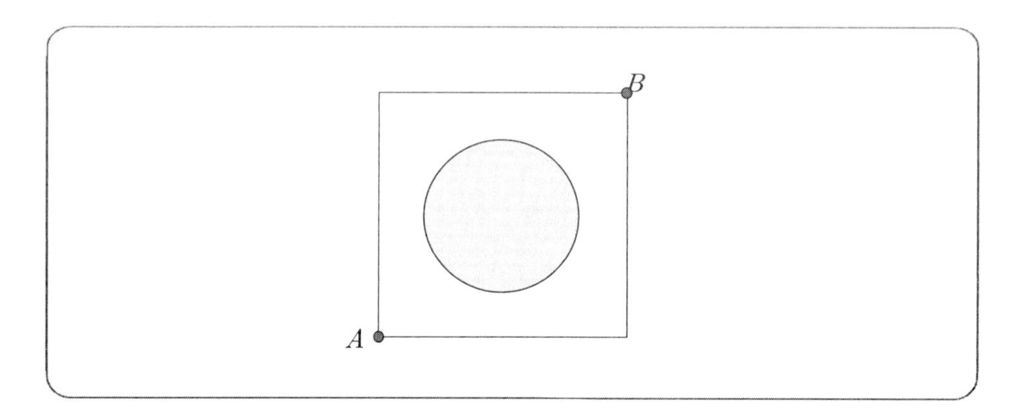

① 약 $431\left[=200\sqrt{2}\left(1+\frac{\pi}{6}\right)\right]$ 보

② 약 $564\left[=100\sqrt{2}\left(2\sqrt{3}+\frac{\pi}{6}\right)\right]$ 보

③ 약 $638\left[=200\sqrt{2}\left(\sqrt{3}+\frac{\pi}{6}\right)\right]$ 보

④ 약 $644\left[=200+100\sqrt{2}\pi\right]$ 보

⑤ 약 $727\left[=100\sqrt{2}(2+\pi)\right]$ 보

20

각 자리의 숫자가 $1, 2, 3$만으로 이루어지고 3의 배수인 4자리 자연수의 개수는?

① 23
② 25
③ 27
④ 29
⑤ 31

21

윷놀이는 네 개의 윷짝으로, 뒤집어지는 윷짝의 개수가 $1,\ 2,\ 3,\ 4,\ 0$일 때, 각각 순서대로 도, 개, 걸, 윷, 모라고 부르며 하는 놀이이다. 그런데 철수는 윷놀이에서 가장 나오기 어려운 것부터 적으면 모, 윷, 도, 걸, 개의 순서라고 주장한다. 각 짝이 뒤집어질 확률 p의 값은 네 짝 모두 같다고 가정하고 또 각 짝의 결과는 서로 독립적이라고 할 때, 철수의 주장이 참이 되는 p 값의 범위는? (단, 가능한 한 좁은 범위로 답하되 철수가 주장하는 순서에 맞는 p값은 모두 범위에 포함되어야 하며, $4^{\frac{1}{3}}=1.58$, $4^{-\frac{1}{3}}=0.63$, $\left(1+4^{-\frac{1}{3}}\right)^{-1}=0.61$로 계산한다.)

① $p<0.5$
② $0.5<p<0.6$
③ $0.5<p<0.61$
④ $0.5<p<0.63$
⑤ $p>0.63$

22

$a_n=\left[\dfrac{n^2}{104}\right]$일 때, $a_1,\ a_2,\ a_3,\ \cdots,\ a_{103}$ 중에서 서로 다른 값의 개수는? (단, $[x]$는 x를 넘지 않은 최대정수이다.)

① 70
② 72
③ 74
④ 76
⑤ 78

23

어느 범죄 연구기관의 조사 결과에 의하면 어떤 종류의 범죄는 출소 후 재범 확률이 0.8에 이른다고 한다. 현재 수감 중인 그 종류의 범죄자 400명 중에서 출소 후에 같은 범죄를 범하는 자의 수가 300명 이상일 확률의 근삿값을 오른쪽 표준정규분포표를 이용하여 구한 것은?

z	$P(0\le Z\le z)$
1.0	0.34
1.5	0.43
2.0	0.48
2.5	0.49

① 0.16
② 0.84
③ 0.93
④ 0.98
⑤ 0.99

24

어떤 범죄 사건에서 3명의 용의자가 포착되었다. 이들이 각각 진범일 확률은 $\frac{1}{3}$로 모두 같고, 이들 중에 진범이 있는 것은 의심의 여지가 없다고 가정하자. 수사반장은 다음과 같은 수사 계획을 세웠다. "우선 3명 중에 한 명을 임의로 뽑아 집중 수사를 한다. 다른 두 명은 과학 수사 팀에 의뢰하여 결백한지, 즉 용의선 상에서 제외할 수 있는지를 조사한다." 그런데 수사반장은 다음과 같은 고민이 생겼다. "계획대로 수사가 시작된 지 얼마 지나지 않았을 때 만약 과학 수사 팀에 의뢰한 두 명 중에 한 명이 결백함이 밝혀진다면 처음 집중 수사 대상이었던 사람을 계속 수사할 것인지 아니면 과학 수사 팀에서 결백함이 밝혀지지 않은 다른 한 사람으로 수사 초점을 바꿀 것인지"가 문제가 된 것이다. 지금까지의 경험으로 볼 때, 과학 수사 결과 결백함이 밝혀진 자가 후일 범인임이 밝혀진 예는 전혀 없었으므로 과학 수사 결과 결백함이 밝혀지면 전혀 의심의 여지가 없는 것으로 가정하고, 또 처음 수사 대상자에 대한 수사 비용과 시간을 무시하기로 할 때, 즉 확률적으로만 판단할 때, 이 경우 수사반장의 합리적인 판단은 어느 것인가?

① 바꾸는 것이 확률적으로 유리하다.
② 바꾸지 않는 것이 확률적으로 유리하다.
③ 바꾸거나 바꾸지 않거나 진범을 알아낼 확률은 같다.
④ 주어진 정보와 가정만으로는 아무것도 알 수 없다.
⑤ 과학 수사 결과 결백함이 밝혀지지 않은 남은 한 사람이 진범이다.

25

정확히 10년 전(120개월 전) A씨는 집을 사면서 집값의 일부를 빌려, 20년 간 매달 월이율 r (연이율 $1200r$ %)의 월 복리로 계산하여 돈을 빌린 지 한 달 후부터 매달 일정 금액 P만큼씩 240회로 나누어 원금과 이자를 갚되 중도에 일시 상환할 경우에는 일시 상환 금액의 2%를 수수료로 추가 지불하기로 하였다. 그런데 A씨는 오늘 오전 120회째 상환금 P를 납부한 직후 B씨에게 집을 팔면서 다음 달 상환금부터는 B씨가 지불하기로 하고 상환 통장을 B씨에게 넘겨주었다. 한편, B씨는 집을 산 그날 오후 마음이 변하여, 남은 10년 간의 상환액을 일시 상환하고자 한다. B씨가 오늘 수수료와 함께 납부해야할 금액을 P와 r을 이용하여 나타낸 것은?

① $1.02P(1+r)[(1+r)^{120}-1]$
② $1.02P(1+r)[1-(1+r)^{-120}]$
③ $\frac{1.02P}{r}[(1+r)^{120}-1]$
④ $\frac{1.02P}{r}[1-(1+r)^{-120}]$
⑤ $\frac{1.02P}{1+r}[(1+r)^{120}-1]$

02 2007학년도 기출문제

▶ 해설은 p. 10에 있습니다.

01 $2007^x = 100$, $0.2007^y = 100$일 때, $\frac{1}{x} - \frac{1}{y}$의 값은?

① $\frac{1}{2}$ ② 1

③ $\frac{3}{2}$ ④ 2

⑤ $\frac{5}{2}$

02 $x = \frac{\sqrt{3}+1}{\sqrt{3}-1}$일 때, $\frac{x^3 - 5x^2 + 6x - 3}{x^2 - 4x + 2}$의 값은?

① 1 ② $\sqrt{3}$

③ $-1+\sqrt{3}$ ④ $1+\sqrt{3}$

⑤ $2+\sqrt{3}$

03 이차정사각행렬 A에 대하여 $A+E$의 역행렬이 $A-3E$일 때, A의 역행렬은? (단, E는 단위행렬이다.)

① $A-3E$ ② $\frac{1}{2}(A-3E)$

③ $\frac{1}{2}(A-2E)$ ④ $\frac{1}{4}(A-3E)$

⑤ $\frac{1}{4}(A-2E)$

04 세 점 $\mathrm{O}(0,\ 0)$, $\mathrm{A}(1,\ 1)$, $\mathrm{B}(1,\ 9)$가 꼭짓점인 삼각형 OAB의 넓이를 직선 $y=k$가 이등분할 때, 상수 k의 값은?

① $\dfrac{5}{2}$　② $\dfrac{8}{3}$

③ 3　④ $\dfrac{10}{3}$

⑤ $\dfrac{7}{2}$

05 $A=\begin{pmatrix} 2 & 1 \\ -1 & -2 \end{pmatrix}$, $B=\begin{pmatrix} 0 & -1 \\ 1 & 0 \end{pmatrix}$일 때, $A^{2n}+B^{39}=\begin{pmatrix} 81 & 1 \\ -1 & 81 \end{pmatrix}$을 만족시키는 정수 n의 값은?

① 2　② 3

③ 4　④ 5

⑤ 6

06 $0<\theta<\pi$ 일 때, $\sin 3\theta=\cos 5\theta$를 만족하는 θ의 개수는?

① 5　② 6

③ 7　④ 8

⑤ 9

07 지수방정식 $(9^x+9^{-x})-(3^x+3^{-x})-10=0$의 두 근을 $\alpha,\ \beta$ 라 할 때, $3^\alpha+3^\beta$의 값은?

① 1　② 3

③ 4　④ 6

⑤ 10

08

자연수 n에 대하여 $\frac{n(n+1)}{2}$을 3으로 나눈 나머지를 a_n이라 할 때, $\sum_{n=1}^{2007} a_n$의 값은?

① 661
② 663
③ 665
④ 667
⑤ 669

09

여론 조사에서 찬성과 반대 의견이 거의 비슷한 어떤 안건을 투표로 결정하려고 한다. 전체 유권자 10000명 중 최소 a%가 찬성해야 통과되는 것으로 정했을 때, 이 안건이 통과될 확률이 0.0228 이하이기 위한 a의 값을 다음 표준정규분포표를 이용하여 구한 것은?

z	$P(0 \le Z \le z)$
0.5	0.1915
1.0	0.3413
1.5	0.4332
2.0	0.4772
2.5	0.4938

① 51
② 52
③ 53
④ 54
⑤ 55

10

자연수 n에 대하여 원 $x^2+y^2=(\frac{1}{4})^{n-1}$을 C_n이라 하자. 원 C_{n+1}의 한 접선에서 원 C_n의 현에 해당되는 선분의 길이를 d_n이라고 할 때, $\sum_{n=1}^{\infty} d_n$의 값은?

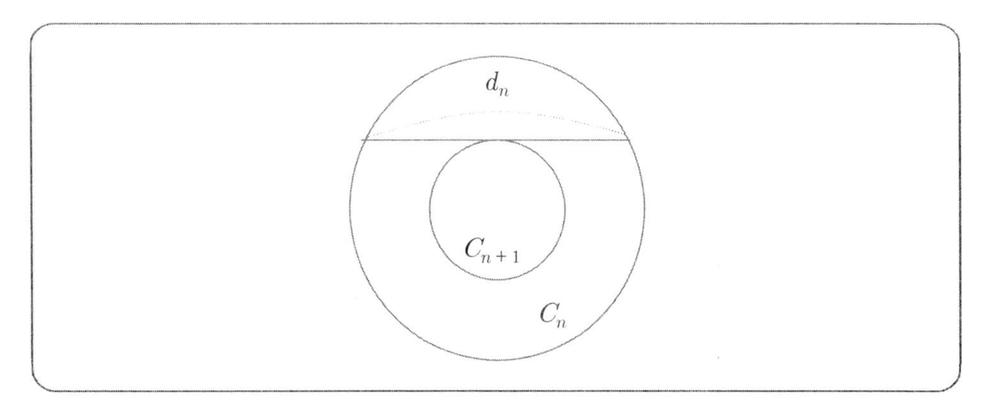

① 2
② $2\sqrt{2}$
③ $2\sqrt{3}$
④ 4
⑤ $2\sqrt{6}$

11 3자리의 수인 289의 각 자릿수 2, 8, 9 는 $2 < 8 < 9$ 를 만족한다. 이와 같이 2자리 이상의 자연수 중에서 항상 뒤의 자리수가 바로 앞의 자리수보다 더 큰 수를 오름수라고 하자. 예를 들어 3579는 오름수이지만 3559나 3576은 둘 다 오름수가 아니다. 다음 중 옳은 것을 모두 고른 것은?

> ㉠ 2자리 오름수의 개수는 36이다.
> ㉡ 4자리 오름수의 개수와 5자리 오름수의 개수는 같다.
> ㉢ 3자리 오름수를 크기순으로 작은 수부터 차례로 나열할 때, 50번째 수는 345이다.

① ㉠　② ㉡
③ ㉠㉡　④ ㉠㉢
⑤ ㉠㉡㉢

12 다음과 같이 귀납적으로 정의된 수열 $\{a_n\}$에 대하여 $\lim_{n\to\infty} n^2 a_n$의 값은?

$$\begin{cases} a_1 = \frac{1}{3} \\ a_{n+1} = \frac{a_n}{3n a_n + 1} \end{cases}$$

① $\frac{1}{6}$　② $\frac{1}{3}$
③ $\frac{1}{2}$　④ $\frac{2}{3}$
⑤ $\frac{5}{6}$

13 $0 \le x \le 1$ 인 임의의 실수 x에 대하여 $2f(x) + 3f(\sqrt{1-x^2}) = x$ 일 때, $f(\frac{1}{3})$의 값은?

① $\frac{-2-6\sqrt{2}}{15}$　② $\frac{-2-3\sqrt{2}}{15}$
③ $\frac{-2+3\sqrt{2}}{15}$　④ $\frac{2-3\sqrt{2}}{15}$
⑤ $\frac{-2+6\sqrt{2}}{15}$

14

사람이 약물을 복용한 후 약물의 혈중 농도는 감소하기 시작한다. 어느 약물의 혈중 농도가 매 10시간마다 $\frac{1}{2}$ 의 비율로 감소한다고 하자. 이 약물의 혈중 농도가 지금의 40%로 줄어드는데 걸리는 시간은? (단, $\log 2 = 0.3$ 으로 계산한다.)

① 13시간 20분
② 13시간 40분
③ 14시간
④ 14시간 20분
⑤ 14시간 40분

15

두 점 A, B를 지름의 양 끝점으로 하는 원 위에 $\angle CAB = 45°$, $\angle DAB = 60°$ 인 두 점 C, D가 있다. $\frac{(\triangle CBD \text{ 의 넓이})}{(\triangle CAD \text{ 의 넓이})}$ 의 값은? (단, C, D는 지름 AB에 대하여 서로 맞은편에 있다.)

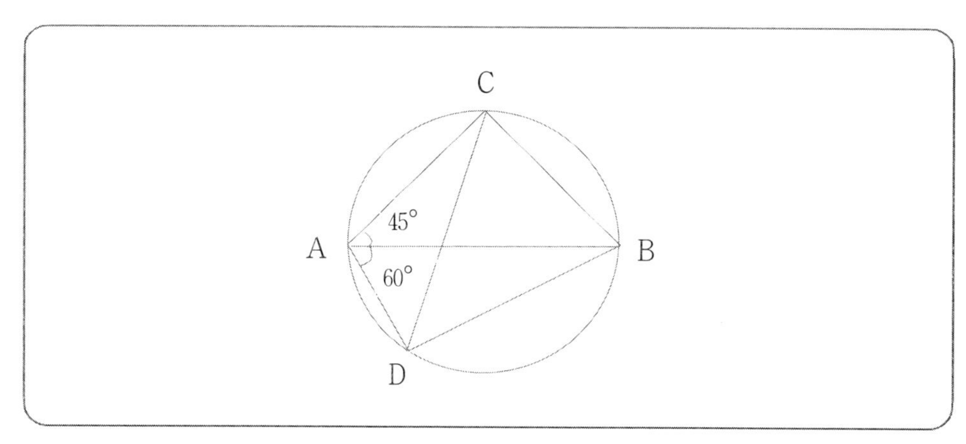

① $\sqrt{2}$
② $\sqrt{3}$
③ 2
④ $2\sqrt{2}$
⑤ $2\sqrt{3}$

16

양의 실수 x에 대하여 $x-[x]$, $[x]$, x가 이 순서대로 등비수열을 이룰 때, $x-[x]$의 값은? (단, $[x]$는 x보다 크지 않은 최대의 정수이다.)

① $\frac{-1+\sqrt{2}}{2}$
② $\frac{-1+\sqrt{3}}{2}$
③ $\frac{1}{2}$
④ $\frac{-1+\sqrt{5}}{2}$
⑤ $\frac{-1+\sqrt{6}}{2}$

17

세 양수 a, b, c에 대하여 $a+b+c=\frac{8}{3}$, $\frac{1}{a+b}+\frac{1}{b+c}+\frac{1}{c+a}=\frac{7}{4}$일 때,

$\frac{a+\frac{1}{3}}{b+c}+\frac{b+\frac{1}{3}}{c+a}+\frac{c+\frac{1}{3}}{a+b}$의 값은?

① 2
② $\frac{9}{4}$
③ $\frac{5}{2}$
④ $\frac{11}{4}$
⑤ 3

18

연립부등식 $\begin{cases} 1 < [\log_4 x]^2 + [\log_4 y]^2 < 4 \\ x+y < 20 \end{cases}$을 만족하는 순서쌍 (x, y) 중에서 x, y가 모두 정수인 순서쌍의 개수는? (단, $[x]$는 x보다 크지 않은 최대의 정수이다.)

① 66
② 78
③ 84
④ 87
⑤ 91

19

정칠각형의 꼭짓점 중에서 임의로 세 점을 선택할 때, 이 세 점을 꼭짓점으로 하는 삼각형이 둔각 삼각형이 될 확률은?

① $\frac{2}{5}$
② $\frac{3}{7}$
③ $\frac{4}{7}$
④ $\frac{3}{5}$
⑤ $\frac{5}{7}$

20

집합 $X=\{1, 2, 3, 4, 5\}$에서 정의된 함수 $f: X \rightarrow X$ 중 $f(1)=2$, $f(f(1))=3$, $f(f(2))=1$을 만족하는 모든 함수를 f_1, f_2, $\cdots$, f_n이라 할 때, $\sum_{k=1}^{n} f_k(3)f_k(4)f_k(5)$의 값은?

① 75
② 100
③ 175
④ 225
⑤ 250

21

$\sum_{k=1}^{18} k\,2^k = 2^p + 2^q + 2^r$일 때, $p+q+r$의 값은? (단, p, q, r은 서로 다른 자연수이다.)

① 35 ② 37
③ 39 ④ 41
⑤ 43

22

서로 다른 세 자연수 x, y, z가 $\frac{1}{x} + \frac{1}{y} + \frac{1}{z} > 1$을 만족할 때, $\frac{1}{x} + \frac{1}{y} + \frac{1}{z}$의 최솟값은?

① $\frac{6}{5}$ ② $\frac{7}{6}$
③ $\frac{13}{12}$ ④ $\frac{31}{30}$
⑤ $\frac{37}{36}$

23

분수함수 $f(x) = \frac{ax+b}{cx+d}$가 다음 세 조건을 만족할 때, $f(5)$의 값은? (단, a, b, c, d는 0이 아닌 실수이고, $ad - bc \neq 0$ 이다.)

> ㉠ $f(1) = 1$
> ㉡ $f(7) = 7$
> ㉢ $x \neq -\frac{d}{c}$인 모든 실수 x에 대하여 $f(f(x)) = x$

① 13 ② 14
③ 15 ④ 16
⑤ 17

24

무승부가 없고, 두 사람이 승패를 겨루는 게임이 있다. 게임에서 지는 사람은 그 다음 게임에 참가하지 않기로 하고, A, B, C 세 사람이 이 게임을 15회 실시한 후, 결과를 다음과 같은 게임 성적표에 작성하려고 한다.

회 / 선수	1	2	…	15	
A			…		승 : ○
B			…		패 : ×
C			…		불참 : △

아래의 세 조건을 만족하는 서로 다른 게임성적표의 개수는?

> ㉠ 첫 게임은 B와 C가 실시하여 B가 이겼다.
> ㉡ 마지막 게임에서는 A가 졌다.
> ㉢ A는 11승, B는 1승을 하였다.

① 4　　② 5
③ 6　　④ 8
⑤ 10

25

한 변의 길이가 1인 정사각형 모양의 종이 ABCD에서 점 A가 변 CD 위에 오도록 한 번 접는다. 이 때, 점 A와 점 B가 옮겨진 점을 각각 점 E와 점 F, 접히는 선을 선분 GH라고 한다. 사다리꼴 EHGF의 넓이의 최솟값은?

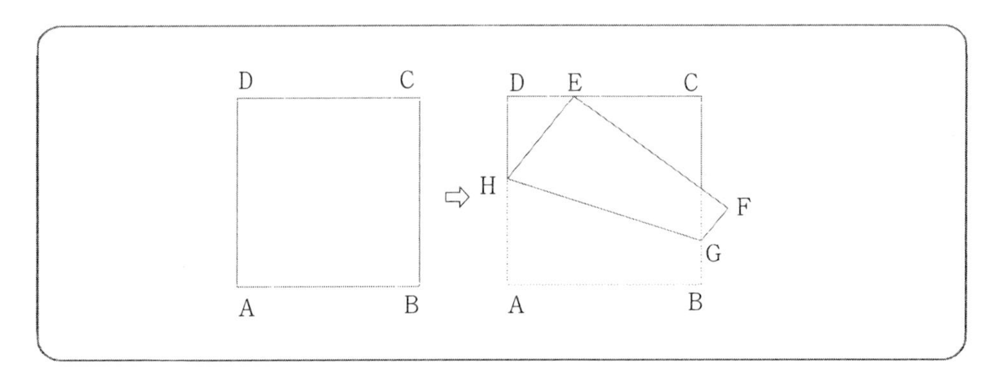

① $\frac{1}{4}$　　② $\frac{3}{8}$
③ $\frac{1}{2}$　　④ $\frac{5}{8}$
⑤ $\frac{3}{4}$

03 2008학년도 기출문제

▶ 해설은 p. 19에 있습니다.

01 복소수 $z=a+bi$ (a, b는 실수)에 대하여 $\dfrac{iz}{z-6}$가 실수일 때, a^2+b^2-6a의 값은?

① -4 ② -2
③ 0 ④ 2
⑤ 4

02 양의 실수의 집합에서 연산 $*$를 $a*b=-\log_{2^a}2^{-b}$로 정의할 때, 다음 중 가장 큰 수는?

① $1*1$ ② $1*2$
③ $2*1$ ④ $1*3$
⑤ $3*1$

03 다음을 만족시키는 세 실수 a, b, c에 대하여 $4a^2+b^2$의 최솟값은?

> 다항식 ax^3+bx^2+cx-8이 $(x-1)^2$으로 나누어 떨어진다.

① 24 ② 26
③ 28 ④ 30
⑤ 32

04

$f(x)=\sqrt{2x-1-2\sqrt{x^2-x}}$ 일 때, $f(1)+f(2)+f(3)+f(4)$의 값은?

① 1
② 2
③ 3
④ 4
⑤ 5

05

두 조건 $p:|x-a|+|y-b|<3,\ q:x^2+y^2<16$에 대하여 p가 q이기 위한 충분조건이 되도록 하는 두 정수 a와 b의 순서쌍 $(a,\ b)$의 개수는?

① 5
② 6
③ 7
④ 8
⑤ 무수히 많다

06

방정식 $x^4-3x^3+4x^2-3x+1=0$의 두 허근을 $\alpha,\ \beta$라 할 때, $\alpha^{2008}+\beta^{2008}$의 값은?

① -2
② -1
③ 0
④ 1
⑤ 2

07

일어날 확률이 p인 사건이 일어날 때 나타나는 놀람의 정도 $S(p)\ (0<p\le 1)$는 $S(p)=-C\log_2 p\ (C>0)$로 주어진다. 놀람의 정도가 $3C$인 사건이 일어날 확률은 놀람의 정도가 $6C$인 사건이 일어날 확률의 몇 배인가?

① 2
② 3
③ 4
④ 8
⑤ 9

08

함수 $f(x)$는 정의역이 실수 전체의 집합인 함수이다. 다음에서 함수 $y=F(x)$의 그래프가 y 축에 대하여 대칭인 것을 모두 고른 것은?

ㄱ $F(x)=f(x)+f(-x)$
ㄴ $F(x)=|f(x)-f(-x)|$
ㄷ $F(x)=f(x)f(-x)$

① ㄱ
② ㄴ
③ ㄱㄴ
④ ㄴㄷ
⑤ ㄱㄴㄷ

09

세 점 $\mathrm{O}(0,\ 0)$, $\mathrm{A}(2,\ 2)$, $\mathrm{B}(2,\ -4)$가 꼭짓점인 삼각형 OAB의 외심이 $\mathrm{C}(a,\ b)$일 때, $10a+b$의 값은?

① 18
② 29
③ 38
④ 45
⑤ 53

10

둘레의 길이가 24인 부채꼴의 넓이의 최댓값은?

① 36
② 40
③ 44
④ 48
⑤ 52

11

방정식 $4^{\sin x}+6\times4^{-\sin x}=5\ (0\le x\le 2\pi)$의 근의 개수는?

① 1
② 2
③ 3
④ 4
⑤ 5

12

다음에서 두 함수의 그래프가 여러 번의 대칭이동과 평행이동으로 일치할 수 있는 것을 모두 고른 것은?

> ㉠ $y=\sqrt{4x-x^2}-1$과 $y=-\sqrt{1-x^2}+4$
> ㉡ $y=2^{x-3}-1$과 $y=3+2\log_{\frac{1}{4}}(x-1)$
> ㉢ $y=\frac{1}{\pi}\sin(\pi x-1)+3$과 $y=-\frac{1}{\pi}\cos(\pi x+3)-1$

① ㉠ ② ㉢
③ ㉠㉡ ④ ㉡㉢
⑤ ㉠㉡㉢

13

모든 실수 x, y에 대하여 부등식 $f\left(\frac{x+y}{2}\right)\le\frac{f(x)+f(y)}{2}$를 만족시키는 $f(x)$를 다음에서 모두 고른 것은?

> ㉠ $f(x)=\sqrt{|x|}$
> ㉡ $f(x)=2^{|x|}$
> ㉢ $f(x)=\log_2(|x|+1)$

① ㉠ ② ㉡
③ ㉠㉢ ④ ㉡㉢
⑤ ㉠㉡㉢

14

어느 시험의 점수 분포가 평균 m, 분산 σ^2인 정규분포를 따른다고 한다. 이 시험에서 m과 $m+\sigma$ 사이의 점수는 성적 '우'를 부여한다고 할 때, '우'의 성적이 나올 확률을 다음 표준정규분포표를 이용하여 구한 것은?

z	$P(0\le Z\le z)$
1.0	0.34
1.5	0.43
2.0	0.48
2.5	0.49

① 0.11 ② 0.16
③ 0.34 ④ 0.43
⑤ 0.48

15

확률변수 X가 5보다 작은 자연수에서 값을 취하고 X의 확률분포가 $\mathrm{P}(X=k+1)=\frac{2}{5}\mathrm{P}(X=k)$ $(k=1,\ 2,\ 3)$로 주어질 때, $\mathrm{P}(X\geq 3)$의 값은?

① $\frac{2}{29}$
② $\frac{3}{29}$
③ $\frac{4}{29}$
④ $\frac{5}{29}$
⑤ $\frac{6}{29}$

16

다음을 만족시키는 집합 A와 B의 순서쌍 $(A,\ B)$의 개수는?

㉠ $A\cup B=\{1,\ 2,\ 3,\ 4,\ 5,\ 6,\ 7,\ 8\}$
㉡ $n(A)=n(B)=5$

① 560
② 588
③ 616
④ 644
⑤ 672

17

각 자리의 수의 합이 19인 세 자리 자연수의 개수는?

① 41
② 42
③ 43
④ 44
⑤ 45

18

police academy에는 2개의 a, c, e를 포함하여 13개의 문자가 있다. 이 중에서 6개를 뽑을 때, 뽑힌 문자가 모두 다를 확률은?

① $\frac{827}{1716}$
② $\frac{833}{1716}$
③ $\frac{839}{1716}$
④ $\frac{845}{1716}$
⑤ $\frac{851}{1716}$

19 넓이가 363인 정삼각형 ABC에서 선분 BC의 중점을 P_0라 하고, 선분 $\mathrm{P}_0\mathrm{A}$를 121등분한 점과 끝점을 P_0로부터 차례로 $\mathrm{P}_0, \mathrm{P}_1, \mathrm{P}_2, \cdots, \mathrm{P}_{120}, \mathrm{P}_{121}=\mathrm{A}$라 하자. 점 $\mathrm{P}_\mathrm{k}(\mathrm{k}=1, 2, 3, \cdots, 120)$를 지나고 직선 $\mathrm{P}_0\mathrm{A}$에 수직인 직선이 선분 AB와 만나는 점을 B_k라 하고, 선분 AC와 만나는 점을 C_k라 하자. 삼각형 $\mathrm{P}_{\mathrm{k}-1}\mathrm{B}_\mathrm{k}\mathrm{C}_\mathrm{k}(\mathrm{k}=1, 2, 3, \cdots, 120)$의 넓이를 a_k라 할 때, $\sum_{k=1}^{120} a_k$의 값은?

① 177 ② 178
③ 179 ④ 180
⑤ 181

20 집합 S는 $S=\left\{\begin{pmatrix} a & b \\ 0 & a \end{pmatrix} \mid a, b\text{는 양의 실수이다.}\right\}$이다. S에 속하는 두 행렬 A와 B가 $B^2=4A$를 만족시킬 때, $F(A)=B$로 나타내자. $F_1(A)=F(A)$, $F_{n+1}(A)=F(F_n(A))$ $(n=1, 2, 3, \cdots)$이다. $A=\begin{pmatrix} 4 & 1 \\ 0 & 4 \end{pmatrix}$일 때, $F_{2008}(A)$의 $(1, 1)$성분과 $(1, 2)$성분의 곱을 α라고 하자. $\log_2 \dfrac{1}{\alpha}$의 값은?

① 2000 ② 2003
③ 2006 ④ 2009
⑤ 2012

21 행렬 $A=\begin{pmatrix} -1 & 1 \\ 0 & -1 \end{pmatrix}$에 대하여 집합 M을 $M=\left\{\begin{pmatrix} x \\ y \end{pmatrix} \mid A^n\begin{pmatrix} x \\ y \end{pmatrix}=\begin{pmatrix} 1 \\ 1 \end{pmatrix}\text{인 자연수 } n\text{이 존재한다.}\right\}$라고 하자. M에 속하는 것은?

① $\begin{pmatrix} 5 \\ 1 \end{pmatrix}$ ② $\begin{pmatrix} 6 \\ 1 \end{pmatrix}$
③ $\begin{pmatrix} 7 \\ -1 \end{pmatrix}$ ④ $\begin{pmatrix} 16 \\ 2 \end{pmatrix}$
⑤ $\begin{pmatrix} 17 \\ 2 \end{pmatrix}$

22 양의 상수 c 에 대하여 다음 식 $a_1 = 1,\ \dfrac{1}{a_{n+1}} = \dfrac{c}{a_n} + 1\ (n = 1, 2, 3, \cdots)$로 정의된 수열 $\{a_n\}$에 대하여, 다음 중 옳은 것을 모두 고른 것은?

> ㉠ $c = 1$ 이면 $\lim\limits_{n\to\infty} a_n = 0$이다.
>
> ㉡ $c > 1$ 이면 $\lim\limits_{n\to\infty} a_n = c - 1$이다
>
> ㉢ $0 < c < 1$이면 $\lim\limits_{n\to\infty} a_n = 1 - c$이다.

① ㉠
② ㉡
③ ㉠㉡
④ ㉠㉢
⑤ ㉠㉡㉢

23 일반항이 $a_n = \sqrt{9n^2 - 2n} - \left[\sqrt{9n^2 - 2n}\right]$ 인 수열 $\{a_n\}$에 대하여 $\lim\limits_{n\to\infty} a_n$의 값은? (단, $[x]$는 x보다 크지 않은 최대의 정수이다.)

① $\dfrac{1}{9}$
② $\dfrac{1}{7}$
③ $\dfrac{2}{9}$
④ $\dfrac{1}{3}$
⑤ $\dfrac{2}{3}$

24 정의역이 실수 전체의 집합인 함수 $f(x)$가 다음을 만족시킬 때, $f(6)$의 값은?

> 모든 실수 x, y에 대하여 $f(2x + y) = 4f(x) + f(y) + xy + 4$이다.

① 7
② 8
③ 9
④ 10
⑤ 11

25

모든 자연수 n에 대하여 부등식 $0 < \frac{1}{3} - \sum_{k=1}^{n} \frac{a_k}{5^k} < \frac{1}{5^n}$이 성립하도록 자연수 a_1, a_2, a_3, $\cdots$ 을 차례로 정할 때, $a_{2007} + a_{2008} + a_{2009}$의 값은?

① 5
② 6
③ 7
④ 8
⑤ 9

04 | 2009학년도 기출문제

▶ 해설은 p. 27에 있습니다.

01 다항식 $f(x)$를 x^2+x-6으로 나누었을 때의 나머지가 $5x-1$이면, 다항식 $f(2x+3)$을 $2x+1$로 나누었을 때의 나머지는?

① 1
② 3
③ 5
④ 7
⑤ 9

02 다음을 만족시키는 행렬 A에 대하여 $(A^{-1})^3$의 모든 성분의 합은?

$$\begin{pmatrix} 1 & 0 \\ 2 & 1 \end{pmatrix} A = \begin{pmatrix} 2 & 0 \\ 0 & 2 \end{pmatrix}$$

① 1
② 2
③ 3
④ 4
⑤ 5

03 두 실수 x와 y에 대하여 행렬 $\begin{pmatrix} x-8 & y \\ 6-y & x \end{pmatrix}$의 역행렬이 존재하지 않을 때, x^2+y^2의 최댓값은?

① 49
② 64
③ 81
④ 100
⑤ 121

04

자연수 n에 대하여 $a_n = 2+(-1)^{\left[\frac{n}{2}\right]}$일 때, $\sum_{n=1}^{2009} a_n$의 값은? (단, $[x]$는 x보다 크지 않은 최대의 정수)

① 4018
② 4019
③ 4020
④ 4021
⑤ 4022

05

다음이 성립할 때, $\frac{x}{y}$의 값은?

$$\log x + \log 3 = 2\log(2x-3y) - \log y$$

① 1
② $\frac{3}{2}$
③ 3
④ $\frac{10}{3}$
⑤ 5

06

다음 그림과 같이 서로 접하고 있는 세 원의 중심은 A, B, C이고 반지름의 길이의 비가 $2:3:4$이다. $\angle \mathrm{ACB} = \theta$라 할 때, $\cos\theta$의 값은?

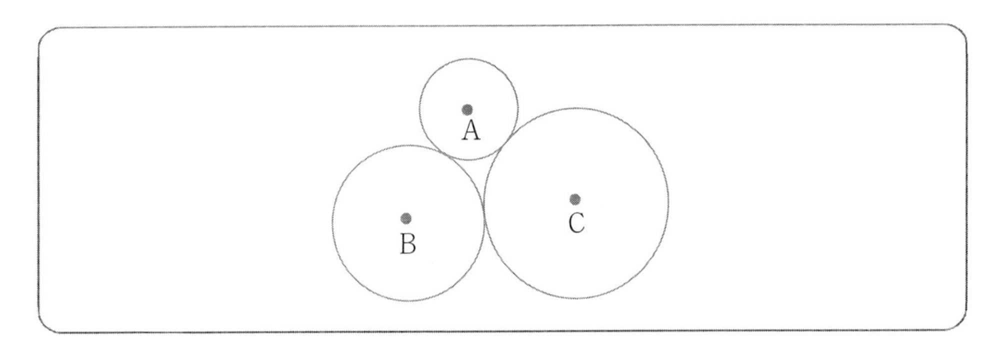

① $\frac{2}{5}$
② $\frac{4}{9}$
③ $\frac{2}{3}$
④ $\frac{5}{7}$
⑤ $\frac{3}{4}$

07

다음 그림과 같이 점 B가 제1사분면에 있는 사분원 $x^2+y^2=1$ 위에서 움직일 때, 삼각형 OAB의 무게중심이 움직여서 그리는 도형의 길이는?

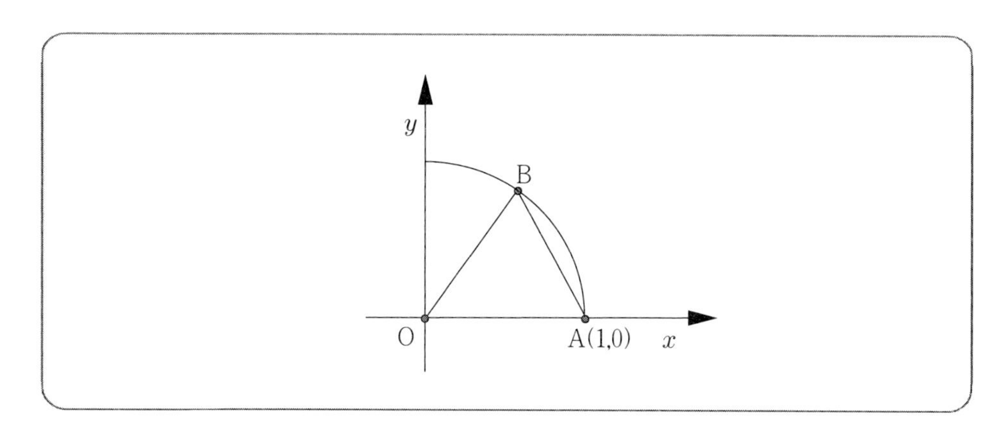

① $\frac{\pi}{6}$　　② $\frac{\pi}{10}$　　③ $\frac{\pi}{8}$　　④ $\frac{\pi}{12}$　　⑤ $\frac{\pi}{16}$

08

집합 $U=\{1,\ 2,\ 3,\ 4,\ 5,\ 6\}$의 두 부분집합 $A=\{2,\ 4,\ 6\}$과 $B=\{3,\ 6\}$에 대하여 다음을 만족시키는 U의 부분집합 C의 개수는?

$$A\cup C=B\cup C$$

① 4　　② 8　　③ 16　　④ 32　　⑤ 64

09

이차함수 $f(x)=ax^2+c$에 대하여 $|x|\le 1$이면 $|f(x)|\le 2$일 때, a의 최댓값은?

① 1　　② $\frac{3}{2}$　　③ 2　　④ 4　　⑤ 8

10 두 함수 $f(x)=5-|x|$와 $g(x)=-5+|x|$에 대하여, 다음 부등식이 나타내는 영역의 넓이는?

$$0 \le y \le f(g(x))$$

① 42
② 44
③ 46
④ 48
⑤ 50

11 다음 연립부등식의 영역에 속한 점 (x, y)에 대하여 x^2+2y 의 최솟값은?

$$\begin{cases} |x|+|y| \le 1 \\ x^2-4y^2 \ge 0 \end{cases}$$

① $-\frac{3}{2}$
② -1
③ $-\frac{1}{2}$
④ $-\frac{1}{3}$
⑤ $-\frac{1}{4}$

12 3명의 경위와 8명의 순경이 4명, 4명, 3명으로 나누어 서로 다른 세 순찰차에 탑승하려고 한다. 3명의 경위는 각각 다른 순찰차에 탄다고 할 때, 탑승하는 방법의 수는?

① 3360
② 6720
③ 8400
④ 10080
⑤ 13640

13 $-2 \le X \le 4$의 모든 값을 취하는 확률변수 X의 확률밀도함수 $f(x)$는 $f(1-x)=f(1+x)$을 만족시킨다. $\mathrm{P}(1 \le X \le 3) = 2\,\mathrm{P}(3 \le X \le 4)$이고 $\mathrm{P}(0 \le X \le 1) = \frac{1}{4}$일 때, $\mathrm{P}(0 \le X \le 3)$의 값은?

① $\frac{5}{12}$ ② $\frac{1}{2}$
③ $\frac{7}{12}$ ④ $\frac{2}{3}$
⑤ $\frac{3}{4}$

14 어느 보험회사에서 운영하는 긴급 차량 서비스의 출동 시간은 평균이 20분이고 표준편차가 4분인 정규분포를 따른다고 한다. 이 보험회사의 긴급 차량 서비스를 요청한 고객 16명에 대한 출동 시간의 평균이 18분 이상 21분 이하일 확률은?
(단, $\mathrm{P}(0 \le Z \le 1) = 0.3413$, $\mathrm{P}(0 \le Z \le 1.5) = 0.4332$, $\mathrm{P}(0 \le Z \le 2) = 0.4772$)

① 0.7745 ② 0.8185
③ 0.8664 ④ 0.9104
⑤ 0.9544

15 1보다 큰 자연수 k에 대하여 $y = k \cdot 2^x$의 그래프를 x축의 방향으로 a_k만큼 평행이동하면 $y = 2^x$의 그래프와 일치한다. 이 때, $\sum_{n=1}^{10} a_{2n} = \log_2 m$을 만족시키는 자연수 m의 값은?

① $2 \cdot 10!$ ② $2^9 \cdot 10!$
③ $2^{10} \cdot 10!$ ④ $2^9 \cdot 20!$
⑤ $2^{10} \cdot 20!$

16 $0 \le x \le \pi$일 때, x에 관한 방정식 $\left[\cos x + \frac{1}{2}\right] = x - k$의 정수해가 존재하도록 하는 k의 값의 합은? (단, $[x]$는 x보다 크지 않은 최대 정수)

① 1 ② 2
③ 5 ④ 7
⑤ 8

17

모든 항이 양수인 등비수열 $\{a_n\}$이 $\sum_{k=1}^{12} a_k = 100$과 $\sum_{k=1}^{12} \frac{1}{a_k} = 10$을 만족시킬 때, $\sum_{k=1}^{12} \log a_k$의 값은?

① 3 ② 4
③ 6 ④ 8
⑤ 10

18

다음을 만족시키는 수열 $\{a_n\}$에 대하여 a_{20}의 값은?

$$a_1 = 0,\ n^2 a_{n+1} = (n+1)^2 a_n + 2n + 1 \ \ (n = 1, 2, 3, \cdots)$$

① 399 ② 400
③ 401 ④ 402
⑤ 403

19

기울기가 -1인 직선 l이 곡선 $y = \log_2 x$와 만나는 점을 $\mathrm{A}(a, b)$, 직선 l이 곡선 $y = \log_4 (x+2)$와 만나는 점을 $\mathrm{B}(c, d)$라고 하자. $\overline{\mathrm{AB}} = \sqrt{2}$일 때, $a+c$의 값은? (단, $1 < a < c$)

① 9 ② 10
③ 11 ④ 12
⑤ 13

20

n개의 주사위를 던져서 나온 눈의 수의 최댓값이 5일 확률을 P_n이라 할 때, 무한급수 $\sum_{n=1}^{\infty} \mathrm{P}_n$의 합은?

① $\frac{2}{3}$ ② $\frac{5}{6}$
③ 1 ④ $\frac{5}{3}$
⑤ 3

21

10보다 큰 자연수 n에 대하여 집합 $\{1, 2, 3, \cdots, n\}$의 두 부분집합 X와 Y를 택할 때, $n(X \cap Y) = 1$인 경우의 수는? (단, $n(A)$는 집합 A의 원소의 개수)

① $\sum_{k=1}^{n} {}_nC_k 2^{n-k}$

② $\sum_{k=1}^{n} {}_nC_k 2^{n-k-1}$

③ $\sum_{k=1}^{n} n \cdot {}_nC_k 2^{n-k}$

④ $\sum_{k=1}^{n} k \cdot {}_nC_k 2^{n-k-1}$

⑤ $\sum_{k=1}^{n} k \cdot {}_nC_k 2^{n-k}$

22

두 자연수 p와 q가 모두 소수이고, x에 관한 이차방정식 $x^2 + 8px - q^2 = 0$의 두 근 α와 β가 모두 정수일 때, $|\alpha - \beta| + p + q$의 값은?

① 32
② 34
③ 36
④ 38
⑤ 40

23

함수 $f(x) = \frac{1}{2}(3^x - 3^{-x})$의 역함수를 $g(x)$라 할 때, 다음을 만족시키는 x의 값 전체의 곱은?

$$\sum_{n=1}^{\infty} \{g(x)g(-x)\}^n = -\frac{1}{5}$$

① $-\frac{1}{5}$
② $-\frac{1}{4}$
③ $-\frac{1}{3}$
④ $-\frac{1}{2}$
⑤ -1

24 다음은 중국 남송 시대 진구소의 책 「수서구장(數書九章)」 측망류에 있는 문제 요도원성(遙度圓城)이다.

둥근 성이 있는데, 그 둘레와 지름을 알지 못한다. 네 문 가운데 북문 밖으로 3리 되는 곳에 높이 솟은 나무가 있다. 남문을 나오자마자 방향을 꺾어 동쪽으로 9리를 가면 그 나무가 보인다. 성의 둘레와 지름이 각각 얼마인지 알고자 한다.

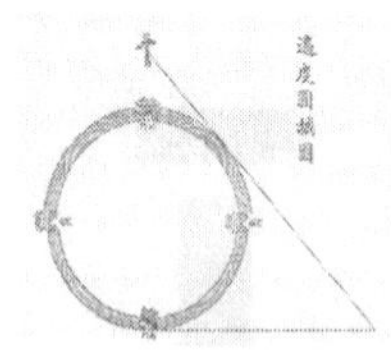

위의 문제 상황을 다음 그림과 같이 성을 원, 북문을 N, 나무를 T, 남문을 S, 나무가 보이는 위치를 P, N과 T 사이의 거리를 $a=3$, S와 P 사이의 거리를 $b=9$로 나타내자. 이때, 성의 지름 $x=\overline{\mathrm{NS}}$를 구하는 올바른 방정식은?

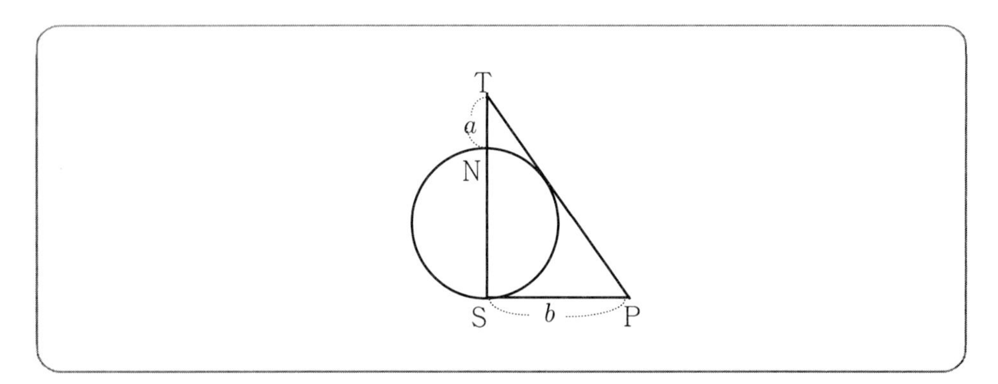

① $x^3+ax^2-4ab^2=0$

② $2x^3+ax^2-a^2b=0$

③ $x^3-2ab^2x-4a^2b^2=0$

④ $2x^3+2ab^2x-a^2b^2=0$

⑤ $x^3+ax^2-2a^2x-a^3+a^2b=0$

25 두 원 C_1 : $x^2+y^2=1$과 C_r : $x^2+y^2=r^2$이 있다. (단, $r>1$) 다음 조건에 따라 C_r 위의 점 P_k를 차례로 잡자. $(k=1,\ 2,\ 3,\ \cdots)$

- $\mathrm{P}_1=\mathrm{P}_1(r,\ 0)$
- 점 P_{k+1}은 점 P_k에서 C_1에 그은 접선이 C_r와 만나는 점이다.
- 선분 $\mathrm{P}_1\mathrm{P}_2$는 제1사분면을 지난다.
- 선분 $\mathrm{P}_{k+1}\mathrm{P}_{k+2}$와 선분 $\mathrm{P}_k\mathrm{P}_{k+1}$은 다른 선분이다.

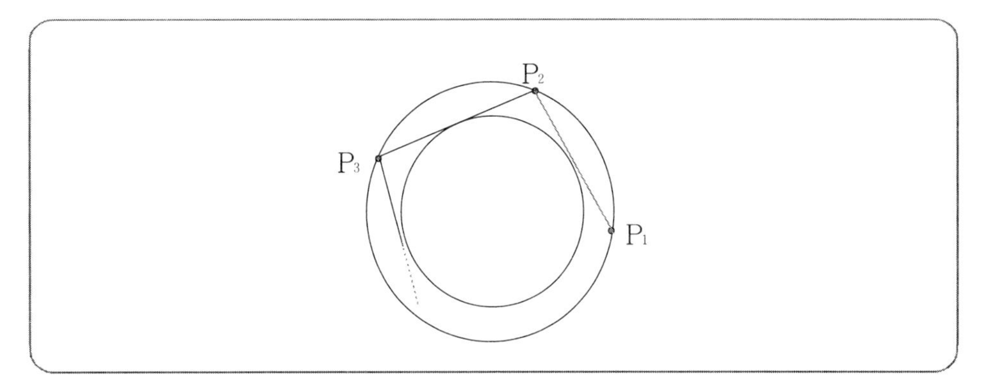

이 때, 다음에서 참인 명제를 모두 고른 것은?

㉠ $r>\sqrt{2}$ 이면 $\angle \mathrm{P}_1\mathrm{P}_2\mathrm{P}_3<90°$ 이다.
㉡ $r=\dfrac{2\sqrt{3}}{3}$ 이면 P_5의 좌표는 $\mathrm{P}_5\left(-1,\ -\dfrac{\sqrt{3}}{3}\right)$이다.
㉢ $\angle \mathrm{P}_1\mathrm{P}_2\mathrm{P}_3=100°$ 이면 $\mathrm{P}_1=\mathrm{P}_{10}$이다.

① ㉠ ② ㉡
③ ㉡㉢ ④ ㉠㉢
⑤ ㉠㉡㉢

05 2010학년도 기출문제

▶ 해설은 p. 37에 있습니다.

01 등차수열 $\{a_n\}$에 대하여 $(a_1+a_2):a_3=2:3$일 때, $\frac{a_7}{a_4+a_6}$의 값은?

① $\frac{21}{34}$
② $\frac{11}{17}$
③ $\frac{23}{34}$
④ $\frac{12}{17}$
⑤ $\frac{25}{34}$

02 세 실수 a, b, c가 $abc \neq 0$, $ab+bc+ca=abc$를 만족시킨다. $\log_2 x=a$, $\log_3 x=b$, $\log_5 x=c$ 일 때, 양수 x의 값은?

① 10
② 20
③ 30
④ 40
⑤ 50

03 이차정사각형렬 A에 대하여 $A^4=E$이고 A^2+A+E의 역행렬이 A^2-A+E일 때, $(A^{-1})^3+A^{-1}$을 간단히 나타낸 것은? (단, E는 단위행렬이고 O는 영행렬이다.)

① O
② E
③ A
④ $-A$
⑤ $A+E$

04

삼차다항식 $f(x)=x^3-6x^2+3x+7$에 대하여 서로 다른 세 실수 α, β, γ가 $f(\alpha)=f(\beta)=f(\gamma)=-3$ 을 만족시킬 때, $\alpha^2+\beta^2+\gamma^2$의 값은?

① 14 ② 21 ③ 26 ④ 30 ⑤ 35

05

수열 $\{a_n\}$에 대하여 무한급수 $\sum_{n=1}^{\infty}\left(\frac{a_n}{4^n}-3\right)$이 수렴할 때, $\lim_{n\to\infty}\frac{a_n-4\cdot 2^n}{a_n-2\cdot 4^n}$의 값은?

① 0 ② 1 ③ 2 ④ 3 ⑤ 4

06

자연수 n에 대하여 직선 $y=ax$가 원 $(x-4)^2+y^2=\frac{4}{n^2}$에 접하도록 하는 실수 a를 $f(n)$으로 나타낼 때, $\sum_{n=1}^{10}\{f(n)\}^2$의 값은?

① $\frac{8}{21}$ ② $\frac{10}{21}$ ③ $\frac{4}{7}$ ④ $\frac{2}{3}$ ⑤ $\frac{16}{21}$

07

임의의 두 집합 X, Y에 대하여 $X \triangle Y=(X-Y)\cup(Y-X)$로 정의하자. 전체집합 $U=\{x \mid x$는 10 이하의 자연수$\}$의 두 부분집합 A, B가 $A=\{x \mid x$는 6의 약수$\}$, $A \triangle B=\{2, 5, 8, 10\}$를 만족시킬 때, 집합 B의 부분집합의 개수는?

① 16 ② 32 ③ 64 ④ 128 ⑤ 256

08 이차정사각행렬 A에 대하여 두 행렬 $A+2E$, $A-2E$의 역행렬이 모두 존재하지 않을 때, $(A+4E)^{-1}=pA+qE$가 성립한다. 이때 두 실수 p, q의 합 $p+q$의 값은? (단, E는 단위행렬이다.)

① 1 ② $\frac{1}{2}$

③ $\frac{1}{3}$ ④ $\frac{1}{4}$

⑤ $\frac{1}{5}$

09 평행사변형 $ABCD$에서 $\overline{AC}=\sqrt{7}$, $\overline{BD}=\sqrt{13}$, $\angle ABC=60°$이고 두 대각선이 이루는 각의 크기가 θ일 때, $\sin^2\theta$의 값은?

① $\frac{27}{91}$ ② $\frac{30}{91}$

③ $\frac{33}{91}$ ④ $\frac{36}{91}$

⑤ $\frac{39}{91}$

10 자연수 a, b에 대하여 연산 $a*b$가 다음 세 가지 조건을 만족시킬 때, $5*3$의 값은?

㉠ $a*a=a+2$
㉡ $a*b=b*a$
㉢ $\frac{a*(a+b)}{a*b}=\frac{a+b}{b}$

① 15 ② 30

③ 45 ④ 60

⑤ 75

11

20보다 작은 자연수 a, b, c, d에 대하여 $f(x)=\dfrac{ax-b}{cx+d}$로 주어져 있다. $X=\{x \mid x>-2,\ x$는 실수$\}$, $Y=\{y \mid y<5,\ y$는 실수$\}$라 할 때, 함수 $f: X \to Y$가 일대일 대응이 되도록 하는 자연수 a, b, c, d 중 $a+b+c+d$의 최솟값과 최댓값의 합은?

① 48
② 50
③ 52
④ 54
⑤ 56

12

실수 x, y가 $|x+y|+|x-y|=1$을 만족시킬 때, x^2-6x+y^2-6y의 최댓값은?

① $\dfrac{13}{2}$
② $\dfrac{25}{2}$
③ $\dfrac{37}{2}$
④ $\dfrac{49}{2}$
⑤ $\dfrac{61}{2}$

13

수열 a_n이 $a_1=4,\ a_{n+1}=\sqrt{3a_n+3}-1\ (n=1, 2, 3, \cdots)$일 때, 다음에서 옳은 것을 있는 대로 고른 것은?

㉠ 모든 자연수 n에 대하여 $a_n > a_{n+1}$이다.
㉡ 모든 자연수 n에 대하여 $2 < a_n < 5$이다.
㉢ $\lim_{n\to\infty} a_n = \lim_{n\to\infty}\left(3^{\sum_{k=1}^{n}\frac{1}{2^k}} \cdot 5^{\frac{1}{2^n}}\right)$

① ㉠
② ㉠㉡
③ ㉠㉢
④ ㉡㉢
⑤ ㉠㉡㉢

14 실수 r $(|r|<1)$에 대하여 $f(r)=\dfrac{1}{1-r}$ 일 때, $\left|f(-0.1)-1-\sum_{k=1}^{n}(-0.1)^k\right|<10^{-7}$을 만족시키는 가장 작은 자연수 n의 값은?

① 3
② 4
③ 5
④ 6
⑤ 7

15 함수 $y=f(x)$의 그래프 위의 임의의 점 P와 함수 $y=g(x)$의 그래프 위의 임의의 점 Q에 대하여 선분 PQ의 최소의 길이를 $d(f, g)$로 나타내자. 예를 들어, $f(x)=x+2$이고 $g(x)=x$이면 $d(f, g)=\sqrt{2}$이다. 임의의 함수 f, g, h에 대하여 다음 중에서 옳은 것을 있는 대로 고른 것은?

> ㉠ $f(x)=ax+b$, $g(x)=mx+n$(단, a, b, m, n은 상수) 일 때, $a\neq m$이면 $d(f, g)=0$이다.
> ㉡ $d(f, g+h)\leq d(f, g)+d(f, h)$
> ㉢ $d(f, gh)\leq d(f, g)\cdot d(f, h)$

① ㉠
② ㉡
③ ㉠㉡
④ ㉠㉢
⑤ ㉡㉢

16 전체집합 $U=1, 2, 3, 4$의 두 부분집합 A, B에 대하여 $X(A,B)=\left\{i^m+\left(\dfrac{1}{i}\right)^k \,\middle|\, m\in A, k\in B\right\}$로 정의할 때, 다음에서 옳은 것을 있는 대로 고른 것은? (단, i는 허수단위이고 $n(X)$는 집합 X의 원소의 개수를 나타낸다.)

> ㉠ $A=\{1\}$, $B=\{1, 2\}$이면 $X(A,B)=\{0, -1+i\}$
> ㉡ $n(X(A,B))\leq n(A)n(B)$
> ㉢ $n(X(A,B))$의 최댓값은 12이다.

① ㉠
② ㉡
③ ㉠㉡
④ ㉡㉢
⑤ ㉠㉡㉢

17 방정식 $7^{\log_3 x} \cdot x^{\log_3 5x} = 1$의 모든 근의 합이 $\frac{q}{p}$일 때, $p+q$의 값은? (단, p, q는 서로소인 양의 정수이다.)

① 81
② 71
③ 61
④ 51
⑤ 41

18 3의 배수인 세 자리의 자연수 중에서 하나를 뽑을 때, 일의 자리의 수 또는 십의 자리의 수 또는 백의 자리의 수가 9인 자연수를 뽑을 확률은?

① $\frac{13}{50}$
② $\frac{7}{25}$
③ $\frac{3}{10}$
④ $\frac{8}{25}$
⑤ $\frac{17}{50}$

19 어느 경찰관이 8월에 관할구역을 이틀 연이어 순찰하지 않으면서 5일 순찰하는 방법의 수는?

① ${}_{26}C_5$
② ${}_{27}C_5$
③ ${}_{28}C_5$
④ ${}_{29}C_5$
⑤ ${}_{30}C_5$

20

다음은 어떤 모집단의 확률분포표이다.

X	0	3	6	계
$\mathrm{P}(X=x)$	$\frac{1}{3}$	a	$\frac{2}{3}-a$	1

이 모집단에서 크기가 3인 표본을 복원추출하여 구한 표본평균을 $\overline{X}$라 하자. $\overline{X}$의 분산이 $\frac{17}{12}$일 때, a의 값은?

① $\frac{1}{6}$
② $\frac{1}{5}$
③ $\frac{1}{4}$
④ $\frac{1}{3}$
⑤ $\frac{1}{2}$

21

수열 $\{a_n\}$이 다음 세 조건을 만족시킨다.

㉠ $a_1=\frac{1}{10}$
㉡ 모든 자연수 n에 대하여 $a_n>0$, $a_n \neq 1$
㉢ 어떤 양수 x에 대하여 $\log_{a_n}x+\log_{a_{n+1}}x=\log x$ (단, $x \neq 1$)

자연수 n에 대하여 $b_n=a_1a_2a_3a_4 \cdots a_{2n-1}a_{2n}$으로 정의할 때, 무한급수 $\sum_{n=1}^{\infty} b_n$의 값은?

① $\frac{1}{9}$
② $\frac{\sqrt{10}-1}{9}$
③ $\frac{\sqrt{10}}{9}$
④ $\frac{4}{9}$
⑤ $\frac{\sqrt{10}+1}{9}$

22 다음 조건을 만족시키는 4×4행렬의 개수는?

> ㉠ 각 성분은 0 또는 1이다.
> ㉡ 각 행의 성분의 합과 각 열의 성분의 합은 모두 2이다.

① 60 ② 70
③ 80 ④ 90
⑤ 100

23 다음은 $0, 1, 2, 3, 4, 5$를 한 번씩 사용하여 만든 6자리의 자연수를 가장 작은 수부터 가장 큰 수까지 크기 순서로 나열한 수열이다. 이 수열에서 450번째 항은?

> 102345, 102354, 102435, $\cdots$, 543210

① 345201
② 354210
③ 420135
④ 432510
⑤ 450123

24 함수 $f(x)=\log_2(x^2+x+1)-\log_2 x$에 대해 $[f(1)]+[f(2)]+[f(3)]+\cdots+[f(1022)]$의 값은? (단, $[x]$는 x보다 크지 않은 최대의 정수이다.)

① $2^{11}+2$
② $2^{12}-2$
③ $2^{12}+2$
④ $2^{13}-2$
⑤ $2^{13}+2$

25 범죄가 발생한 지점을 중심으로 하여 정사각형 모양이 되도록 네 꼭짓점 A, B, C, D를 설정 한 후, 다음과 같은 방법으로 수사망을 좁혀서 범인을 검거하려고 한다.

> ㉠ 정사각형 ABCD의 대각선의 교점이 범죄가 발생한 지점이다.
> ㉡ 각 꼭짓점에서 그 꼭짓점과 이웃하지 않는 두 변의 중점을 각각 선분으로 연결한다.
> ㉢ 각 꼭짓점과 변의 중점을 연결한 선분에 의해 둘러싸인 영역을 새로운 수사망으로 한다.

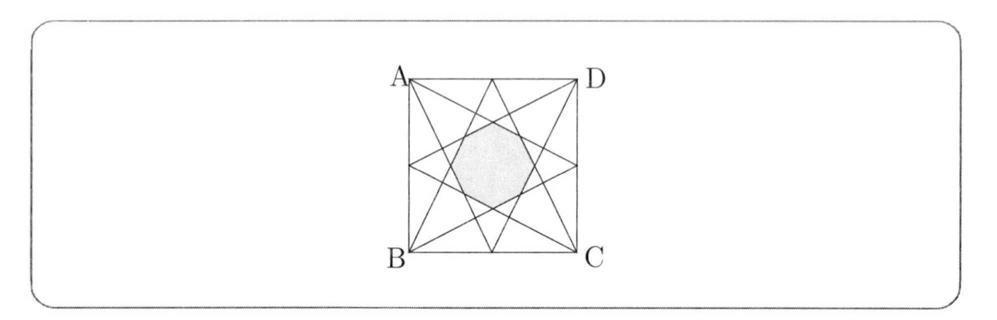

정사각형 ABCD의 한 변의 길이가 $2km$일 때, 새로운 수사망의 넓이는? (단, 단위는 km^2이다.)

① $\frac{1}{2}$

② $\frac{2}{3}$

③ $\frac{3}{4}$

④ $\frac{4}{5}$

⑤ $\frac{5}{6}$

06 2011학년도 기출문제

▶ 해설은 p. 47에 있습니다.

01 $a=\log_9(7-4\sqrt{3})$일 때 3^a+3^{-a}의 값은?

① 4
② $\frac{10}{3}$
③ $\frac{5}{2}$
④ 2
⑤ $\frac{3}{2}$

02 이차의 정사각행렬 A에 대하여 연립방정식 $A\begin{pmatrix}x\\y\end{pmatrix}=\begin{pmatrix}x\\y\end{pmatrix}$와 $A\begin{pmatrix}x\\y\end{pmatrix}=\begin{pmatrix}y\\x\end{pmatrix}$의 해가 모두 무수히 많을 때, A의 모든 성분의 합은?

① -2
② -1
③ 0
④ 1
⑤ 2

03 분수함수 $f(x)=\frac{ax+b}{cx+d}$의 그래프가 다음 조건을 만족시킨다.

> ㉠ 원점을 지난다.
> ㉡ 점근선의 방정식은 $x=1$과 $y=-2$이다.

함수 $f(x)$의 역함수를 $f^{-1}(x)$라 할 때, $f^{-1}(-1)$의 값은?

① -2
② -1
③ 0
④ 1
⑤ 2

04 다음을 만족시키는 실수 x의 개수는?

$$(x^2-2x)^{x^2+6x+5}=1$$

① 1 ② 2 ③ 3 ④ 4 ⑤ 5

05 아래 그림과 같이 A, B, C, D, E, F의 6개 구역이 경찰서를 중심으로 하여 길로 연결되어 있다. A와 B의 넓이는 각각 $4km^2$이고 C, D, E, F의 넓이는 각각 $2km^2$이다. 2명의 경찰관이 이 6개 구역을 넓이의 합이 같아지도록 2부분으로 나누어 1부분씩을 맡고, 각자 맡은 모든 구역을 순서를 정하여 순찰하는 방법의 수는? (단, 1개 구역을 나누지는 않는다.)

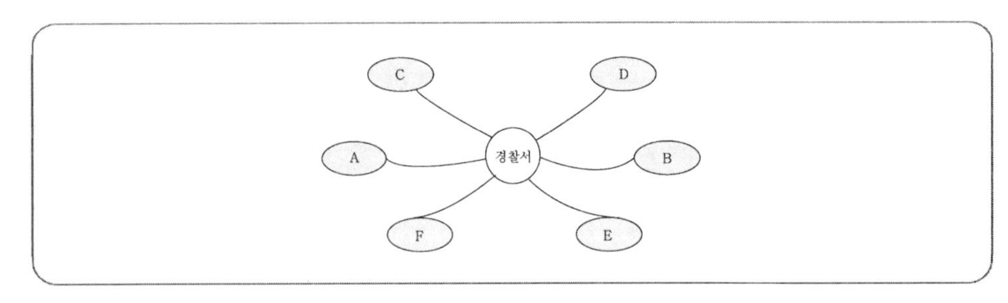

① 524 ② 528 ③ 532 ④ 536 ⑤ 540

06 어느 대민 봉사 센터의 전화 상담의 통화 시간은 평균이 8분이고 표준편차가 2분인 정규분포를 따른다고 한다. 이 봉사 센터에 걸려오는 상담 전화 중 임의로 선택한 4통의 통화 시간의 합이 30분 이상일 확률은? (단, 다음 표준정규분포표를 이용한다.)

z	$P(0 \le Z \le z)$
0.5	0.192
1.0	0.341
1.5	0.433
2.0	0.477

① 0.690 ② 0.691 ③ 0.692 ④ 0.693 ⑤ 0.694

07

원에 내접하는 사각형 $ABCD$의 네 변의 길이 $\overline{AB}$, $\overline{BC}$, $\overline{CD}$, $\overline{DA}$가 이 순서대로 공비가 $\sqrt{2}$인 등비수열을 이룬다. $\angle ADC=\theta$라 할 때, $\cos\theta$의 값은?

① $\frac{\sqrt{2}}{4}$

② $\frac{3\sqrt{2}}{10}$

③ $\frac{7\sqrt{2}}{20}$

④ $\frac{4\sqrt{2}}{5}$

⑤ $\frac{9\sqrt{2}}{20}$

08

복소수 z에 대하여 $\frac{z-\bar{z}}{i}$가 음수이고 $\frac{z}{1+z^2}$와 $\frac{z^2}{1+z}$이 모두 실수일 때, z의 값은?
(단, $\bar{z}$는 z의 켤레복소수이고 i는 허수단위이다.)

① $\frac{1}{2}-\frac{\sqrt{3}}{2}i$

② $-\frac{1}{2}-\frac{\sqrt{3}}{2}i$

③ $-\frac{\sqrt{3}}{2}-\frac{i}{2}$

④ $-\frac{1}{2}+\frac{\sqrt{3}}{2}i$

⑤ $\frac{\sqrt{3}}{2}-\frac{i}{2}$

09

$w^2+w+1=0$일 때, 임의의 두 복소수 α와 β에 대하여 $x=\alpha-\beta$, $y=\alpha w-\beta w^2$, $z=\alpha w^2-\beta w$라 하자. $x^3+y^3+z^3$을 α와 β에 관한 식으로 나타낸 것은?

① $\alpha^3-2\alpha^2\beta+2\alpha\beta^2-\beta^3$

② $\alpha^3-\beta^3$

③ $3(\alpha^3-2\alpha^2\beta+2\alpha\beta^2-\beta^3)$

④ $3(\alpha^3-\beta^3)$

⑤ $3(\alpha-\beta)^3$

10

다항식 $(x^3+3x^2+3x+a)^4$의 전개식에서 x^7의 계수가 $2^3\times3^5$일 때, 상수 a의 값은?

① 9
② 18
③ 27
④ 36
⑤ 45

11

방정식 $\frac{1}{3}\log_2 x=\cos 3\pi x$를 만족시키는 실수 x의 개수는?

① 22
② 23
③ 24
④ 25
⑤ 26

12

다음 그림과 같이 직사각형 ABCD의 꼭짓점 A에서 대각선 BD에 내린 수선의 발을 E, 점 E에서 두 변 BC와 CD에 내린 수선의 발을 각각 F와 G라 하자. $\overline{EF}=a$이고 $\overline{EG}=b$일 때, 대각선 BD의 길이는?

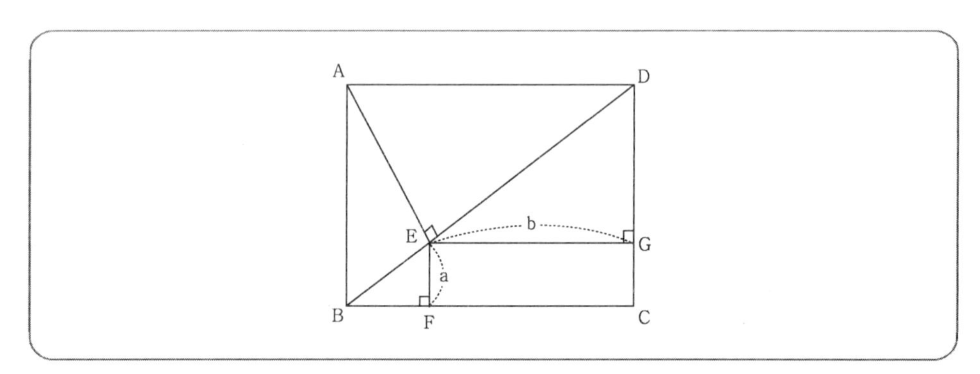

① $\sqrt{2}(a+b)$
② $2\sqrt{a^2+b^2}$
③ $(\sqrt{a}+\sqrt{b})^2$
④ $\left(a^{\frac{1}{3}}+b^{\frac{1}{3}}\right)^3$
⑤ $\left(a^{\frac{2}{3}}+b^{\frac{2}{3}}\right)^{\frac{3}{2}}$

13

다음 그림과 같이 네 개의 원이 서로 내접 또는 외접하고 있다. 중심이 A인 원의 반지름의 길이는 3이고, 중심이 B인 원의 반지름의 길이는 4이며, 세 중심 A, B, C는 같은 직선에 있다. 이때, 중심이 D인 원의 반지름의 길이는?

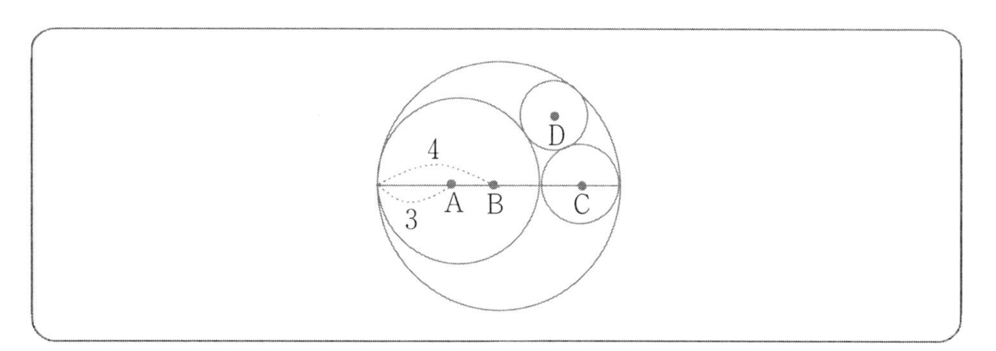

① $\frac{\sqrt{2}}{2}$

② $\frac{11}{12}$

③ $\frac{2\sqrt{2}-1}{2}$

④ $\frac{12}{13}$

⑤ $\frac{14}{15}$

14

물질의 부패지수(Del)는 일평균상대습도가 H%이고 일평균기온이 T℃일 때, 부패지수(Del) $=\left(\frac{\mathrm{H}-65}{14}\right)\times 1.05^{\mathrm{T}}$로 계산한다. 일평균상대습도가 72%이고 일평균기온이 30℃일 때의 부패지수와 일평균상대습도가 h%이고 일평균기온이 5℃일 때의 부패지수가 서로 같다. 이때 h의 값의 범위는? (단, $\log 1.05=0.021$, $\log 3.35=0.525$로 계산한다.)

① $84<h<85$

② $86<h<87$

③ $88<h<89$

④ $90<h<91$

⑤ $92<h<93$

15

다음 조건을 만족시키는 집합 S가 가질수 있는 원소의 개수의 최댓값은?

> ㉠ $S \subset \{n \mid n$은 507 이하의 자연수$\}$
> ㉡ S에 속하는 서로 다른 임의의 두 수의 합은 5의 배수가 아니다.

① 201
② 202
③ 203
④ 204
⑤ 205

16

직각삼각형 AP_1P_2는 $\angle AP_1P_2$가 직각이고 $\overline{AP_1} = \overline{P_1P_2} = 1$이라 하자. 2 이상의 자연수 n에 대하여 직각삼각형 AP_nP_{n+1}을 $\angle AP_nP_{n+1}$이 직각이고 $\overline{P_nP_{n+1}} = 2\overline{P_{n-1}P_n}$이 되도록 그린다. 이때 $\lim_{n\to\infty}\left(\frac{\overline{P_nP_{n+1}}}{\overline{AP_n}}\right)^2$의 값은?

① $\frac{3}{2}$
② 2
③ 3
④ $\frac{7}{2}$
⑤ 5

17

좌표평면에서 부등식 $xy(x^2+y^2-1)(x^2-y+2) > 0$의 영역을 A라 하고, $B = \{(x, y) \mid kx+y=0\}$이라 하자. $A \cap B$가 나타내는 도형의 길이가 2가 되도록 하는 상수 k의 최댓값은?

① $\sqrt{2}$
② $\frac{3\sqrt{2}}{2}$
③ $2\sqrt{2}$
④ $\frac{5\sqrt{2}}{2}$
⑤ $3\sqrt{2}$

18 공차가 양수인 등차수열 $\{a_n\}$과 공차가 음수인 등차수열 $\{b_n\}$의 첫째 항부터 n째 항까지의 합을 각각 S_n과 T_n이라 하자. 다음이 성립할 때, a_{20}과 b_{20}의 곱 $a_{20}b_{20}$의 값은?

$$\begin{cases} a_1 = b_1 + 1 \\ S_n^2 - T_n^2 = n^2(n+1)\,(n = 1,\ 2,\ 3,\ \cdots) \end{cases}$$

① -108
② -105
③ -102
④ -99
⑤ -96

19 1이 아닌 양수 x에 대하여 부등식 $|\log_x n| \le 2$를 만족시키는 가장 큰 자연수 n을 $f(x)$라 하자. 다음에서 참인 명제만을 있는 대로 고른 것은?

ㄱ. $f(2) = 4$
ㄴ. $x < y$이면 $f(x) \le f(y)$이다.(단, x와 y는 1이 아닌 양수이다.)
ㄷ. $f\left(\frac{1}{x}\right) \le 30$을 만족시키는 자연수 x는 6개이다.

① ㄱ
② ㄱㄴ
③ ㄱㄷ
④ ㄴㄷ
⑤ ㄱㄴㄷ

20 첫째 항과 공비가 모두 0이 아닌 등비수열 $\{a_n\}$의 첫째 항부터 n째 항까지의 합 S_n에 대하여 $\lim_{n\to\infty}\frac{S_n - a_n^2}{a_n}$이 수렴할 때, a_{10}의 값은?

① $-\frac{1}{2}$
② $-\frac{1}{4}$
③ $\frac{1}{4}$
④ $\frac{1}{2}$
⑤ $\frac{3}{4}$

21

집합 $S=\{-1,0,1\}$에 대하여 행렬의 집합 M을 $M=\left\{\begin{pmatrix} a & b \\ c & d \end{pmatrix} \mid a,\ b,\ c,\ d\text{는 } S\text{의 원소}\right\}$로 정의하자. 집합 M에서 임의로 한 행렬을 선택하였을 때 이 행렬의 역행렬이 존재하지 않는 사건을 A, 제1행의 성분의 합이 0인 사건을 B라 하자. 다음에서 참인 명제만을 있는 대로 고른 것은?

> ㉠ $\begin{pmatrix} 1 & 1 \\ -1 & 0 \end{pmatrix}^n \in M$ (단, $n=1,\ 2,\ 3,\ \ldots$)
>
> ㉡ $P(B)=\dfrac{1}{3}$
>
> ㉢ $P(A \mid B)=\dfrac{5}{9}$

① ㉠

② ㉠㉡

③ ㉠㉢

④ ㉡㉢

⑤ ㉠㉡㉢

22

계수가 모두 정수이고 삼차항의 계수는 1인 삼차방정식 $f(x)=0$의 정수근이 존재하고 $f(7)=-3$이며 $f(11)=73$일 때, $f(x)=0$의 정수근은?

① 3

② 8

③ 9

④ 10

⑤ 15

23 실수 x_1에 대하여 함수 $f(x)=2x(1-x)$의 그래프에 있는 점 $\mathrm{P_n}(x_n, y_n)$을 다음과 같이 귀납적으로 정의한다. 다음 중 참인 명제만을 있는 대로 고른 것은?

$\mathrm{P}_1=\mathrm{P}_1(x_1, y_1)=\mathrm{P}_1(x_1, f(x_1))$
$\mathrm{P}_{n+1}=\mathrm{P}_{n+1}(x_{n+1}, y_{n+1})=\mathrm{P}_{n+1}(y_n, f(y_n))$ $(n=1, 2, 3, \dots)$

ㄱ $x_1 \neq \dfrac{1}{2}$일 때, $a_n=\log|1-2x_n|$이라 하면, $a_n=2^{n-1}\log|1-2x_1|$이다.
ㄴ $0<x_1<1$이고 $x_1 \neq \dfrac{1}{2}$일 때, n의 값이 커짐에 따라 점 P_n은 점 $\left(\dfrac{1}{2}, \dfrac{1}{2}\right)$에 한없이 가까워진다.
ㄷ $x_1<0$일 때, n의 값이 커짐에 따라 점 P_n은 점 $(0, 0)$에 한없이 가까워진다.

① ㄴ
② ㄱㄴ
③ ㄱㄷ
④ ㄴㄷ
⑤ ㄱㄴㄷ

24 자연수 n에 대하여 곡선 $y=\log_2 x$의 점$(n, \log_2 n)$과 곡선 $y=2^x$의 점$(\log_2 n, n)$을 잇는 선분에 있는 점 중에서 x좌표와 y좌표가 모두 정수인 점의 개수를 a_n이라 하자. 이때 $\sum_{n=1}^{2011} a_n$의 값은?

① 2000
② 2003
③ 2006
④ 2009
⑤ 2012

25 좌표평면에서 함수 $y=f(x)$의 그래프에 있는 각 점과 그 점에서 x축에 내린 수선의 발을 연결하는 선분으로 이루어지는 영역을 $R(f)$라 하자. 예를 들어 $f(x)=[x]+1\ (0<x<2)$인 경우에 $R(f)$는 다음 그림의 어두운 부분이다. 함수 $g(x)$가 $g(x)=\dfrac{1}{\left[\dfrac{1}{x}\right]+2}\ (0<x<1)$일 때, 영역 $R(g)$의 넓이는? (단, $[x]$는 x보다 크지 않은 가장 큰 정수이다.)

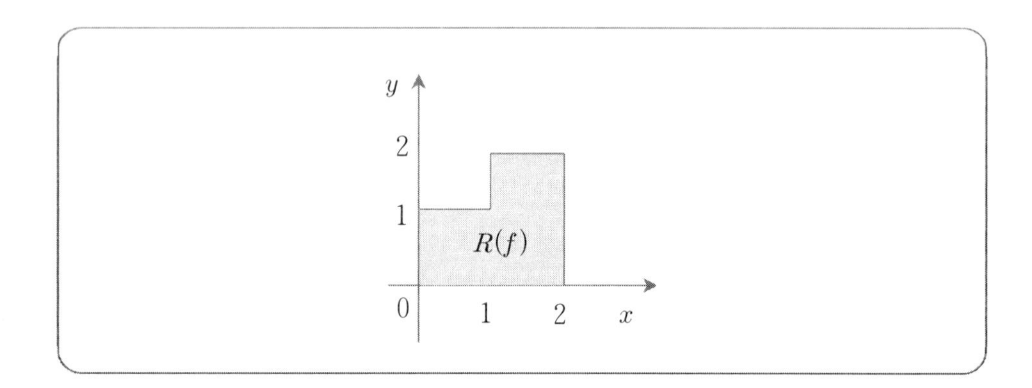

① $\dfrac{7}{36}$　② $\dfrac{2}{9}$

③ $\dfrac{1}{4}$　④ $\dfrac{5}{18}$

⑤ $\dfrac{11}{36}$

07 2012학년도 기출문제

▶ 해설은 p. 58에 있습니다.

01 $\dfrac{1}{x}+\dfrac{1}{y}+\dfrac{1}{z}=0,\ x^2+y^2+z^2=2$ 일 때, $(x+y+z)^{12}$ 의 값은?

① 0　② 1　③ 16　④ 32　⑤ 64

02 다음 두 조건을 만족시키는 집합 A와 B의 순서쌍 $(A,\ B)$의 개수는?

> (가) A와 B는 집합 $\{1, 3, 5, 7, 9, 11\}$의 부분집합이다.
> (나) $A-B=\{1, 3, 5\}$

① 17　② 21　③ 24　④ 27　⑤ 31

03 x에 대한 일차방정식 $a(ax-1)-(x+1)=0$ 이 근을 갖지 않을 때, $x^2-(4a-1)x-5a+1=0$ 의 두 근 $\alpha,\ \beta$에 대해 $\alpha^2+\beta^2$ 의 값은?

① 14　② 15　③ 16　④ 17　⑤ 18

04

7개의 숫자 $0,\ 1,\ 2,\ 3,\ 5,\ 6,\ 7$ 중 서로 다른 4개를 사용하여 네 자리의 자연수를 만들 때, 25의 배수가 되는 경우의 수는?

① 48
② 52
③ 56
④ 60
⑤ 64

05

미분가능한 함수 $f(x)$에 대하여 $\lim_{x \to 0} \frac{f(3x-x^2)-f(0)}{x} = \frac{1}{3}$ 일 때, $f'(0)$의 값은?

① $\frac{1}{9}$
② $\frac{1}{6}$
③ $\frac{1}{3}$
④ $\frac{1}{2}$
⑤ 1

06

실수 $x,\ y$에 대하여 $\left(\frac{1+i}{1-\sqrt{3}i}\right)^{13} = x+yi$ 가 성립할 때, $|x|+|y|$ 의 값은?
(단, $i=\sqrt{-1}$)

① $\frac{1}{2^8}$
② $\frac{1}{2^7}$
③ $\frac{\sqrt{3}}{2^7}$
④ $\frac{\sqrt{3}}{2^6}$
⑤ $\frac{1+\sqrt{3}}{2^6}$

07

방정식 $\sqrt{15}\,x^{\log_{15}x} = x^2$ 의 모든 실근의 곱은?

① 15
② 15^2
③ 30
④ $\frac{15}{2}$
⑤ $\sqrt{15}$

08

역행렬이 존재하는 행렬 X에 대하여 $f(X)=X+X^{-1}$이라 하자. 행렬 A가 $A^2+A+E=O$을 만족할 때, $f(A)f\left(A^{2^1}\right)f\left(A^{2^2}\right)\cdots f\left(A^{2^{13}}\right)$의 값은? (단, E는 단위행렬, O은 영행렬이다)

① E
② $-E$
③ O
④ A
⑤ $A-A^{-1}$

09

열린구간 $(0, 2)$에서 미분가능한 함수 $f(x)$가 $f(x)=\begin{cases} 4x-3 & (0 \le x < 1) \\ ax^2+bx & (1 \le x \le 2) \end{cases}$

(단, a, b는 상수)일 때, $\lim_{n\to\infty}\frac{1}{n}\sum_{k=1}^{n} f\left(\frac{2k}{n}\right)$의 값은?

① $-\frac{3}{2}$
② 1
③ $\frac{3}{2}$
④ $\frac{7}{3}$
⑤ 6

10

곡선 $f(x)=-x^3-x^2+x+1$과 x축으로 둘러싸인 영역 $A=\{(x, y)\mid -1 \le x \le 1, 0 \le y \le f(x)\}$에서 $3x+4y$의 최댓값은?

① 3
② 4
③ 5
④ 6
⑤ 8

11

x에 대한 이차방정식 $ax^2-bx+3c=0$이 다음 두 조건을 만족시킬 때, $a+2b+3c$의 값은?

> (가) a, b, c는 한 자리의 자연수이다.
> (나) 두 근 α, β에 대하여 $1<\alpha<2$, $5<\beta<6$이다.

① 16
② 24
③ 32
④ 40
⑤ 48

12

이산확률변수 X는 $1, 2, 3, \cdots, 90$의 값을 가질 때, 확률변수 X의 확률질량함수는 $P(X=x) = a\cos^2(x^\circ)$(단, a는 상수)이다. 이때, 확률 $P(30 \le X \le 60)$의 값은?

① $\frac{1}{3}$
② $\frac{31}{89}$
③ $\frac{31}{90}$
④ $\frac{62}{89}$
⑤ $\frac{31}{45}$

13

점 A_n의 좌표가 $\left(\left(\frac{3}{4}\right)^n \cos\frac{n\pi}{3}, \left(\frac{3}{4}\right)^n \sin\frac{n\pi}{3}\right)$일 때, $\sum_{n=1}^{\infty} \overline{A_n A_{n+1}}$의 값은?

① $\frac{3\sqrt{13}}{4}$
② $\sqrt{13}$
③ $\frac{5\sqrt{13}}{4}$
④ $\frac{3\sqrt{13}}{2}$
⑤ $\frac{7\sqrt{13}}{4}$

14

수열 $\{a_n\}$을 $a_{n+1} = n(-1)^n - 3a_n \quad (n = 1, 2, 3, \cdots)$으로 정의한다. $a_1 = a_{2012} + 2$일 때, $\sum_{n=1}^{2011} a_n$의 값은?

① 501
② 351
③ 251
④ -251
⑤ -501

15

경찰대학 체력측정에서 참가자의 약 94% (오차의 한계 0.5%)가 정해진 기준을 만족시켰다고 한다. 이때, 가능한 참가자 수의 최솟값은?

① 12
② 13
③ 16
④ 18
⑤ 25

16

두 수 2^n과 5^n의 최고 자릿수가 a로 같아지도록 하는 자연수 n과 a에 대하여 옳은 것만을 아래에서 있는 대로 고른 것은?

> ㉠ $a \cdot 10^p < 2^n < (a+1) \cdot 10^p$인 자연수 p가 있다.
> ㉡ $a^2 < 10^r < (a+1)^2$인 자연수 r가 있다.
> ㉢ a의 값이 7이 되도록 하는 n이 있다.

① ㉠
② ㉠㉡
③ ㉡㉢
④ ㉠㉢
⑤ ㉠㉡㉢

17

좌표평면에서 $y \geq 4x^2 + 2px - 9$가 나타내는 영역을 A라 하고, A를 원점에 대하여 대칭이동한 영역을 B라 할 때, $A \cap B$의 넓이는? (단, p는 상수이다.)

① 9
② 18
③ 36
④ $24\sqrt{3}$
⑤ 72

18

자연수 n을 삼진법으로 나타내어 $(a_k a_{k-1} \cdots a_1)_{(3)}$이라 할 때, $\sum_{j=1}^{k} \frac{a_j}{3^j}$를 b_n이라 하자. $\sum_{n=1}^{80} b_n$의 값은?

① $\frac{81}{4}$
② $\frac{80}{3}$
③ 27
④ 40
⑤ $\frac{81}{2}$

19

그림과 같이 중심이 O이고 반지름의 길이가 3인 원 위의 점 A에 대하여 $\sin(\angle \mathrm{OAB}) = \dfrac{1}{3}$이 되도록 원 위에 점 B를 잡는다. 점 B에서의 접선과 선분 AO의 연장선이 만나는 점을 C라 할 때, 삼각형 ACB의 넓이는?

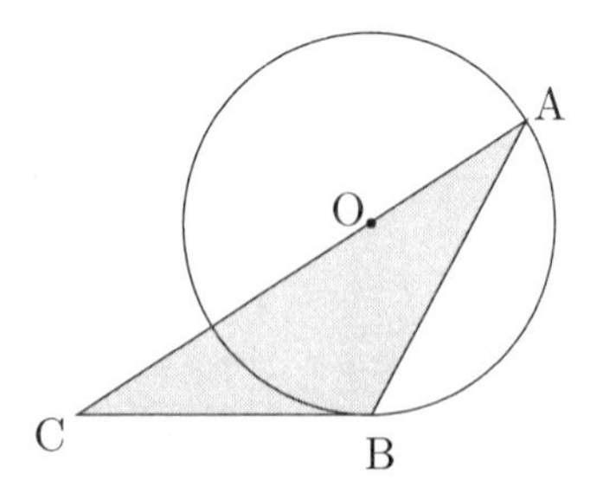

① $\dfrac{24}{7}\sqrt{2}$
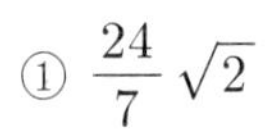

② $\dfrac{26}{7}\sqrt{2}$

③ $4\sqrt{2}$

④ $\dfrac{30}{7}\sqrt{2}$

⑤ $\dfrac{32}{7}\sqrt{2}$

20

x에 대한 이차방정식 $x^2 - 10x - 5 = ax + b$가 두 양의 실근 α, β를 갖도록 하는 정수 a의 최솟값을 p라 하고, 그때의 $\alpha^2 + \beta^2$의 최솟값을 q라 하자. p와 q의 곱 pq의 값은?

① -9 ② -10

③ -5 ④ $-\dfrac{9}{2}$

⑤ -18

21

$\{(x,\ y) \mid y \ge 4x^2 - 2ax + a,\ y \le -4x^2 + 3a\}$가 공집합이 되지 않도록 하는 실수 a의 범위는?

① $a \le -16,\ a \ge 0$ ② $-16 \le a \le 0$

③ $a \le -12,\ a \ge 0$ ④ $-12 \le a \le 0$

⑤ $a \le -8,\ a \ge 0$

22 각 자릿수의 계승의 합이 자신과 같은 수의 집합을 M 이라 할 때, 옳은 것만을 아래에서 있는 대로 고른 것은? (예를 들어, $1!+2!+3!=9$ 는 123 과 다르므로 123 은 M 의 원소가 아니다)

> ㉠ 두 자리의 자연수는 M 의 원소가 될 수 없다.
> ㉡ M 의 원소인 세 자리 자연수의 각 자릿수는 7보다 작다.
> ㉢ M 에는 8자리 이상의 자연수가 존재하지 않는다.

① ㉠
② ㉠㉡
③ ㉡㉢
④ ㉠㉢
⑤ ㉠㉡㉢

23 1 부터 5 까지의 자연수가 하나씩 적힌 5 개의 공이 각각 들어 있는 두 상자 A, B 가 있다. A, B 에서 임의로 각각 4 개의 공을 동시에 뽑아 네 자리 자연수 a, b 를 만든다. 이때, a 와 b 를 서로 같은 자리의 수끼리 비교하였을 때, 어느 자리의 수도 서로 같지 않을 확률은?

① $\frac{49}{120}$
② $\frac{17}{40}$
③ $\frac{53}{120}$
④ $\frac{11}{24}$
⑤ $\frac{19}{40}$

24 곡선 $f(x)=x^4-3x^2+6x+1$ 위의 서로 다른 두 점에서 접하는 직선의 방정식은?

① $y=6x-\frac{5}{4}$
② $y=3x-\frac{5}{2}$
③ $y=6x+\frac{5}{4}$
④ $y=3x+\frac{5}{4}$
⑤ $y=3x+\frac{5}{2}$

25 자연수 n에 대하여 수직선 위의 점 $\mathrm{A}_n(x_n)$이 다음 조건을 만족시킬 때, 모든 a의 값의 합은?

(가) $x_1 = 1$, $x_2 = a$ (단, a는 자연수)
(나) A_{n+2}는 선분 $\mathrm{A}_n\mathrm{A}_{n+1}$을 $1-t : t$로 내분하는 점이다. (단, $0 < t < 1$)
(다) $\lim_{n\to\infty} x_n$의 값이 정수가 되게 하는 실수 t의 개수는 11이다.

① 45
② 47
③ 49
④ 51
⑤ 53

08 2013학년도 기출문제

▶ 해설은 p. 66에 있습니다.

01 행렬 $A=\begin{pmatrix} 0 & 1 \\ -1 & 1 \end{pmatrix}$에 대하여 $A^{2013}\begin{pmatrix} a \\ b \end{pmatrix}=\begin{pmatrix} 1 \\ 2 \end{pmatrix}$일 때, $a+b$의 값은?

① −3
② −2
③ 0
④ 2
⑤ 3

02 삼각형 ABC의 넓이는 12이고, 이 삼각형의 외접원의 넓이는 15π이다. 이 외접원의 중심을 O라고 할 때, 다음 식의 값은?

$$\sin(\angle AOB)+\sin(\angle BOC)+\sin(\angle COA)$$

① $\frac{6}{5}$
② $\frac{7}{5}$
③ $\frac{8}{5}$
④ $\frac{9}{5}$
⑤ 2

03 세 점 P(3, 1), Q(1, −3), R(4, 0)을 꼭짓점으로 하는 삼각형 PQR의 외심에서 직선 $3x-4y+10=0$까지의 거리는?

① 1
② 2
③ 3
④ 4
⑤ 5

04

집합 $G=\{(x,\ y)\mid y=6^x,\ x\text{는 실수}\}$에 대하여 다음에서 참인 명제만을 있는 대로 고른 것은?

> ㉠ $(a,\ 2^b)\in G$이면 $b=a\log_2 6$이다.
> ㉡ $(a,\ b)\in G$이면 $\left(-a,\ \dfrac{1}{b}\right)\in G$이다.
> ㉢ $(a,\ b)\in G$이고 $(c,\ d)\in G$이면 $(a+c,\ b+d)\in G$이다.

① ㉠
② ㉠㉡
③ ㉡㉢
④ ㉠㉢
⑤ ㉠㉡㉢

05

다음 연립방정식을 만족시키는 세 양수 $x,\ y,\ z$에 대하여 $x+y+z$의 값은?

$$\begin{cases} x^2+2yz+2z=29 \\ y^2+2zx+2x=34 \\ z^2+2xy+2y=36 \end{cases}$$

① 5
② 6
③ 7
④ 8
⑤ 9

06

어떤 살아있는 쥐에 있는 세균 S의 개체 수는 4이고, 세균 T의 개체 수는 256이다. 그 쥐가 살아 있는 동안에는 두 세균의 개체 수에 변함이 없고, 죽는 순간부터 세균 S의 개체 수는 4시간마다 두 배로 증가하며, 세균 T의 개체 수는 6시간마다 두 배로 증가한다. 쥐가 죽은 후 두 세균 S와 T의 개체 수가 같아졌을 때, 세균 S의 개체 수는?

① 2^{20}　　② 2^{21}
③ 2^{22}　　④ 2^{23}
⑤ 2^{24}

07

두 무한급수 $\sum_{n=1}^{\infty}(2-\log_2 a)^n$ 와 $\sum_{n=1}^{\infty}\left(2\sin\frac{a-3}{2}\right)^n$ 이 모두 수렴하도록 하는 정수 a의 개수는?

① 1　　② 2
③ 3　　④ 4
⑤ 5

08

$\lim_{x\to\infty}\{(\sqrt{x^4+2x^3+1}-x^2)(\sqrt{x^2+6}-x)\}$ 의 값은?

① 1　　② 2
③ 3　　④ 4
⑤ 5

09

$\sqrt[3]{10+2\sqrt{27}}+\sqrt[3]{10-2\sqrt{27}}$ 의 값은?

① 1　　② $\sqrt{2}$
③ $\sqrt{3}$　　④ 2
⑤ $2\sqrt{3}$

10 $\log_2 77$의 소수 부분을 a, $\log_5 77$의 소수 부분을 b라 하자. 다음을 만족시키는 두 자연수 p와 q에 대하여 $p+q$의 최솟값은?

> $2^{p+a}5^{q+b}$은 250의 배수이다.

① 11 ② 12
③ 13 ④ 14
⑤ 15

11 세 개의 주사위를 동시에 던질 때, 세 주사위에 나타난 눈의 수가 2, 5, 3 또는 1, 1, 2 또는 6, 4, 2와 같이 두 주사위에 나타난 눈의 수의 합이 나머지 주사위의 눈의 수와 같을 확률은?

① $\frac{1}{6}$ ② $\frac{2}{9}$
③ $\frac{5}{24}$ ④ $\frac{1}{4}$
⑤ $\frac{5}{18}$

12 학생 15명 중에서 적어도 한 명의 남학생과 적어도 한 명의 여학생이 포함되도록 3명의 대표를 선출하는 서로 다른 방법이 286가지일 때, 남학생 수와 여학생 수의 차는?

① 1 ② 3
③ 5 ④ 7
⑤ 9

13 $f(x^2)=f(x)f(-x)$을 만족시키는 이차식 $f(x)$의 개수는?

① 1 ② 2
③ 3 ④ 4
⑤ 5

14

다음을 만족시키는 미분가능한 함수 $f(x)$에 대하여 $f(1)$의 값은?

$$\int_1^x (x-t)f(t)dt = x^4 + ax^2 - 10x + 6$$

① 18
② 21
③ 24
④ 27
⑤ 30

15

다음 다항식에서 x^{22}의 계수는?

$$(x+1)^{24} + x(x+1)^{23} + x^2(x+1)^{22} + \cdots + x^{22}(x+1)^2$$

① 1520
② 1760
③ 2020
④ 2240
⑤ 2300

16

$\sum_{k=1}^{20}(2k+1)\left(\frac{1}{k}+\frac{1}{k+1}+\frac{1}{k+2}+\cdots+\frac{1}{20}\right)$의 값은?

① 250
② 254
③ 258
④ 262
⑤ 266

17

두 실수 x와 y에 대하여 $2x^2+y^2-2x+\dfrac{4}{x^2+y^2+1}$의 최솟값은?

① 1
② $\dfrac{5}{4}$
③ $\dfrac{3}{2}$
④ $\dfrac{7}{4}$
⑤ 2

18

1부터 k까지 모든 자연수의 집합을 A_k라고 하자. 그리고 $A\cup B=A_{k+2}$와 $n(A)=2$를 만족시키는 두 집합 A와 B의 순서쌍 $(A,\ B)$의 개수를 a_k라 할 때, $\sum_{k=1}^{\infty}\dfrac{1}{a_k}$의 값은?

① $\dfrac{1}{6}$
② $\dfrac{1}{5}$
③ $\dfrac{1}{4}$
④ $\dfrac{1}{3}$
⑤ $\dfrac{1}{2}$

19

다음을 만족시키는 한 자리 자연수 a의 개수는?

> 방정식 $x^3-x^2-ax-3=0$이 서로 다른 세 실근을 가진다.

① 1
② 2
③ 3
④ 4
⑤ 5

20

방정식 $x[x]+187=[x^2]+[x]$의 근의 개수는? (단, $[x]$는 x보다 크지 않은 최대 정수이다.)

① 58　　② 67
③ 76　　④ 85
⑤ 94

21

두 함수 f와 g는 임의의 두 실수 x와 y에 대하여 $f(x+g(y))=(x+y^2-1)^2-1$, $f(0)=3$을 만족시킨다. 이때, $f(7)+g(7)$의 값이 될 수 있는 수 중에서 가장 큰 값은?

① 92　　② 113
③ 126　　④ 135
⑤ 147

22

$\lim_{n\to\infty}\sum_{k=1}^{2n}\frac{k^2(5k^2+3)}{n^3(n^2+1)}$의 값은?

① 31　　② 32
③ 33　　④ 34
⑤ 35

23

곡선 $y=x^3$에 있는 점 $\mathrm{A}(a,\ a^3)$에서의 접선이 이 곡선과 점 B에서 만나고, 점 B에서의 접선은 이 곡선과 점 C에서 만난다고 하자. 선분 BC와 이 곡선 사이의 넓이를 선분 AB와 이 곡선 사이의 넓이로 나눈 값은? (단, $a\neq 0$이다.)

① 4　　② 8
③ 16　　④ 32
⑤ 64

24

행렬 $A = \begin{pmatrix} 0 & 4 \\ 5 & 1 \end{pmatrix}$와 자연수 n에 대하여 A^n의 $(1,\ 1)$성분을 x_n이라고 할 때, $\lim\limits_{n \to \infty} \dfrac{x_n}{5^n}$의 값은?

① $\dfrac{7}{18}$　　② $\dfrac{4}{9}$

③ $\dfrac{1}{2}$　　④ $\dfrac{5}{9}$

⑤ $\dfrac{11}{18}$

25

연립부등식 $x \geq 0,\ y \geq 0,\ x + y \leq 3$을 만족하는 영역에 있는 점 $(a,\ b)$에 대하여 $A = a^2b + b^2(3-a-b) + (3-a-b)^2a$라 하자. 다음 중에서 참인 명제만을 있는 대로 고른 것은?

㉠ $2 < a \leq 3$이면 $a^2(3-a) < 4$이다.
㉡ $2 < a \leq 3$이면 $a^2(3-a) - A \geq 0$이다.
㉢ $A = 4$일 때, $10a + b$의 최댓값은 21이다.

① ㉠　　② ㉠㉡

③ ㉡㉢　　④ ㉠㉢

⑤ ㉠㉡㉢

09 2014학년도 기출문제

▶ 해설은 p. 75에 있습니다.

※ 각 문항의 답을 하나만 고르시오. 【1-20】

01 영행렬이 아닌 2×1 행렬 X에 대하여 등식 $\begin{pmatrix} 1 & 4 \\ 1 & 1 \end{pmatrix}X = kX$를 만족시키는 실수 k의 최댓값은?

① −3
② −1
③ 1
④ 3
⑤ 5

02 꼭짓점의 집합이 $V=\{2,\ 3,\ 4,\ 6,\ 12\}$이고, 변의 집합이 $E=\{A_iA_j | A_i\text{는 } A_j\text{의 약수이거나 배수},\ A_i,\ A_j \in V,\ i \neq j\}$인 그래프에 대하여, 각 꼭짓점 사이의 연결 관계를 나타내는 행렬의 모든 성분의 합은?

① 10
② 12
③ 14
④ 16
⑤ 18

03 등식 $\sum_{n=2}^{\infty}(1+c)^{-n}=2$를 만족시키는 상수 c에 대하여 $2c+1$의 값은?

① $-\sqrt{3}$
② $-\sqrt{2}$
③ $\sqrt{2}$
④ $\sqrt{3}$
⑤ 2

04 삼차함수 $f(x)$에 대하여 $\lim_{x \to 1} \frac{f(x)}{(x-1)^2} = 5$, $\lim_{x \to 2} \frac{f(x)-k}{(x-2)} = 13$일 때, 상수 k의 값은?

① 6
② 7
③ 8
④ 9
⑤ 10

05 청소년 가장 가정을 돕기 위해 경찰청에서 기획한 수박판매행사에 사용된 수박의 무게는 표준편차 1kg인 정규분포를 따른다고 한다. 이 수박들 중에서 49개의 수박을 임의 추출하여 무게를 조사해보니 평균 9kg이었다. 이 행사에 사용된 수박의 모평균 m(kg)을 신뢰도 95%로 추정할 때의 신뢰구간은 $a \le m \le b$이다. 이때 $b-a$의 값은? (단, $P(|Z| \le 2) = 0.95$)

① $\frac{4}{7}$
② $\frac{6}{7}$
③ $\frac{8}{7}$
④ $\frac{10}{7}$
⑤ $\frac{12}{7}$

06 7개의 문자 a, b, c, d, e, f, g중에서 중복을 허락하여 3개를 선택하여 문자열을 만들 때, 문자열이 e를 반드시 포함할 확률은?

① $\frac{121}{343}$
② $\frac{123}{343}$
③ $\frac{125}{343}$
④ $\frac{127}{343}$
⑤ $\frac{129}{343}$

07 함수 $y = a\cos^2 x + a\sin x + b$의 최댓값이 10이고 최솟값이 1일 때, 실수 a, b의 곱 ab의 값은 p 또는 q이다. $p+q$의 값은?

① −4
② −2
③ 2
④ 4
⑤ 6

08

이차방정식 $x^2 - x - 1 = 0$의 두 근을 α, β라 할 때, $\alpha^{11} + \beta^{11}$의 값은?

① 123
② 144
③ 150
④ 175
⑤ 199

09

다음 순서도에서 인쇄되는 B의 값은? (단, $[x]$는 x보다 크지 않은 최대의 정수이다.)

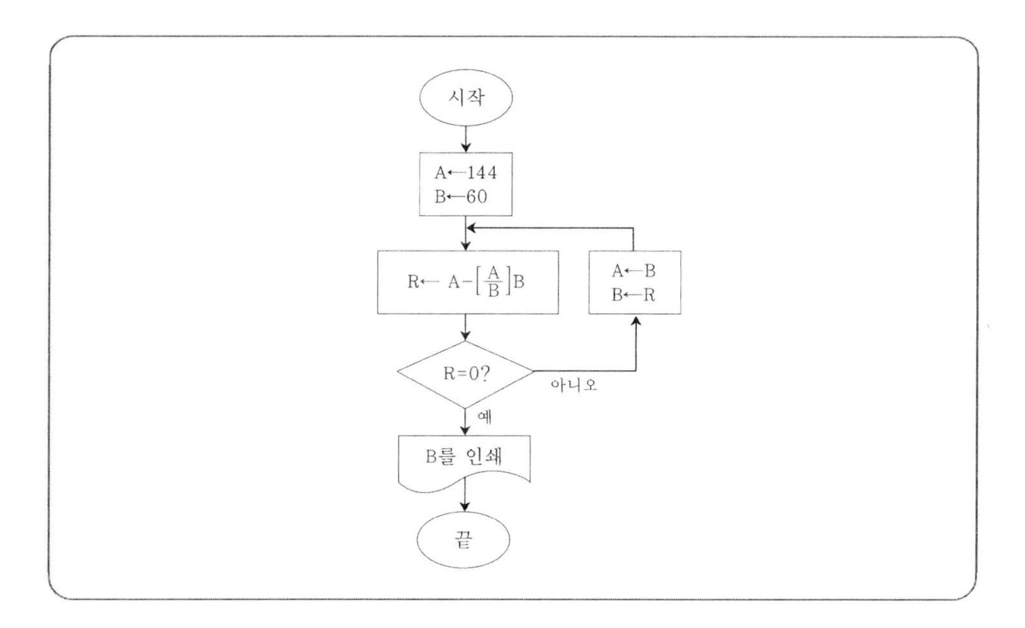

① 4
② 8
③ 12
④ 16
⑤ 20

10

반지름의 길이가 각각 5와 3인 두 원이 점 A에서 내접할 때, 그림과 같이 큰 원의 지름 AE에 수직인 직선 l이 두 원과 만나는 점을 각각 B와 C라 하자. $\overline{AD}=4$일 때, 삼각형 ABC의 외접원의 반지름의 길이는?

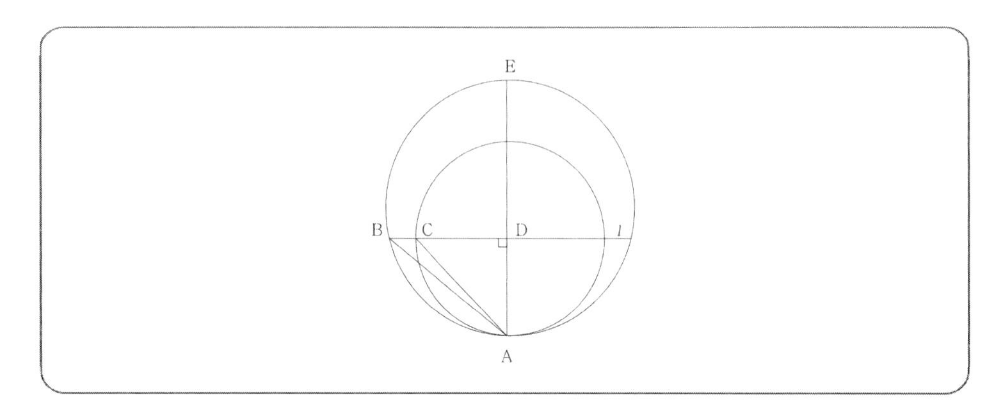

① $\sqrt{12}$ ② $\sqrt{15}$

③ $\sqrt{20}$ ④ 5

⑤ $\sqrt{30}$

11

실수 x에 대하여 $\dfrac{8x+8}{x^2+4}$의 최댓값을 M, 최솟값을 m이라 할 때, $M-m$의 값은?

① 2 ② $2\sqrt{2}$

③ $2\sqrt{3}$ ④ 4

⑤ $2\sqrt{5}$

12

그림과 같이 자연수 1, 2, 3, 4, …를 나선 모양으로 차례로 적을 때, 1000과 이웃한 8개의 수 중에서 가장 작은 것은?

17	16	15	14	13
18	5	4	3	12
19	6	1	2	11
20	7	8	9	10
21	22	…	…	…

① 868 ② 872
③ 876 ④ 880
⑤ 884

13 그림과 같이 5개의 섬 A, B, C, D, E가 있다. 이미 A, B가 다리로 연결되어 있을 때, 섬과 섬을 연결하는 3개의 다리를 더 건설하여 5개의 섬을 모두 다리로 연결하는 방법의 수는?

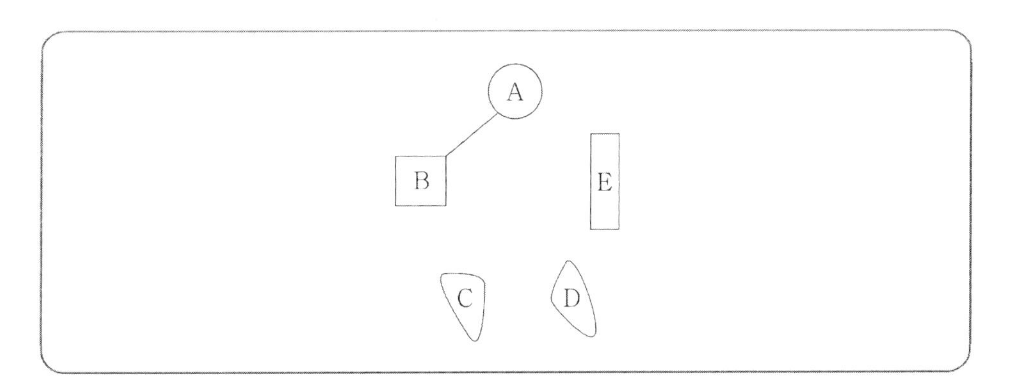

① 48 ② 50
③ 52 ④ 54
⑤ 56

14 좌표평면 위의 점 $P\left(\frac{1}{2}, -2\right)$에서 곡선 $y=x^2$에 그은 두 접선을 l, m이라 할 때, 두 접선 l, m과 곡선 $y=x^2$으로 둘러싸인 부분의 넓이는?

① $\frac{3}{2}$ ② $\frac{7}{4}$
③ $\frac{1}{2}$ ④ $\frac{9}{4}$
⑤ $\frac{5}{2}$

15

함수 $f(x)=\begin{cases}1-|x| & (|x|\le 1)\\ 0 & (|x|>1)\end{cases}$에 대하여 $\displaystyle\sum_{n=1}^{10}\int_{-n}^{n}\frac{\{f(x)\}^n}{n}$의 값은?

① $\frac{12}{11}$
② $\frac{14}{11}$
③ $\frac{16}{11}$
④ $\frac{18}{11}$
⑤ $\frac{20}{11}$

16

첫째항이 3인 등차수열 $\{a_n\}$에 대하여 $a_{10}-a_2=4$일 때, $\displaystyle\sum_{n=1}^{\infty}\frac{1}{a_n a_{n+1} a_{n+2}}$의 값은?

① $\frac{1}{21}$
② $\frac{2}{21}$
③ $\frac{1}{7}$
④ $\frac{4}{21}$
⑤ $\frac{5}{21}$

17

두 수열 $\{a_n\}$, $\{b_n\}$의 일반항이 각각 $a_n=\left(\frac{1}{2}\right)^{n-1}$과 $b_n=2\left(\frac{1}{3}\right)^{n-1}$일 때,

$\displaystyle\sum_{n=1}^{\infty}\left(\sum_{k=1}^{n}a_k b_{n-k+1}\right)$의 값은?

① 6
② 8
③ 9
④ 10
⑤ 12

18 $2x-y=2$를 만족시키는 실수 x, y에 대하여 다음 식의 최솟값은?

$$\sqrt{x^2+(y+1)^2}+\sqrt{x^2+(y-3)^2}$$

① 4
② $2\sqrt{5}$
③ $2\sqrt{6}$
④ $2\sqrt{7}$
⑤ $4\sqrt{2}$

19 일어날 확률이 $p(p\neq 0)$인 사건이 일어날 때 놀람의 정도를 $S(p)$라 하면 관계식 $S(p)=\log_2\frac{1}{p^c}$(C는 양의 상수)이 성립한다고 한다. 일어날 확률이 $\frac{1}{2}$인 사건이 일어날 때 놀람의 정도는 1이고, 두 사건 A, B는 다음 조건을 만족시킨다. 두 사건 A, B가 동시에 일어날 때 놀람의 정도가 7일 때, 사건 B가 일어날 때 놀람의 정도는? (단, $\log 2=0.3$으로 계산한다.)

(가) A는 5개의 동전을 던질 때 앞면이 4개 나오는 사건이다.
(나) B는 A와 서로 독립이다.

① $\frac{11}{3}$
② $\frac{13}{3}$
③ $\frac{15}{3}$
④ $\frac{17}{3}$
⑤ $\frac{19}{3}$

20 학생 110명이 국어, 영어, 수학 시험을 보는데, 국어를 합격한 사람은 92명, 영어를 합격한 사람은 75명, 수학을 합격한 사람 63명이고, 국어와 영어를 모두 합격한 사람은 65명, 국어와 수학을 모두 합격한 사람은 54명, 영어와 수학을 모두 합격한 사람은 48명이다. 세 과목 모두 합격한 학생 수의 최솟값은?

① 36
② 37
③ 38
④ 39
⑤ 40

※ 각 문항의 답을 답안지에 기재하시오. 【21-25】

21 함수 $f(x)$와 상수 a가 모든 실수 x에 대하여 등식 $6+\int_{a}^{x}\frac{f(t)}{t^2}dt=x$를 만족시킬 때, $f(a)$의 값을 구하시오.

(　　　　　　　　)

22 9개의 알파벳 P, O, L, I, C, E, M, A, N을 반드시 한 번씩 사용하여 사전식으로 배열할 때, P O L로 시작하는 문자열 중에서 POLICEMAN은 몇 번째 문자열인지 구하시오.

P O L □ □ □ □ □ □

(　　　　　　　　)

23 수직선 위를 움직이는 점 P의 시각 $t(t \geq 0)$에서의 위치 함수 $f(t)$가 $f(t)=t^3+3t^2-2t$이다. 점 P의 $0 \leq t \leq 10$에서의 평균속도와 $t=c$에서의 순간속도가 서로 같을 때, $3c^2+6c$의 값을 구하시오.

(　　　　　　　　)

24 지수방정식 $9^x-2(a+4)3^x-3a^2+24a=0$의 서로 다른 두 근이 모두 양수가 되도록 하는 모든 정수 a의 값의 합을 구하시오.

(　　　　　　　　)

25 모든 자연수 n에 대하여 $\sum_{k=0}^{n}k(k-1)(k-2)_nC_kp^k(1-p)^{n-k}=$ (가) $\times p^3$이 성립한다. (가)에 알맞은 식을 $f(n)$이라 할 때, $f(10)$의 값을 구하시오. (단, $0<p<1$)

(　　　　　　　　)

10 2015학년도 기출문제

▶ 해설은 p. 86에 있습니다.

01 행렬 $A=\begin{pmatrix}1 & 2\\0 & -1\end{pmatrix}$에 대하여 $\sum_{k=1}^{2n} A^k$의 모든 성분의 합을 a_n이라 하자. $\sum_{n=1}^{\infty}\frac{4}{a_n a_n+1}$의 값은?

① 1　　② $\frac{1}{2}$　　③ $\frac{1}{3}$　　④ $\frac{1}{4}$　　⑤ $\frac{1}{5}$

02 자연수 n에 대하여 다항식 $(x-1)^{2n}+(x+1)^n$을 $x-3$으로 나눈 나머지를 a_n, $x-1$로 나눈 나머지를 b_n이라 할 때, $\lim_{n\to\infty}\frac{\log_2 a_n+\log_2 b_n}{n}$의 값은?

① 1　　② 2　　③ 3　　④ 4　　⑤ 5

03 5^{25}은 m자리의 정수이고 5^{25}의 최고 자리의 숫자는 n이다. $m+n$의 값은?
(단, $\log 2=0.3010$, $\log 3=0.4771$로 계산한다.)

① 18　　② 20　　③ 22　　④ 24　　⑤ 26

04

1부터 10까지 자연수가 하나씩 적혀 있는 10개의 공이 주머니에 들어 있다. 이 주머니에서 3개의 공을 임의로 한 개씩 꺼낼 때, 나중에 꺼낸 공에 적혀 있는 수가 더 큰 순서로 꺼낼 확률은? (단, 꺼낸 공은 다시 넣지 않는다.)

① $\frac{1}{2}$ ② $\frac{1}{3}$
③ $\frac{1}{5}$ ④ $\frac{1}{6}$
⑤ $\frac{1}{8}$

05

원에 내접하는 사각형 ABCD에 대하여 $\overline{AB}=1$, $\overline{BC}=3$, $\overline{CD}=4$, $\overline{DA}=6$이다. 사각형 ABCD의 넓이는?

① $5\sqrt{2}$ ② $6\sqrt{2}$
③ $7\sqrt{2}$ ④ $8\sqrt{2}$
⑤ $9\sqrt{2}$

06

함수 $f(n)$이 $f(n)=\lim_{x\to1}\frac{x^n+3x-4}{x-1}$일 때, $\sum_{n=1}^{10}f(n)$의 값은?

① 65 ② 70
③ 75 ④ 80
⑤ 85

07

방정식 $x^3+1=0$의 한 허근을 α라 할 때, $\sum_{k=1}^{\infty}\frac{1}{(k-\alpha)(k-\alpha^2)}$의 값은?

① α ② $\alpha-1$
③ $1-\alpha$ ④ 1
⑤ -1

08

두 이차정사각행렬 A, B에 대하여 옳은 것만을 〈보기〉에서 있는 대로 고른 것은? (단, E는 단위행렬이고 O는 영행렬이다.)

〈보기〉

ㄱ. $(A+B)^2 = O$이면 $A+B=O$이다.

ㄴ. $A+E=(B+E)^2$이면 $AB=BA$이다.

ㄷ. $A^3+2A^2+A=O$이면 $A+2E$는 역행렬을 갖는다.

① ㄱ ② ㄴ ③ ㄷ ④ ㄱ, ㄴ ⑤ ㄴ, ㄷ

09

자연수 n에 대하여 연립일차방정식 $\begin{cases} ax-by=1 \\ bx+(a-2n)y=1 \end{cases}$의 해가 존재하지 않을 때, 실수 a, b의 순서쌍 (a, b) 전체의 집합을 A_n이라 하자. 〈보기〉에서 옳은 것만을 있는 대로 고른 것은?

〈보기〉

ㄱ. $(n, n) \notin A_n$

ㄴ. $(a, b) \in A_n$이면 $\sqrt{a^2+b^2} > 2n$이다.

ㄷ. 서로 다른 두 자연수 m, n에 대하여 $A_m \cap A_n = \varnothing$이다.

① ㄱ ② ㄴ ③ ㄱ, ㄷ ④ ㄴ, ㄷ ⑤ ㄱ, ㄴ, ㄷ

10

x축 위의 점 $\mathrm{A}_n(x_n,\ 0)$에 대하여 함수 $f(x)=4x^2$의 그래프 위의 점 $\mathrm{B}_n(x_n,\ f(x_n))$에서 접선이 x축과 만나는 점을 $\mathrm{A}_{n+1}(x_{n+1},\ 0)$이라 하자. 삼각형 $\mathrm{A}_n\mathrm{B}_n\mathrm{A}_{n+1}$의 넓이를 S_n이라 할 때, $\sum_{n=1}^{\infty} S_n$의 값은? (단, $x_1=1$)

① $\frac{4}{3}$
② $\frac{5}{4}$
③ $\frac{6}{5}$
④ $\frac{7}{6}$
⑤ $\frac{8}{7}$

11

양의 실수 a, b, c에 대하여 다음의 세 조건 $p: ax^2-bx+c<0$, $q: \frac{a}{x^2}-\frac{b}{x}+c<0$, $r:(x-1)^2 \le 0$의 진리집합을 각각 P, Q, R라 할 때, 〈보기〉에서 옳은 것만을 있는 대로 고른 것은?

〈보기〉

㉠ $R\subset P$이면 $R\subset Q$이다.
㉡ $P\cap Q=\varnothing$ 이면 $R\subset P$ 또는 $R\subset Q$이다.
㉢ $P\cap Q\neq\varnothing$ 이면 $R\subset P\cap Q$이다.

① ㉠
② ㉡
③ ㉠, ㉢
④ ㉡, ㉢
⑤ ㉠, ㉡, ㉢

12

$f(x)=\sqrt{x}$에 대하여 $\lim_{n\to\infty}\sum_{k=1}^{n}\frac{k}{n}\left\{f\left(\frac{k}{n}\right)-f\left(\frac{k-1}{n}\right)\right\}$의 값은?

① $\frac{1}{5}$
② $\frac{1}{4}$
③ $\frac{1}{3}$
④ $\frac{1}{2}$
⑤ 1

13 15 이하의 자연수 중에서 서로 다른 4개의 수를 뽑을 때, 어느 두 수도 3 이상 차이가 나도록 뽑는 방법의 수는?

① 108 ② 120
③ 126 ④ 132
⑤ 144

14 함수 $f(x)=\log_2 x+1\ (x\geq 1)$에 대하여 $f_1(x)=f(x)$, $f_2(x)=f(f_1(x))$, $\cdots$, $f_n(x)=f(f_{n-1}(x))$, $\cdots$로 나타낼 때, 〈보기〉에서 옳은 것만을 있는 대로 고른 것은?

〈보기〉

㉠ $m<n$이면 $f_m(x)\leq f_n(x)$이다.

㉡ $x\geq\frac{3}{2}$일 때 $\lim_{n\to\infty}f_n(x)$는 수렴한다.

㉢ 임의의 자연수 m, n에 대하여 $f_m(x)=f_n(x)$이면 $x=1$ 또는 $x=2$이다.

① ㉠ ② ㉡
③ ㉠, ㉢ ④ ㉡, ㉢
⑤ ㉠, ㉡, ㉢

15 자연수 n에 대하여 직선 $y=n$이 두 함수 $y=\log_2 x$, $y=\log_3 x$의 그래프와 만나는 점을 각각 A_n, B_n이라 하자. 삼각형 $\mathrm{A}_n\mathrm{B}_{n-1}\mathrm{B}_n$과 삼각형 $\mathrm{A}_n\mathrm{A}_{n-1}\mathrm{B}_{n-1}$의 넓이를 각각 S_n, T_n이라 할 때, $\lim_{n\to\infty}\frac{S_n}{T_n}$의 값은?

① $\frac{3}{2}$ ② 2
③ $\frac{5}{2}$ ④ 3
⑤ $\frac{7}{2}$

16

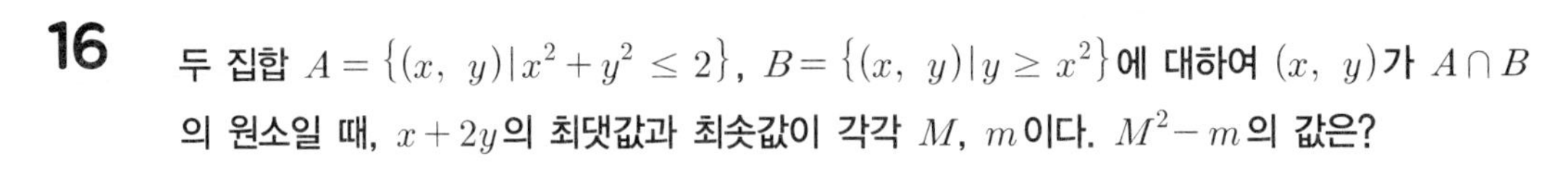

두 집합 $A=\{(x,\ y)\,|\,x^2+y^2\le 2\}$, $B=\{(x,\ y)\,|\,y\ge x^2\}$에 대하여 $(x,\ y)$가 $A\cap B$의 원소일 때, $x+2y$의 최댓값과 최솟값이 각각 M, m이다. M^2-m의 값은?

① $\frac{81}{8}$　② $\frac{41}{4}$　③ $\frac{83}{8}$　④ $\frac{21}{2}$　⑤ $\frac{85}{8}$

17

좌석의 수가 50인 어느 식당에서 예약한 사람이 예약을 취소하는 경우가 10명 중 1명꼴이라고 한다. 52명이 예약했을 때, 좌석이 부족하게 될 확률은 $p\times 0.9^{52}$이다. p의 값은?

① $\frac{61}{9}$　② 7　③ $\frac{65}{9}$　④ $\frac{67}{9}$　⑤ $\frac{23}{3}$

18

미분가능한 함수 $f(x)$가 $f(x)=\begin{cases} ax^3+bx^2+cx+1 & (x<1) \\ 1 & (x=1) \\ p(x-2)^3+q(x-2)^2+r(x-2)+5 & (x>1) \end{cases}$이고 $g(x)=f'(x)$라 할 때, 함수 $g(x)$가 다음 조건을 만족한다.

> (가) $g(x)$는 $x=1$에서 미분가능하다.
> (나) $g'(0)=g'(2)=0$

$\int_0^1 f(x)dx$의 값은?

① $\frac{1}{2}$　② $\frac{3}{4}$　③ 1　④ $\frac{5}{4}$　⑤ $\frac{3}{2}$

19 한 변의 길이가 1인 정사각형 ABCD가 있다. 점 P는 B를 출발하여 매초 1의 속력으로 정사각형 ABCD의 변을 따라 B→C→D→A의 방향으로 움직이고, 점 Q는 C를 출발하여 매초 $\frac{2}{3}$의 속력으로 정사각형 ABCD의 변을 따라 C→D→A→B의 방향으로 움직인다. 두 점 P, Q가 각각 B, C에서 동시에 출발한 후 시각 t초일 때 삼각형 APQ의 넓이를 $f(t)$라 하자. 〈보기〉에서 옳은 것만을 있는 대로 고른 것은? $\left(\text{단, } 0 \le t \le \frac{3}{2}\right)$

〈보기〉

ㄱ. $f(t)$는 구간 $\left(0, \frac{3}{2}\right)$에서 미분가능하다.

ㄴ. $f(t)$는 $t = \frac{3}{4}$에서 극솟값을 갖는다.

ㄷ. $f(t)$는 $t = 1$에서 극댓값을 갖는다.

① ㄱ　　② ㄴ　　③ ㄱ, ㄷ　　④ ㄴ, ㄷ　　⑤ ㄱ, ㄴ, ㄷ

20 정삼각형 ABC 내부의 점 P로부터 각 꼭짓점까지의 거리가 각각 4, 2, $2\sqrt{3}$일 때, 삼각형 ABC의 한 변의 길이는?

① $\sqrt{29}$　　② $2\sqrt{7}$　　③ $3\sqrt{3}$　　④ $\sqrt{26}$　　⑤ 5

※ 각 문항의 답을 답안지에 기재하시오. 【21~25】

21 방정식 $4x^3+1003x+1004=0$의 세 근을 α, β, γ라 할 때, $(\alpha+\beta)^3+(\beta+\gamma)^3+(\gamma+\alpha)^3$의 값을 구하시오.

( )

22 원 $x^2+y^2=1$에 내접하는 정96각형의 각 꼭짓점의 좌표를 $(a_1,\ b_1)$, $(a_2,\ b_2)$, $\cdots$, $(a_{96},\ b_{96})$이라 할 때, $\sum_{n=1}^{96} a_n^2$의 값을 구하시오.

( )

23 백의 자리의 수, 십의 자리의 수, 일의 자리의 수가 이 순서대로 등차수열을 이루는 세 자리의 자연수의 개수를 구하시오.

( )

24 두 개의 주사위를 던져 나오는 눈의 수 중 크거나 같은 수를 확률변수 X라 할 때, $\mathrm{E}(6X)=\frac{p}{q}$이다. $p+q$의 값을 구하시오. (단, p, q는 서로소인 자연수)

( )

25 직선 l이 함수 $f(x)=x^4-2x^2-2x+3$의 그래프와 서로 다른 두 점에서 접할 때, 직선 l과 곡선 $y=f(x)$로 둘러싸인 영역의 넓이가 A이다. $30A$의 값을 구하시오.

( )

11 2016학년도 기출문제

▶ 해설은 p. 97에 있습니다.

※ 각 문항의 답을 하나만 고르세요. 【1~20】

01

행렬 $A=\begin{pmatrix}1 & -3\\0 & 1\end{pmatrix}$에 대하여 $A+A^2+A^3+\cdots+A^n$의 (1, 2)성분이 −1488일 때, 자연수 n의 값은?

① 31　② 32
③ 33　④ 34
⑤ 35

02

유리수 $a,\ b,\ x,\ y$에 대하여 두 등식 $(2+\sqrt{3})^{100}=a+b\sqrt{3}$, $(2+\sqrt{3})^{101}=x+y\sqrt{3}$이 성립한다고 하자. $\begin{pmatrix}x\\y\end{pmatrix}=A\begin{pmatrix}a\\b\end{pmatrix}$를 $x,\ y$와 $a,\ b$에 관한 관계식으로 나타낸 것이라 할 때 행렬 A를 구하면?

① $\begin{pmatrix}1 & 0\\0 & 1\end{pmatrix}$　② $\begin{pmatrix}3 & 2\\2 & 1\end{pmatrix}$
③ $\begin{pmatrix}2 & 3\\1 & 2\end{pmatrix}$　④ $\begin{pmatrix}2 & 1\\3 & 2\end{pmatrix}$
⑤ $\begin{pmatrix}1 & 2\\2 & 3\end{pmatrix}$

03

어느 도시에서 운전면허증을 소지한 사람이 지난 10년간 교통법규를 위반한 건수는 평균 5건, 표준편차 1건인 정규분포를 따른다고 한다. 이 도시에서 운전면허증을 소지한 사람 중에서 임의추출한 100명이 지난 10년간 교통법규를 위반한 건수의 평균이 4.85건 이상이고 5.2건 이하일 확률을 표준정규분포표를 이용하여 구하면?

z	$P(0 \leq Z \leq z)$
1.5	0.4332
2.0	0.4772
2.5	0.4938

① 0.8664
② 0.9104
③ 0.9544
④ 0.9710
⑤ 0.9876

04

x에 대한 이차방정식 $f(x)=0$의 두 근 α, β가 $\alpha+\beta=\alpha\beta$를 만족한다고 하자. 이차방정식 $f(x-1)=0$의 두 근을 γ, δ라 할 때 $\gamma^2+\delta^2$의 최솟값은?

① 1
② 2
③ 3
④ 4
⑤ 5

05

ω는 $x^2+x+1=0$의 한 허근이고, $f(x)=x+\dfrac{1}{x}$라 할 때,

$f(\omega)f(\omega^2)f(\omega^{2^2})f(\omega^{2^3})\cdots f(\omega^{2^{2016}})$의 값은?

① -1
② 1
③ ω
④ $\dfrac{1}{\omega}$
⑤ $-\omega-1$

06 방정식 $\sqrt{2016}\,x^{\log_{2016}x}=x^2$의 해의 곱을 N이라 할 때, N의 마지막 두 자리를 구하면?

① 16 ② 36
③ 56 ④ 76
⑤ 96

07 어떤 프로파일러가 사람을 면담한 후 범인 여부를 판단할 확률이 다음과 같다.

- 범행을 저지른 사람을 범인으로 판단할 확률은 0.99이다.
- 범행을 저지르지 않은 사람을 범인으로 판단할 확률은 0.04이다.

이 프로파일러가 범행을 저지른 사람 20명과 범행을 저지르지 않은 사람 80명으로 이루어진 집단에서 임의로 한 명을 선택하여 면담하였을 때, 이 사람을 범인으로 판단할 확률은?

① 0.2 ② 0.21
③ 0.22 ④ 0.23
⑤ 0.24

08 확률변수 X가 이항분포 $B(n,\ p)$를 따르고 $E(X^2)=40,\ E(3X+1)=19$일 때, $\dfrac{P(X=1)}{P(X=2)}$의 값은?

① $\dfrac{4}{17}$ ② $\dfrac{7}{17}$
③ $\dfrac{10}{17}$ ④ $\dfrac{13}{17}$
⑤ $\dfrac{16}{17}$

09 두 수열 $\{a_n\}$, $\{b_n\}$이

$a_{n+1} = \frac{1}{2}|a_n| - 1,\ a_1 = 1,\ b_n = a_{n+1} + \frac{2}{3}\ (n = 1,\ 2,\ 3,\ \cdots)$을 만족시킬 때, 〈보기〉에서 옳은 것만을 있는 대로 고르면?

〈보기〉

㉠ $n \geq 2$이면 $a_n < 0$이다.

㉡ $\lim_{n\to\infty} a_n = -2$

㉢ $\sum_{n=1}^{\infty} b_n = \frac{1}{9}$

① ㉠
② ㉡
③ ㉠㉡
④ ㉠㉢
⑤ ㉠㉡㉢

10 함수 $f(x)$는 모든 실수 x에 대하여 $f(x+2) = f(x)$를 만족시키고 $f(x) = 2 - |x-1|$ $(0 \leq x < 2)$이다. 2 이상인 자연수 n에 대하여 $y = \log_n x$의 그래프와 $y = f(x)$의 그래프가 만나는 점의 개수를 a_n이라 할 때, $\sum_{n=2}^{10} a_n$의 값은?

① 250
② 270
③ 290
④ 310
⑤ 330

11 모든 실수 x에 대하여 $f(-x) = -f(x)$인 다항함수 $f(x)$가

$f(-1) = 2,\ \lim_{x\to-1} \frac{f(1) - f(-x)}{x^2 - 1} = 3$을 만족시킬 때 $\lim_{x\to-1} \frac{f(x)^2 - 4}{x+1}$의 값은?

① −24
② −12
③ 0
④ 12
⑤ 24

12

삼차함수 $f(x)=(a-4)x^3+3(b-2)x^2-3ax+2$가 극값을 갖지 않을 때, 좌표평면에서 점 $(a,\ b)$가 존재하는 영역을 A라 하고, $B=\{(x,\ y)|mx-y+m=0\}$이라 하자. $A\cap B\neq\varnothing$이기 위한 m의 최댓값과 최솟값의 합은? (단, $a,\ b,\ m$은 실수이다.)

① $\frac{9}{5}$
② $\frac{11}{5}$
③ $\frac{12}{5}$
④ $\frac{13}{5}$
⑤ $\frac{14}{5}$

13

자연수 n에 대하여 두 조건 $\left[\frac{x}{n}\right]=2,\ \left[\frac{x}{n+1}\right]=1$을 만족시키는 실수 x 중에서 가장 큰 자연수를 a_n이라 할 때, $\sum_{n=1}^{30}a_n$의 값은? (단, $[t]$는 t보다 크지 않은 최대 정수이다.)

① 955
② 956
③ 957
④ 958
⑤ 959

14

10명의 순경이 세 구역을 순찰하려고 한다. 각 구역에는 적어도 한 명이 순찰하고, 각 구역의 순찰 인원은 5명 이하가 되도록 인원수를 정하는 경우의 수는? (단, 한 명의 순경은 하나의 구역만 순찰하고, 순경은 서로 구분하지 않는다.)

① 16
② 18
③ 20
④ 22
⑤ 24

15

함수 f는 임의의 실수 x, y에 대하여 다음을 만족시킨다.

$f(1)>0,\ f(xy)=f(x)f(y)-x-y$

이때, $\lim_{n\to\infty}\sum_{k=1}^{n}\left\{\frac{6}{\sqrt{n}}f\left(2+\frac{4k}{n}\right)\right\}^2$ 의 값은?

① 510　② 624
③ 756　④ 832
⑤ 948

16

다음과 같이 흰 바둑돌 1개와 검은 바둑돌 2개를 왼쪽부터 교대로 반복하여 나열하였다.

이 바둑돌을 왼쪽부터 차례로 1개, 2개, 3개, … 를 꺼내어 각각 제1행, 제2행, 제3행, … 에 순서대로 놓으면 아래 그림과 같다.

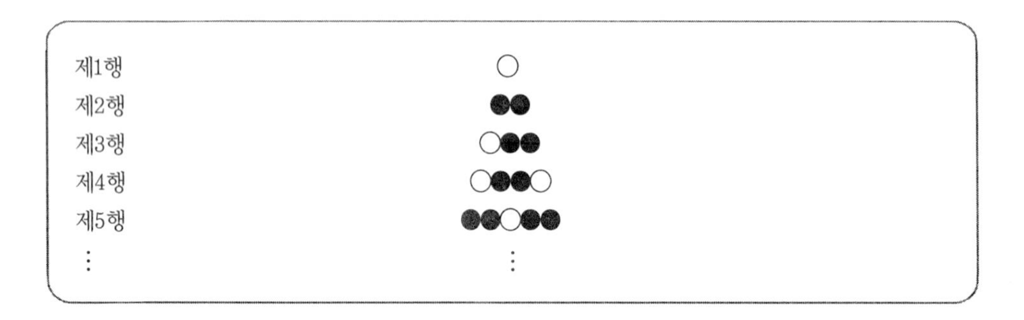

제n행에 놓인 검은 바둑돌의 개수를 a_n이라 할 때, $\sum_{n=1}^{50}a_n$의 값은?

① 830　② 840
③ 850　④ 860
⑤ 880

17 눈의 수가 1부터 6까지인 주사위를 던져서 눈의 수가 1 또는 6이 나올 때까지 반복한다. 한 번 던지고 중지하면 1000원을 받고, 두 번 던지고 중지하면 2000원을 받는다. 이와 같이 계속하여 n번 던지고 중지하면 $n\times 1000$원을 받을 때, 받는 돈의 기댓값은?

① 1000원 ② 1500원
③ 2000원 ④ 2500원
⑤ 3000원

18 두 수 a, b가 $0<b<a$를 만족시킬 때, 한 꼭짓점이 $(a,\ b)$이고, 다른 두 꼭짓점이 각각 x축과 직선 $y=2x$에 놓여있는 삼각형의 둘레의 길이의 최솟값은?

① $\dfrac{4}{\sqrt{5}}\sqrt{a^2+b^2}$ ② $\dfrac{4}{\sqrt{5}}\sqrt{a^2-b^2}$
③ $\dfrac{4}{\sqrt{5}}\sqrt{a^2+4b^2}$ ④ $\dfrac{4}{\sqrt{5}}\sqrt{4a^2+b^2}$
⑤ $\dfrac{4}{\sqrt{5}}\sqrt{4a^2-b^2}$

19 $\triangle ABC$에서 $\overline{AB}=x$, $\overline{BC}=x+1$, $\overline{AC}=x+2$이고 $\angle B=2\theta$, $\angle C=\theta$일 때, $\cos\theta$의 값은?

① $\dfrac{2}{3}$ ② $\dfrac{3}{5}$
③ $\dfrac{3}{4}$ ④ $\dfrac{4}{5}$
⑤ $\dfrac{5}{6}$

20

무한히 확장된 바둑판 모양 격자에서 실행되는 게임을 생각한다. 이전 세대에서 다음 세대로 넘어갈 때 어떤 정사각형이 살아있을 것인가를 결정하는 규칙은 다음과 같다.

- 살아있는 정사각형은 자신을 감싸는 여덟 개의 정사각형 중에서 정확히 두 개 또는 세 개가 살아있다면 다음 세대에서 살아남고, 그렇지 않으면 죽는다.
- 죽어있는 정사각형은 자신을 감싸는 여덟 개의 정사각형 중에서 정확히 세 개가 살아있다면 다음 세대에서 살아나고, 그렇지 않으면 죽은 채로 있다.

그림과 같은 초기 세대의 상태에 대하여, 〈보기〉에서 미래 세대의 상태를 설명한 것 중 옳은 것만을 있는 대로 고르면? (단, 검게 칠해진 정사각형이 살아있는 정사각형이다.)

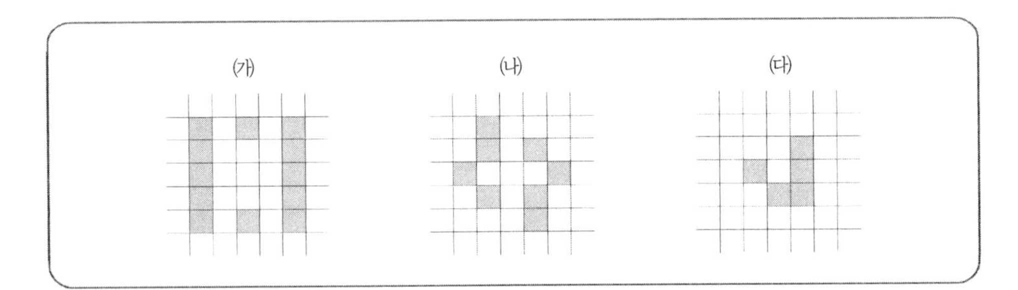

〈보기〉

㉠ (가)의 초기 세대(0세대)에서 다음 세대(1세대)로 넘어간 후 살아남은 정사각형의 개수는 18개이다.
㉡ (나)는 몇 세대 후 모든 정사각형이 죽는다.
㉢ (다)는 살아남은 정사각형의 위치와 형태가 몇 세대 이후부터는 변하지 않고 고정된다.

① ㉠
② ㉢
③ ㉠㉡
④ ㉡㉢
⑤ ㉠㉡㉢

※ 각 문항의 답을 답안지에 기재하시오. 【21~25】

21

등차수열 $\{a_n\}$에 대하여 $a_1 + a_3 + a_{13} + a_{15} = 72$일 때, $\sum_{n=1}^{15} a_n$의 값을 구하시오.

( )

22 실수 t에 대하여 함수 $f(x)=x^2+2|x-t|\ (-1 \le x \le 1)$의 최댓값을 $g(t)$라고 하자. $\int_0^{\frac{3}{2}} g(t)dt=\frac{q}{p}$일 때, $p+q$의 값을 구하시오. (단, p, q는 서로소인 자연수이다.)

( )

23 두 자연수 m, n에 대하여 부등식 $\left|\log_3 \frac{m}{15}\right|+\log_3 \frac{n}{3} \le 0$을 만족시키는 순서쌍 $(m,\ n)$의 개수를 구하시오.

( )

24 다항함수 $f(x)=x^3(x^3+1)(x^3+2)(x^3+3)$에 대하여 $f'(-1)=a$이고 $f(x)$의 최솟값이 b일 때, a^2+b^2의 값을 구하시오.

( )

25 삼각형 ABC에서 $\overline{AB}$의 n등분 점과 꼭짓점 C를 잇고, $\overline{AC}$의 n등분 점과 꼭짓점 B를 잇는다. 이때, 만들어지는 삼각형($\triangle ABC$도 포함)의 개수를 a_n이라 하자. 예를 들어, $n=2$인 다음 그림에서 $a_2=8$이다. a_5의 값을 구하시오.

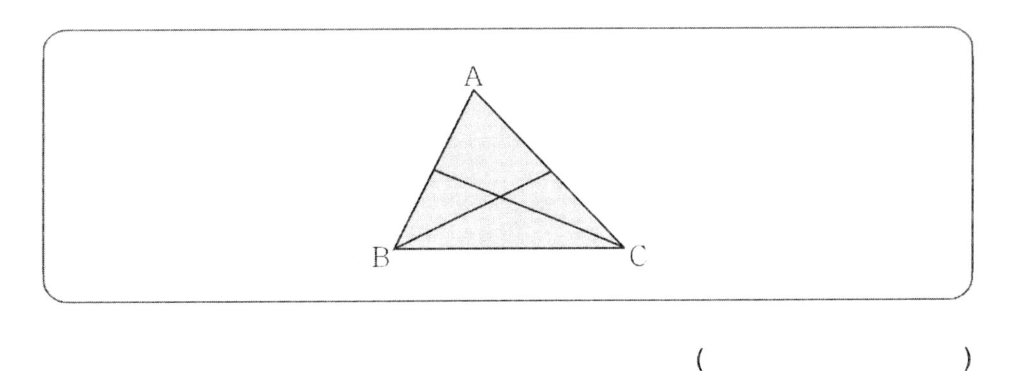

( )

12 2017학년도 기출문제

▶ 해설은 p. 109에 있습니다.

※ 각 문항의 답을 하나만 고르시오. 【01~20】

01 다음을 만족시키는 정수 a, b의 순서쌍 $(a,\ b)$의 개수는? [3점]

$$\log a = 3 - \log(a+b)$$

① 4
② 8
③ 12
④ 16
⑤ 32

02 좌표평면에 세 점 $O(0,\ 0)$, $A(1,\ 0)$, $B(0,\ 1)$와 선분 AB 위의 점 P에 대하여 삼각형 OAP의 무게중심을 G라 하자. $\triangle OAG = \frac{1}{4}\triangle OAB$일 때, 점 P의 x좌표는? [3점]

① $\frac{1}{2}$
② $\frac{1}{3}$
③ $\frac{1}{4}$
④ $\frac{1}{6}$
⑤ $\frac{1}{12}$

03

한 개의 주사위를 72번 던질 때, 3의 배수의 눈이 30번 이상 36번 이하로 나올 확률을 아래 표준정규분포표를 이용하여 구한 것은? [3점]

z	$P(0 \leq Z \leq z)$
1.0	0.3413
1.5	0.4332
2.0	0.4772
2.5	0.4938
3.0	0.4987

① 0.0215
② 0.0655
③ 0.1359
④ 0.1525
⑤ 0.1574

04

한 개의 주사위를 두 번 던져 나오는 눈의 수를 차례로 a, b라 하고 복소수 z를 $z = a + 2bi$라 할 때, $z + \frac{z}{i}$가 실수일 확률은? [3점]

① $\frac{1}{6}$
② $\frac{1}{9}$
③ $\frac{1}{12}$
④ $\frac{1}{15}$
⑤ $\frac{1}{18}$

05

양수 k에 대하여 $\begin{matrix} A = \{(x,\ y) | x \geq 0,\ y \geq kx,\ x + y \leq k\} \\ B = \{(x,\ y) | x^2 + (y-k)^2 \leq k^2\} \end{matrix}$이라 하자. $A \cup B = B$를 만족시키는 k의 최솟값은? [4점]

① $2 - \sqrt{3}$
② $\sqrt{2} - 1$
③ $\sqrt{3} - 1$
④ $1 + \sqrt{2}$
⑤ $1 + \sqrt{3}$

06

함수 $f(x)=\begin{cases} \dfrac{x^2-a}{\sqrt{x^2+b}-\sqrt{c^2+b}} & (x\neq c) \\ 4c & (x=c) \end{cases}$가 $x=c$에서 연속이 되도록 하는 실수 a, b, c에 대하여, $a+b+c$의 최솟값은? [4점]

① 0
② $-\dfrac{1}{8}$
③ $-\dfrac{1}{4}$
④ $-\dfrac{1}{2}$
⑤ -1

07

집합 $A=\{1,\ 2,\ 3\}$, $B=\{1,\ 2,\ 3,\ 4\}$, $C=\{a,\ b,\ c\}$에 대하여 두 함수 $f:A\rightarrow B$, $g:B\rightarrow C$의 합성함수 $g\circ f:A\rightarrow C$가 역함수를 갖도록 하는 순서쌍 $(f,\ g)$의 개수는? [4점]

① 108
② 144
③ 216
④ 432
⑤ 864

08

1부터 1,000까지의 자연수가 하나씩 적힌 카드 1,000장 중에서 한 장을 뽑을 때, 적힌 수가 다음 세 조건을 만족하는 경우의 수는? [4점]

(가) 적힌 수는 홀수이다.
(나) 각 자리의 수의 합은 3의 배수가 아니다.
(다) 적힌 수는 5의 배수가 아니다.

① 256
② 266
③ 276
④ 286
⑤ 296

09 아래 그림은 어느 도시의 도로를 선으로 나타낸 것이다. 교차로 P에서는 좌회전을 할 수 없고, 교차로 Q는 공사 중이어서 지나갈 수 없다고 한다. A를 출발하여 B에 도달하는 최단경로의 개수는? [4점]

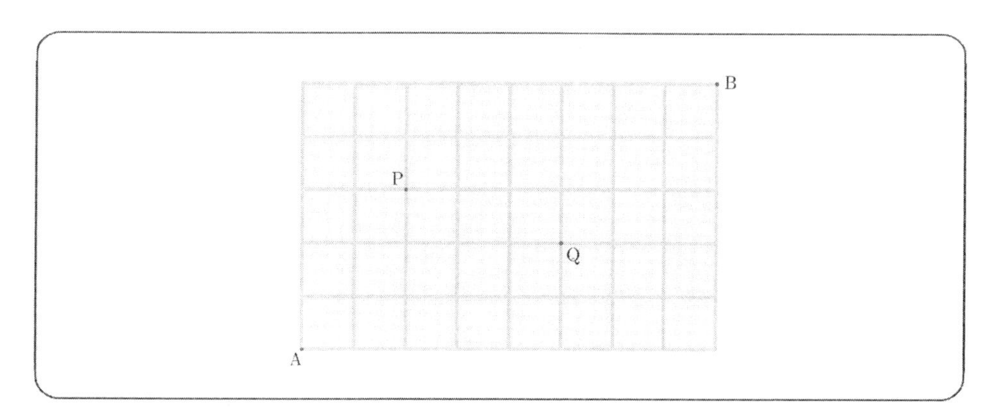

① 818
② 825
③ 832
④ 839
⑤ 846

10 좌표평면에서 직선 $y=nx$(n은 자연수)와 원 $x^2+y^2=1$이 만나는 점을 A_n, B_n이라 하자. 원점 O와 A_n의 중점을 P_n이라 하고, $\overline{A_nP_n}=\overline{B_nQ_n}$을 만족시키는 직선 $y=nx$ 위의 점을 Q_n이라 하자.(단, Q_n은 원 외부에 있다.) 점 Q_n의 좌표를 (a_n, b_n)이라 할 때, $\lim_{n\to\infty}|na_n+b_n|$의 값은? [4점]

① 1
② 2
③ 3
④ 4
⑤ 5

11 최고차항의 계수가 양수인 이차함수 $f(x)$에 대하여 함수 $g(x)$를 $g(x)=\int_0^x |f(t)-2t|dt$로 정의하자. 다음 조건을 만족시키는 이차함수 f 중에서 $f(1)$의 최솟값은? [4점]

> $g'(x)$는 실수 전체의 집합에서 미분가능하다.

① 1
② 2
③ 3
④ 4
⑤ 5

12 함수 $f(x)=x+(x-1)(x-2)(x-3)(x-4)$에 대하여 $\{f(x)\}^2-x^2f(x)$를 $f(x)-x$로 나눈 나머지를 $r(x)$라 하자. 함수 $y=r(x)$의 극댓값과 극솟값의 합은? [4점]

① $\frac{3}{8}$
② $\frac{4}{9}$
③ $\frac{5}{12}$
④ $\frac{3}{16}$
⑤ $\frac{4}{27}$

13 서로 다른 6개의 물건을 남김없이 서로 다른 3개의 상자에 임의로 분배할 때, 빈 상자가 없도록 분배할 확률은? [4점]

① $\frac{2}{3}$
② $\frac{19}{27}$
③ $\frac{20}{27}$
④ $\frac{7}{9}$
⑤ $\frac{22}{27}$

14 두 곡선 $y=2x^2+6$, $y=-x^2$에 모두 접하고 기울기가 양수인 직선 l이 있다. 직선 l과 곡선 $y=2x^2+6$의 접점을 P, 직선 l과 곡선 $y=-x^2$의 접점을 Q라 할 때, 선분 PQ의 길이는? [4점]

① $2\sqrt{31}$
② $8\sqrt{2}$
③ 12
④ $5\sqrt{6}$
⑤ $3\sqrt{17}$

15 방정식 $|x^2-2x-6|=|x-k|+2$가 서로 다른 세 실근을 갖도록 하는 모든 실수 k의 값의 합은? [4점]

① 1
② 2
③ 3
④ 4
⑤ 5

16 좌표평면에서 원 $x^2+y^2=1$과 직선 $y=-\frac{1}{2}$이 만나는 점을 A, B라 하자. 점 $P(0,\ t)$ $\left(t \neq \frac{1}{2}\right)$에 대하여 다음 조건을 만족시키는 점 C의 개수를 $f(t)$라 하자.

(가) C는 A나 B가 아닌 원 위의 점이다.
(나) A, B, C를 꼭짓점으로 하는 삼각형의 넓이는 A, B, P를 꼭짓점으로 하는 삼각형의 넓이와 같다.

$f(a)+\lim_{t\to a-}f(t)=5$이고 $\lim_{t\to 0-}f(t)=b$일 때, $a+b$의 값은?[4점]

① 1
② 2
③ 3
④ 4
⑤ 5

17

$a_1 = \frac{9}{8}$ 이고 자연수 n에 대하여 $a_{n+1} = \frac{9}{8}\left(\frac{9}{8}+9\right)\left(\frac{9}{8}+9+9^2\right)\cdots\left(\frac{9}{8}+9+9^2+\cdots+9^n\right)$

이라 하자. $\sum_{k=1}^{10} \frac{\log a_k}{k} = \log A$ 일 때, A의 값은? [5점]

① $\frac{3^{65}}{2^{30}}$ ② $\frac{3^{60}}{2^{25}}$

③ $\frac{2^{65}}{3^{30}}$ ④ $\frac{2^{60}}{3^{25}}$

⑤ $\frac{3^{60}}{2^{30}}$

18

실수 x, y에 대하여 $\sqrt{4+y^2}+\sqrt{x^2+y^2-4x-4y+8}+\sqrt{x^2-10x+29}$ 의 최솟값은? [5점]

① $\sqrt{29}$ ② $\sqrt{33}$

③ $\sqrt{37}$ ④ $\sqrt{41}$

⑤ $3\sqrt{5}$

19

함수 $f(x)=x^4-6x^3+12x^2-8x+1$과 이차함수 $g(x)$는 어떤 실수 α에 대하여 다음 조건을 만족시킨다.

(가) $f(\alpha)=g(\alpha)$, $f'(\alpha)=g'(\alpha)$
(나) $f(\alpha+1)=g(\alpha+1)$, $f'(\alpha+1)=g'(\alpha+1)$

두 곡선 $y=f(x)$와 $y=g(x)$로 둘러싸인 영역의 넓이를 S_1, 곡선 $y=g(x)$와 x축으로 둘러싸인 영역의 넓이를 S_2라 할 때, $\frac{S_2}{S_1}$의 값은? [5점]

① 20 ② 25

③ 30 ④ 35

⑤ 40

20

두 수 a, b가 $a=\sum_{k=1}^{100}\frac{1}{2k(2k-1)}$

$b=\sum_{k=1}^{100}\frac{1}{(100+k)(201-k)}$ 일 때, $\left[\frac{a}{b}\right]$의 값은? (단, $[x]$는 x보다 크지 않은 최대의 정수이다.) [5점]

① 150 ② 152
③ 154 ④ 156
⑤ 158

※ 각 문항의 답을 답안지에 기재하시오. 【21~25】

21

$60^a=5$, $60^b=6$일 때, $12^{\frac{2a+b}{1-a}}$의 값을 구하시오. [3점]

22

실수 x, y, z가 $x+y+z=5$, $x^2+y^2+z^2=15$, $xyz=-3$을 만족시킬 때, $x^5+y^5+z^5$의 값을 구하시오. [4점]

23

다음 조건을 만족시키며 6일 동안 친구 A, B, C를 초대하는 방법의 수를 구하시오. [4점]

> (가) 매일 A, B, C 중 1명을 초대한다.
> (나) 어떤 친구도 3번 넘게 초대하지 않는다.

24 좌표평면에서 직선 $2x+y=k(k>0)$를 따라 거울 l, x축을 따라 거울 m이 놓여 있다. 점 $A(0,\ 1)$에서 거울 l을 향해 쏜 빛은 l과 m에 차례로 반사되어 점 A로 되돌아 왔다. 빛이 이동한 거리가 $\sqrt{5}$일 때, $10k$의 값을 구하시오. [4점]

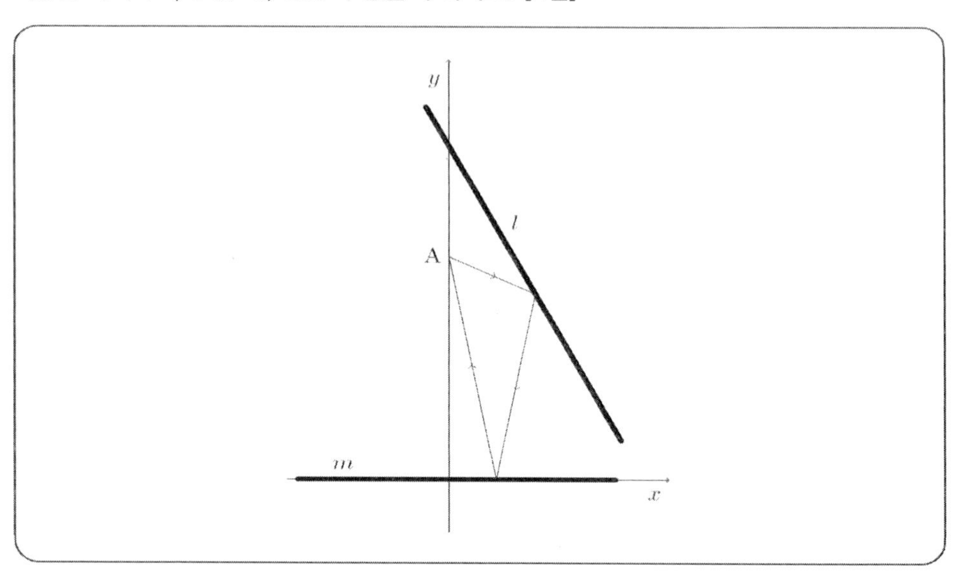

25 정수 d는 다음 조건을 만족시키는 등차수열 $\{a_n\}$의 공차이다.

(가) $a_1=-2016$

(나) $\sum_{k=n}^{2n} a_k = 0$인 자연수 n이 존재한다.

모든 d의 합을 k라 할 때, k를 1000으로 나눈 나머지를 구하시오. [5점]

13 2018학년도 기출문제

▶ 해설은 p. 119에 있습니다.

※ 각 문항의 답을 하나만 고르시오. 【1~20】

01

$\frac{1}{2\sqrt{1}+\sqrt{2}}+\frac{1}{3\sqrt{2}+2\sqrt{3}}+\cdots\frac{1}{121\sqrt{120}+120\sqrt{121}}$ 의 값은? [3점]

① $\frac{9}{10}$　　② $\frac{10}{11}$

③ $\frac{11}{10}$　　④ $\frac{12}{11}$

⑤ $\frac{6}{5}$

02

$a^2+b^2=4$ 인 복소수 $z=a+bi$ 에 대하여 $\frac{i}{z-1}$ 가 양의 실수일 때, z^2 의 값은? (단, a, b 는 실수이다.) [3점]

① $-2+2\sqrt{3}i$　　② $2+2\sqrt{3}i$

③ $2-2\sqrt{3}i$　　④ $2\sqrt{3}+2i$

⑤ $2\sqrt{3}-2i$

03

입학정원이 35명인 A 학과는 올해 대학수학능력시험 4개 영역 표준점수의 총합을 기준으로 하여 성적순에 의하여 신입생을 선발한다. 올해 A 학과에 지원한 수험생이 500명이고 이들의 성적은 평균 500점, 표준편차 30점인 정규분포를 따른다고 할 때, A 학과에 합격하기 위한 최저점수를 아래 표준정규분포표를 이용하여 구한 것은? [3점]

z	$P(0 \le Z \le z)$
0.5	0.19
1.0	0.34
1.5	0.43
2.0	0.48
2.5	0.49

① 530　　② 535

③ 540　　④ 545

⑤ 550

04

직선 $y=\frac{1}{2}(x+1)$ 위에 두 점 $A(-1, 0)$과 $P\left(t, \frac{t+1}{2}\right)$이 있다. 점 P를 지나고 직선 $y=\frac{1}{2}(x+1)$에 수직인 직선이 y축과 만나는 점을 Q라 할 때, $\lim_{t\to\infty}\frac{\overline{AQ}}{\overline{AP}}$의 값은? [3점]

① $\sqrt{3}$
② 2
③ $\sqrt{5}$
④ $\sqrt{6}$
⑤ $\sqrt{7}$

05

10 이하인 세 자연수 a, b, c에 대하여 $\lim_{n\to\infty}\frac{c^n+b^n}{a^{2n}+b^{2n}}=1$을 만족시키는 순서쌍 (a, b, c)의 개수는? [4점]

① 5
② 7
③ 9
④ 12
⑤ 15

06

양수 a, b가 $ab+a+2b=7$을 만족시킬 때, ab의 최댓값은? [4점]

① $6-2\sqrt{2}$
② $8-2\sqrt{2}$
③ $9-4\sqrt{2}$
④ $11-6\sqrt{2}$
⑤ $13-8\sqrt{2}$

07

다항식 $x^{10}+x^5+3$을 x^2+x+1, x^2-x+1, $(x^2+x+1)(x^2-x+1)$로 나눈 나머지를 각각 $r_1(x)$, $r_2(x)$, $r_3(x)$라 할 때, $r_1(x)r_2(x)r_3(x)$를 $x-1$로 나눈 나머지는? [4점]

① -4
② -2
③ 2
④ 4
⑤ 6

08 두 점 $O(0, 0)$, $A(3, 0)$에 대하여 점 P가 곡선 $y=2x^2$ 위를 움직일 때, $\overline{OP}^2+\overline{AP}^2$의 최솟값은? [4점]

① 7
② $\frac{15}{2}$
③ 8
④ $\frac{17}{2}$
⑤ 9

09 함수 $y=\frac{1}{x+1}$의 그래프와 직선 $y=mx+n(m<0)$이 한 점에서 만나고, 그 만나는 점은 제 1사분면에 있다. 직선 $y=mx+n$이 x축과 만나는 점을 A, y축과 만나는 점을 B라 할 때, 삼각형 OAB의 넓이가 1이다. $m+n$의 값은? (단, m, n은 상수이고, O는 원점이다.) [4점]

① $2(3-4\sqrt{2})$
② $2(3\sqrt{2}-4)$
③ $2(4\sqrt{2}-3)$
④ $3\sqrt{2}-4$
⑤ $4\sqrt{2}-3$

10 실수 p에 대하여 이차방정식 $x^2-2px+p-1=0$의 두 실근을 α, $\beta(\alpha<\beta)$라 할 때, $\int_{\alpha}^{\beta}|x-p|dx$의 최솟값은? [4점]

① $\frac{1}{4}$
② $\frac{1}{3}$
③ $\frac{1}{2}$
④ $\frac{2}{3}$
⑤ $\frac{3}{4}$

11

두 점 $A(0, -4)$, $B(3, 0)$과 연립부등식 $\begin{cases} y \le 1 - x^2 \\ y \ge x^2 - 1 \end{cases}$의 영역에 속하는 점 $P(x, y)$에 대하여 삼각형 ABP의 넓이의 최대값을 M, 최솟값을 m이라 하자. $M-m$의 값은? [4점]

① 3
② $\frac{11}{3}$
③ $\frac{13}{3}$
④ 5
⑤ $\frac{17}{3}$

12

720의 모든 양의 약수를 $a_1, a_2, a_3, \cdots, a_{30}$이라고 할 때, $\sum_{k=1}^{30} \log_2 a_k$의 값은? (단, $\log_{10}2 = 0.30$, $\log_{10}3 = 0.48$로 계산한다.) [4점]

① 140
② 143
③ 146
④ 149
⑤ 152

13

$1, 2, 3, 4, 5$의 숫자가 각각 적힌 5개의 공을 모두 3개의 상자 A, B, C에 넣으려고 한다. 각 상자에 넣어진 공에 적힌 수의 합이 11 이하가 되도록 공을 상자에 넣는 방법의 수는? (단, 빈 상자의 경우에는 넣어진 공에 적힌 수의 합을 0으로 생각한다.) [4점]

① 190
② 195
③ 200
④ 205
⑤ 210

14

홀수의 눈이 나올 때까지 주사위를 던지는 시행을 반복한다. 10회 이하에서 1의 눈이 나와 시행을 멈출 확률은? [4점]

① $\frac{335}{1024}$
② $\frac{337}{1024}$
③ $\frac{339}{1024}$
④ $\frac{341}{1024}$
⑤ $\frac{343}{1024}$

15

방정식 $2x^2 = x + 3[x]$의 실근의 개수를 p, 모든 실근의 합을 q라 할 때, pq의 값은? (단, $[x]$는 x를 넘지 않는 최대 정수이다.) [4점]

① 12
② 13
③ 14
④ 15
⑤ 16

16

그림과 같이 한 변의 길이가 1인 흰색 정사각형 R_0을 사등분하여 오른쪽 위의 한 정사각형을 검은색으로 칠한 전체 도형을 R_1이라 하고, R_1의 검은 부분의 넓이를 S_1이라 하자. R_1의 각 정사각형을 사등분하여 얻은 도형이 ⊞이면 ▣으로, ▦이면 ▣으로 모두 바꾼 후 얻은 전체 도형을 R_2라 하고, R_2의 검은 부분의 넓이를 S_2라 하자. 이와 같은 과정을 계속하여 n번째 얻은 전체 도형 R_n의 검은 부분의 넓이를 S_n이라 할 때, S_{10}의 값은? [4점]

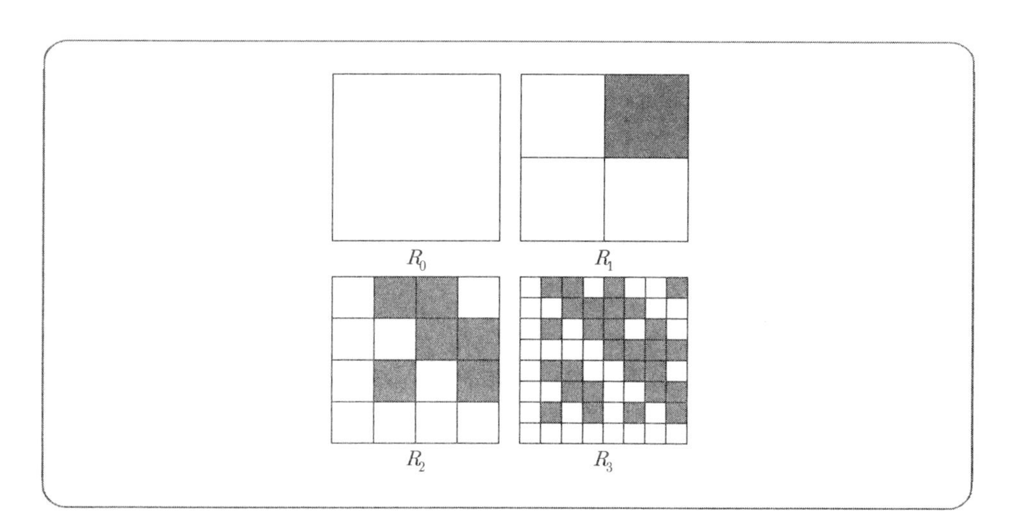

① $\dfrac{257}{512}$
② $\dfrac{511}{1024}$
③ $\dfrac{513}{1024}$
④ $\dfrac{1023}{2048}$
⑤ $\dfrac{1025}{2048}$

17 음이 아닌 정수 n에 대하여 최고차항의 계수가 1인 n차 다항함수 $P_n(x)$는 다음 조건을 만족시킨다.

(가) $P_0(x)=1,\ P_1(x)=x$

(나) 음이 아닌 서로 다른 정수 m, n에 대하여 $\int_{-1}^{1} P_m(x)P_n(x)dx=0$

$\int_{0}^{1} P_3(x)dx$의 값은 [5점]

① $-\frac{1}{20}$
② $-\frac{1}{10}$
③ $\frac{1}{5}$
④ $\frac{1}{10}$
⑤ $\frac{1}{20}$

18 함수 $f(x)=[x]=\left[x+\frac{1}{100}\right]+\left[x+\frac{2}{100}\right]+\cdots+\left[x+\frac{99}{100}\right]$에 대하여 옳은 것만을 〈보기〉에서 있는 대로 고른 것은? (단, $[x]$는 x를 넘지 않는 최대 정수이다.) [5점]

〈보기〉

㉠ $f\left(\frac{4}{3}\right)=133$

㉡ 자연수 n에 대하여 $f\left(x+\frac{n}{2}\right)=f(x)+50n$

㉢ 자연수 n에 대하여 $\frac{n}{100}\le x<\frac{n+1}{100}$일 때, $f(f(x)-1)=nf(x)-1$을 만족시키는 자연수 n의 개수는 1이다.

① ㉡
② ㉢
③ ㉠, ㉡
④ ㉠, ㉢
⑤ ㉠, ㉡, ㉢

19

첫째항이 1이고 공비가 $r(r>0)$인 등비수열 $\{a_n\}$에 대하여 함수 $f(x)=\sum_{n=1}^{17}|x-a_n|$은 $x=16$에서 최솟값을 갖는다. 그 최솟값을 m이라 할 때, rm의 값은? [5점]

① $15(30+31\sqrt{2})$
② $15(31+30\sqrt{2})$
③ $15(31-15\sqrt{2})$
④ $30(31-15\sqrt{2})$
⑤ $30(31+15\sqrt{2})$

20

미분가능한 함수 $f(x)$, $g(x)$가

$$f(x+y)=f(x)g(y)=f(y)g(x), \quad f(1)=1$$

$$g(x+y)=g(x)g(y)+f(x)f(y), \quad \lim_{x\to 0}\frac{g(x)-1}{x}=0$$

을 만족시킬 때, 옳은 것만을 〈보기〉에서 있는 대로 고른 것은? [5점]

〈보기〉

ㄱ. $f'(x)=f'(0)g(x)$
ㄴ. $g(x)$는 $x=0$에서 극솟값 1을 갖는다.
ㄷ. $\{g(x)\}^2-\{f(x)\}^2=1$

① ㄴ
② ㄷ
③ ㄱ, ㄴ
④ ㄱ, ㄷ
⑤ ㄱ, ㄴ, ㄷ

※ 각 문항의 답을 답안지에 기재하시오. 【21~25】

21 $\log_m 2 = \dfrac{n}{100}$을 만족시키는 자연수는 순서쌍 (m, n)의 개수를 구하시오. [3점]

22 수열 $\{a_n\}$이 $a_1 = 1,\ a_{n+1} = \dfrac{a_n}{a_n + 1}\,(n \geq 1)$을 만족시킬 때, $A = \sum_{k=1}^{9} a_k a_{k+1},\ B = \sum_{k=1}^{9} \dfrac{1}{a_k a_{k+1}}$이라 하자. AB의 값을 구하시오. [4점]

23 집합 $X = \{1, 2, 3, 4, 5, 6\}$에서 집합 X로의 함수 $f(x)$가 $(f \circ f \circ f)(x) = x$를 만족시킬 때, 함수 f의 개수를 구하시오. [4점]

24 $1 \leq k < l < m \leq 10$인 세 자연수 k, l, m에 대하여 함수 $f(x)$의 도함수 $f'(x)$가 $f'(x) = (x+1)^k x^l (x-1)^m$일 때, $x = 0$에서 $f(x)$가 극댓값을 갖도록 하는 순서쌍 (k, l, m)의 개수를 구하시오. [4점]

25 함수 $f(x) = (x-1)^4(x+1)$에 대하여 이차함수 $g(x), h(x)$가 $f(x) = g(x) + \int_0^x (x-t)^2 h(t)\,dt$를 만족시킬 때, $g(2) + h(2)$의 값을 구하시오. [5점]

14 2019학년도 기출문제

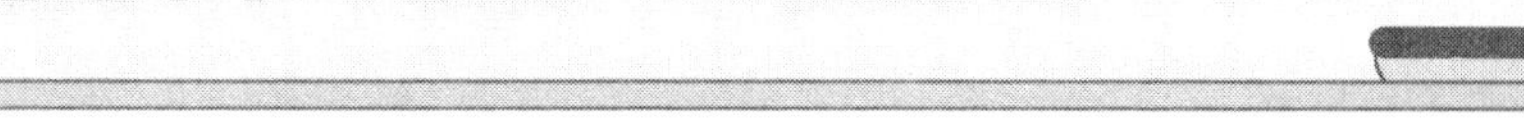

▶ 해설은 p. 132에 있습니다.

※ 각 문항의 답을 하나만 고르시오. 【1~20】

01 등차수열 $\{a_n\}$에 대하여 $a_1+a_3=10$, $a_6+a_8=40$일 때, $a_{10}+a_{12}+a_{14}+a_{16}$의 값은? [3점]

① 149
② 152
③ 155
④ 158
⑤ 161

02 세 정수 a, b, c에 대하여 $1 \le a \le |b| \le |c| \le 7$을 만족시키는 모든 순서쌍 (a, b, c)의 개수는? [3점]

① 300
② 312
③ 324
④ 336
⑤ 348

03 명제 '$x^2-x-6 \le 0$인 어떤 실수 x에 대하여 $x^2-2x+k \le 0$이다.'가 거짓일 때, 정수 k의 최솟값은? [3점]

① -2
② -1
③ 0
④ 1
⑤ 2

04

양의 실수 x, y가 $\frac{x^2}{4}+\frac{y^2}{9}=1$을 만족시킬 때, $(3x+2y)^2$의 최댓값은? [3점]

① 36
② 48
③ 60
④ 72
⑤ 84

05

전체집합 $U=\{1, 2, 3, 4, 5\}$의 두 부분집합 A, B에 대하여 $A=\{1, 2, 3\}$일 때, $n(A \cap B) \leq 2$를 만족시키는 집합 B의 개수는? [4점]

① 22
② 24
③ 26
④ 28
⑤ 30

06

세 양수 a, b, c에 대하여 $\begin{cases} \log_{ab}3+\log_{bc}9=4 \\ \log_{bc}3+\log_{ca}9=5 \\ \log_{ca}3+\log_{ab}9=6 \end{cases}$이 성립할 때, abc의 값은? [4점]

① 1
② $\sqrt{3}$
③ 3
④ $3\sqrt{3}$
⑤ 9

07

이차함수 $f(x)=x^2-4x+7$의 그래프 위에 두 점 $A(1, 4)$, $B(6, 19)$가 있다. 직선 AB와 평행하고 포물선 $y=f(x)$에 접하는 직선이 두 직선 $x=1$, $x=6$과 만나는 점을 각각 D, C라 할 때, 평행사변형 $ABCD$의 넓이는? [4점]

① 30
② $\frac{125}{4}$
③ $\frac{65}{2}$
④ $\frac{135}{4}$
⑤ 35

08 주머니 A에는 1, 2, 3, 4의 숫자가 각각 하나씩 적힌 4장의 카드가 들어있고 주머니 B에는 1, 2, 3, 4, 5의 숫자가 각각 하나씩 적힌 5개의 공이 들어있다. 주머니 A에서 임의로 한 장의 카드를 꺼내고 주머니 B에서 임의로 하나의 공을 꺼낼 때 나오는 두 자연수 중 작지 않은 수를 확률변수 X라 하자. 이때, $E(X)$의 값은? [4점]

① $\frac{13}{4}$
② $\frac{7}{2}$
③ $\frac{15}{4}$
④ 4
⑤ $\frac{17}{4}$

09 함수 $f(x)=(x-1)^3+(x-1)$의 역함수를 $g(x)$라 할 때, $\int_2^{10} g(x)dx$의 값은? [4점]

① $\frac{51}{4}$
② $\frac{59}{4}$
③ $\frac{67}{4}$
④ $\frac{75}{4}$
⑤ $\frac{83}{4}$

10 곡선 $y=x^2-8x+17$ 위의 점 $P(t,\ t^2-8t+17)$에서의 접선이 y축과 만나는 점을 Q, 점 P를 지나고 x축에 평행한 직선이 y축과 만나는 점을 R라 하고 삼각형 PQR의 넓이를 $S(t)$라 하자. $1 \le t \le 3$일 때, $S(t)$가 최대가 되는 t의 값은? [4점]

① $\frac{4}{3}$
② $\frac{5}{3}$
③ 2
④ $\frac{7}{3}$
⑤ $\frac{8}{3}$

11 백인 80%, 흑인 10%, 동양인 10%의 세 인종의 주민으로 구성된 지역에서 범죄 사건이 일어났다. 목격자는 '범인은 동양인'이라고 진술하였지만 가까이서 정확히 범인의 얼굴을 본 것은 아니고 CCTV도 없었다. 어두워지기 시작하는 저녁 무렵에 벌어진 사건임을 감안하여 수사관은 목격자 진술의 신빙성을 알아볼 필요가 있다고 판단하여 비슷한 조건에서 많은 테스트를 해보았다. 그 결과 목격자가 인종을 옳게 판단할 확률은 모든 인종에 대해 동일하게 0.9였고, 인종을 잘못 판단하는 경우에는 백인을 동양인으로, 흑인을 동양인으로 판단하였다고 한다. 목격자가 동양인이라고 진술한 범인이 실제로 동양인일 확률은? [4점]

① $\frac{1}{2}$
② $\frac{2}{3}$
③ $\frac{3}{4}$
④ $\frac{4}{5}$
⑤ $\frac{5}{6}$

12 함수 $f(x)=\frac{ax+b}{x+c}$ $(b-ac\neq 0,\ c<0)$의 그래프와 직선 $y=x+1$의 두 교점이 $P(0,\ 1)$, $Q(3,\ 4)$이다. 두 점 P, Q와 곡선 $y=f(x)$ 위의 다른 두 점 R, S를 꼭짓점으로 하는 직사각형 $PQRS$의 넓이가 30일 때, $f(-2)$의 값은? [4점]

① $\frac{1}{6}$
② $\frac{1}{3}$
③ $\frac{1}{2}$
④ $\frac{2}{3}$
⑤ $\frac{5}{6}$

13 자연수 p에 대하여 수열 $\{a_n\}$의 일반항이 $a_n=\frac{(n!)^4}{(pn)!}$이다. $\lim_{n\to\infty}\frac{a_n}{a_{n+1}}=\alpha$ (α는 0이 아닌 상수)일 때, $\log_2\alpha$의 값은? [4점]

① 0
② 2
③ 4
④ 6
⑤ 8

14 원 위에 일정한 간격으로 8개의 점이 놓여있다. 이 중 세 개의 점을 연결하여 삼각형을 만들 때, 이 삼각형이 둔각삼각형일 확률은? [4점]

① $\frac{2}{7}$ ② $\frac{5}{14}$

③ $\frac{3}{7}$ ④ $\frac{1}{2}$

⑤ $\frac{4}{7}$

15 1부터 9까지의 자연수가 각각 하나씩 적힌 9개의 공이 들어 있는 주머니가 있다. 이 주머니에서 임의로 4개의 공을 동시에 꺼낼 때, 꺼낸 공에 적혀 있는 수 a, b, c, d가 다음 조건을 만족시킬 확률은? [4점]

(가) $a+b+c+d$는 홀수이다.
(나) $a\times b\times c\times d$는 15의 배수이다.

① $\frac{4}{21}$ ② $\frac{3}{14}$

③ $\frac{5}{21}$ ④ $\frac{11}{42}$

⑤ $\frac{2}{7}$

16

양의 실수 t에 대하여 한 변의 길이가 1인 정사각형 $ABCD$ 위의 점 P_0, P_1, P_2, P_3, …은 다음과 같은 규칙을 따라 정해진다.

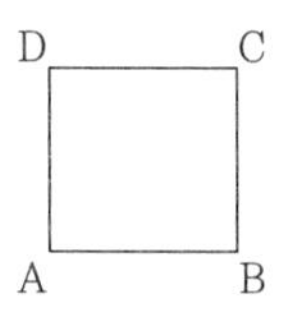

(규칙1) $P_0 = A$

(규칙2) 자연수 n에 대해 점 P_{n-1}에서 점 P_n까지 정사각형 $ABCD$의 변을 반시계방향으로 따라 가는 경로의 길이는 t^{n-1}이다.

다음을 만족시키는 실수 k의 최솟값은? [4점]

$k < t < \frac{39}{10}$ 인 t에 의해 정해지는 점 P_0, P_1, P_2, P_3, … 중에서 무수히 많은 점들이 변 DA 위에 있다.

① $\frac{30}{31}$
② $\frac{32}{33}$
③ $\frac{34}{35}$
④ $\frac{36}{37}$
⑤ $\frac{38}{39}$

17

곡선 $y = x^3 + 1$에 대하여 곡선 밖의 점 (a, b)에서 곡선에 그은 접선의 개수가 3일 때, 점 (a, b)가 나타내는 영역의 넓이는? (단, $0 \le a \le 1$) [5점]

① $\frac{1}{4}$
② $\frac{1}{3}$
③ $\frac{1}{2}$
④ $\frac{2}{3}$
⑤ $\frac{3}{4}$

18

함수 $f(x)=[4x]-[6x]+\left[\frac{x}{2}\right]-\left[\frac{x}{4}\right]$가 $x=a$에서 불연속이 되는 실수 $a(0<a<5)$의 개수는? (단, $[x]$는 x보다 크지 않은 최대의 정수이다.) [5점]

① 30
② 31
③ 32
④ 33
⑤ 34

19

함수 $f(x)=\begin{cases}\lim_{n\to\infty}\frac{x(x^{2n}-x^{-2n})}{x^{2n}+x^{-2n}} & (x\neq 0)\\ 0 & (x=0)\end{cases}$에 대하여 방정식 $f(x)=(x-k)^2$의 서로 다른 실근의 개수가 3인 실수 k의 범위는 $a<k<b$이다. 상수 a, b에 대하여 $a+b$의 값은? [5점]

① $\frac{1}{4}$
② $\frac{1}{3}$
③ $\frac{1}{2}$
④ $\frac{2}{3}$
⑤ $\frac{3}{4}$

20

집합 $X=\{1,\ 2,\ 3,\ 4,\ 5\}$에 대하여 X에서 X로의 함수 중에서 다음 조건을 만족시키는 함수 f의 개수는? [5점]

$$\{(f\circ f)(x)|x\in X\}\cup\{4,\ 5\}=X$$

① 402
② 424
③ 438
④ 456
⑤ 480

※ 각 문항의 답을 답안지에 기재하시오. 【21~25】

21 $\lim_{n\to\infty}\frac{1}{n^3}\{(n+3)^2+(n+6)^2+\ldots+(n+3n)^2\}$의 값을 구하시오. [3점]

22 각 항이 양수인 수열 $\{a_n\}$의 첫째항부터 제n항까지의 합을 S_n이라 할 때 $S_n+S_{n+1}=(a_{n+1})^2$이 성립한다. $a_1=10$일 때, a_{10}의 값을 구하시오. [4점]

23 부등식 $10^{10}\le 2^x5^y$을 만족시키는 양의 실수 x, y에 대하여 x^2+y^2의 최솟값을 m이라 할 때, m의 정수부분을 구하시오. (단, $\log2=0.3$, $\log5=0.7$로 계산한다.) [4점]

24 다항함수 $g(x)$와 자연수 k에 대하여 함수 $f(x)$가 다음과 같다.

$$f(x)=\begin{cases}x+1 & (x\le 0)\\ g(x) & (0<x<2)\\ k(x-2)+1 & (x\ge 2)\end{cases}$$

함수 $f(x)$가 모든 실수 x에 대하여 미분가능하도록 하는 가장 낮은 차수의 다항함수 $g(x)$에 대하여 $\frac{1}{4}<g(1)<\frac{3}{4}$일 때, k의 값을 구하시오. [4점]

25 그림과 같이 인접한 교차로 사이의 거리가 모두 1인 바둑판 모양의 도로가 있다. A지점에서 B지점까지의 최단 경로 중에서 가로 또는 세로의 길이가 3 이상인 직선 구간을 포함하는 경로의 개수를 구하시오. [5점]

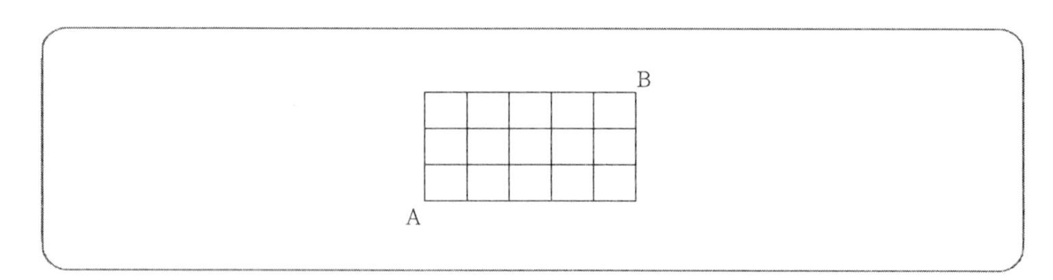

15 2020학년도 기출문제

▶ 해설은 p. 144에 있습니다.

※ 각 문항의 답을 하나만 고르시오. [1~20]

01

실수 x에 대하여 $2^{3x}=9$일 때, $3^{\frac{2}{x}}$의 값은? [3점]

① 4　② 8
③ 16　④ 32
⑤ 64

02

$x>1$일 때, $\log_x 1000+\log_{100} x^4$이 $x=a$에서 최솟값 m을 갖는다. $\log_{10} a^m$의 값은? [3점]

① 6　② 7
③ 8　④ 9
⑤ 10

03

실수 x에 대하여 $f(x)=\lim_{n\to\infty}\frac{x^{2n+1}-2x^{2n}+1}{x^{2n+2}+x^{2n}+1}$일 때, $\lim_{x\to-1-}f(x)=a$, $\lim_{x\to1-}f(x)=b$

라 하자. $\frac{b}{a+2}$의 값은? [3점]

① $-\frac{1}{4}$　② $-\frac{1}{2}$
③ $\frac{1}{2}$　④ 2
⑤ 4

04

$\sum_{k=308}^{400} {}_{400}C_k\left(\frac{4}{5}\right)^k\left(\frac{1}{5}\right)^{400-k}$ 의 값을 아래 표준정규분포표를 이용하여 구한 것은? [3점]

z	$P(0 \leq Z \leq z)$
0.5	0.1915
1.0	0.3413
1.5	0.4332
2.0	0.4772

① 0.6826
② 0.7745
③ 0.8664
④ 0.9332
⑤ 0.9772

05

자연수 k에 대하여 $a_k = \lim_{n\to\infty}\frac{5^{n+1}}{5^n k + 4k^{n+1}}$ 이라 할 때, $\sum_{k=1}^{10} ka_k$의 값은? [4점]

① 16
② 20
③ 21
④ 25
⑤ 50

06

집합 $A=\{1,\ 2,\ 3,\ 4,\ 5\}$에서 A로의 함수 중에서 $f(1)-1=f(2)-2=f(3)-3$을 만족하는 함수 f의 개수는? [4점]

① 25
② 50
③ 75
④ 100
⑤ 125

07

실수 t에 대하여 $f(x)=x+t$라 할 때, 직선 $y=f(x)$가 곡선 $y=|x^2-4|$와 만나는 점의 개수를 $g(t)$라 하자. 함수 $y=g(x)$의 그래프와 직선 $y=\frac{x}{2}+2$가 만나는 점의 개수는? [4점]

① 1　　② 2　　③ 3　　④ 4　　⑤ 5

08

전체집합 $U=\{1,\ 2,\ 3,\ 4,\ 5\}$의 두 부분집합 $A,\ B$에 대하여 $A-B=\{1\}$을 만족하는 모든 순서쌍 $(A,\ B)$의 개수는? [4점]

① 81　　② 87　　③ 93　　④ 99　　⑤ 105

09

다항함수 $f(x)$가 모든 실수 x에 대하여 $\int_0^x (x-t)^2 f'(t)dt=\frac{3}{4}x^4-2x^3$을 만족한다. $f(0)$일 때, $\int_0^1 f(x)dx$의 값은? [4점]

① 1　　② 2　　③ 3　　④ $-\frac{1}{2}$　　⑤ $-\frac{1}{3}$

10

네 정수 $a,\ b,\ c,\ d$에 대하여 $a^2+b^2+c^2+d^2=17$을 만족하는 $a,\ b,\ c,\ d$의 모든 순서쌍 $(a,\ b,\ c, d)$의 개수는? [4점]

① 124　　② 144　　③ 164　　④ 184　　⑤ 204

11 삼차함수 $P(x)=ax^3+bx^2+cx+d$가 $0 \le x \le 1$인 모든 실수 x에 대하여 $|P'(x)| \le 1$을 만족할 때, a의 최댓값은? (단, a, b, c, d는 실수이다.) [4점]

① $\frac{4}{3}$
② $\frac{5}{3}$
③ 2
④ $\frac{7}{3}$
⑤ $\frac{8}{3}$

12 두 실수 a, b와 최고차항의 계수가 1인 삼차함수 $f(x)$에 대하여 함수 $g(x)$를 $g(x)=\begin{cases} a & (x<-1) \\ |f(x)| & (-1 \le x \le 5) \\ b & (x>5) \end{cases}$라 하자. $g(x)$가 $x=-1$, $x=5$에서 미분가능할 때, 〈보기〉에서 옳은 것만을 있는 대로 고른 것은? [4점]

〈보기〉

㉠ $f(x)$는 $x=-1$에서 극댓값을 갖는다.
㉡ $f(9)=0$이면 $a>b$이다.
㉢ $a=b$이면 $f(0)=46$이다.

① ㉠
② ㉡
③ ㉠, ㉢
④ ㉡, ㉢
⑤ ㉠, ㉡, ㉢

13 한 개의 주사위를 세 번 던질 때, 나온 눈의 수를 차례로 a, b, c라 하고, 함수 $f(x)$를 $f(x)=(a-3)(x^2+2bx+c)$로 정의하자. 함수 $g(x)=\begin{cases}1 & (x>0)\\0 & (x\le 0)\end{cases}$에 대하여 합성함수 $(g\circ f)(x)$가 실수 전체의 집합에서 연속일 확률은? [4점]

① $\frac{17}{72}$
② $\frac{7}{24}$
③ $\frac{25}{72}$
④ $\frac{29}{72}$
⑤ $\frac{11}{24}$

14 최고차항의 계수가 1인 삼차함수 $f(x)$와 양수 a가 다음 조건을 만족할 때, a의 값은? [4점]

(가) 모든 실수 t에 대하여 $\int_{a-t}^{a+t} f(x)dx=0$이다.
(나) $f(a)=f(0)$
(다) $\int_0^a f(x)dx=144$

① $2\sqrt{6}$
② $3\sqrt{6}$
③ $4\sqrt{6}$
④ $5\sqrt{6}$
⑤ $6\sqrt{6}$

15 두 곡선 $y=x^3+4x^2-6x+5$, $y=x^3+5x^2-9x+6$이 만나는 점의 x좌표를 α, $\beta(\alpha<\beta)$라 할 때, 곡선 $y=6x^5+4x^3+1$과 두 직선 $x=\alpha$, $x=\beta$와 x축으로 둘러싸인 부분의 넓이는 $a\sqrt{5}$이다. 자연수 a의 값은? [4점]

① 160
② 162
③ 164
④ 166
⑤ 168

16

사차함수 $f(x)=k(x-1)(x-a)(x-a+1)(x-a+2)(k>0)$이 다음 조건을 만족시킨다.

> (가) 사차방정식 $f(x)=0$은 서로 다른 세 실근을 갖는다.
> (나) 함수 $f(x)$의 두 극솟값의 곱은 25이다.

두 상수 a, k에 대하여 ak의 값은? [4점]

① 30 ② 40 ③ 45 ④ 50 ⑤ 60

17

임의의 두 실수 x, y에 대하여 $f(x-y)=f(x)-f(y)+3xy(x-y)$를 만족시키는 다항함수 $f(x)$가 $x=2$에서 극댓값 a를 가진다. $f'(0)=b$일 때, $a-b$의 값은? [5점]

① 2 ② 4 ③ 6 ④ 8 ⑤ 10

18

1부터 12까지의 모든 자연수를 임의로 나열하여 $a_1, a_2, a_3, \cdots, a_{12}$라 할 때,

$|a_1-a_2|+|a_2-a_3|+|a_3-a_4|+\cdots+|a_{11}-a_{12}|$의 최댓값은? [5점]

① 67 ② 68 ③ 69 ④ 70 ⑤ 71

19

두 실수 x, y가 $\log_2(x+\sqrt{2}y)+\log_2(x-\sqrt{2}y)=2$를 만족할 때, $|x|-|y|$의 최솟값은? [5점]

① $\frac{\sqrt{2}}{4}$　　② $\frac{1}{2}$

③ $\frac{\sqrt{2}}{2}$　　④ 1

⑤ $\sqrt{2}$

20

두 양수 a, b가 $\frac{1}{a}+\frac{1}{b}\leq 4$, $(a-b)^2=16(ab)^3$을 만족할 때, $a+b$의 값은? [5점]

① 1　　② $\sqrt{2}$

③ 2　　④ $2\sqrt{2}$

⑤ 4

※ 각 문항의 답을 답안지에 기재하시오. 【21~25】

21

삼차방정식 $x^3+ax-1=0(a>0)$의 실근을 r라 하자. $\sum_{n=1}^{\infty} r^{3n-2}=\frac{1}{2}$일 때, 양수 a의 값을 구하시오. [3점]

22 상자 A에 검은 공 2개와 흰 공 2개가 들어 있고, 상자 B에 검은 공 1개와 흰 공 3개가 들어 있다. 두 상자 A, B 중 임의로 선택한 하나의 상자에서 공을 1개 꺼냈더니 검은 공이 나왔을 때, 그 상자에 남은 공이 모두 흰 공일 확률을 $\frac{q}{p}$라 하자. $p+q$의 값을 구하시오. (단, 모든 공의 크기와 모양은 같고, p와 q는 서로소인 자연수이다.) [4점]

23 자연수 n에 대하여 $\left|n-\sqrt{m-\frac{1}{2}}\right|<1$을 만족하는 자연수 m의 개수를 a_n이라 하자. $\frac{1}{100}\sum_{n=1}^{100} a_n$의 값을 구하시오. [4점]

24 자연수 n에 대하여 $S_n=\sum_{k=1}^{n}\frac{1}{\sqrt{2k+1}}$이라 할 때, S_{180}의 정수 부분을 구하시오. [4점]

25

함수 $f(x)$를 $f(x)=\begin{cases} \dfrac{[x]^2+x}{[x]} & (1 \le x \le 3) \\ \dfrac{7}{2} & (x \ge 3) \end{cases}$ 이라 하자. 함수 $f(x)$와 $a \ge 3$인 실수 a에 대하여 $g(a)=\lim_{n\to\infty}\dfrac{f(a)+f\left(a-\dfrac{2}{n}\right)+f\left(a-\dfrac{4}{n}\right)+\cdots+f\left(a-\dfrac{2(n-1)}{n}\right)}{n}$ 이라 할 때, $8\times g(3)$의 값을 구하시오. (단, $[x]$는 x보다 크지 않은 최대 정수이다.) [5점]

PART 02

정답 및 해설

01 2006학년도 정답 및 해설

01 ②

$$\sqrt{\frac{1}{\sqrt{5}+\sqrt{2}}} = \sqrt{\frac{\sqrt{5}-\sqrt{2}}{3}} = A \text{라고 하자.}$$

$$\begin{aligned}(\text{준식}) &= A(A-1)+(A-1)(A+1)+A(A+1)\\ &= A^2-A+A^2-1+A^2+A=3A^2-1\\ &= 3\cdot\left(\sqrt{\frac{\sqrt{5}-\sqrt{2}}{3}}\right)^2-1=\sqrt{5}-\sqrt{2}-1\end{aligned}$$

02 ③

$a^*c=c^*a=a$

$b^*c=c^*b=b$

$c^*c=c^*c=c$

$\therefore$ 연산 * 에 대한 항등원은 c이다.

03 ④

$$\begin{aligned}x^5-x^4+x^3-x^2+x-1 &= x^4(x-1)+x^2(x-1)+(x-1)\\ &= (x-1)(x^4+x^2+1)\\ &= (x-1)(x^2-x+1)(x^2+x+1)\end{aligned}$$

한편, $x^3-2x^2+2x-1=(x^3-1)-(2x^2-2x)$

$$\begin{aligned}&= (x-1)(x^2+x+1)-2x(x-1)\\ &= (x-1)(x^2-x+1)\end{aligned}$$

$x^4+x^2+1=(x^2-x+1)(x^2+x+1)$이므로 약수는

$x^2+x+1,\ x^3-2x^2+2x-1,\ x^4+x^2+1$의 3개가 된다.

04 ③

행렬 A의 역행렬이 존재하기 위해서는 $x(x+k)-(x-1)\neq 0$이어야 한다.

$x^2+(k-1)x+1\neq 0$이므로

$D=(k-1)^2-4=k^2-2k-3=(k-3)(k+1)<0$

$-1<k<3 \Rightarrow k=0,\ 1,\ 2$

$\therefore 3$개

05 ④

$a_n = -n^2+24n+20$

$= -(n^2-24n+12^2)+12^2+20$

$= -(n-12)^2+164$

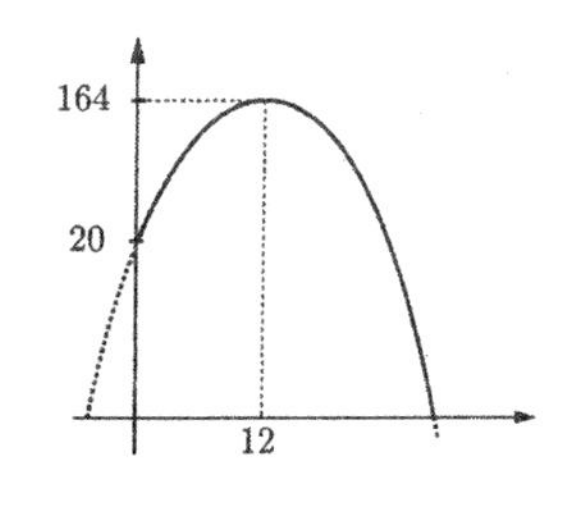

이 때, 삼각형의 넓이는 0보다 커야 하므로, 최솟값은 $n=0$일 때 갖고 최댓값은 $n=12$일 때 갖는다.

최솟값=20, 최댓값=164

∴ 최솟값+최댓값=184

06 ③

$x^2+y^2=6xy$에서 $(x+y)^2=8xy$, $(x-y)^2=4xy$를 얻을 수 있다.

따라서, $\left|\frac{x-y}{x+y}\right| = \left|\frac{(x-y)(x+y)}{(x+y)(x+y)}\right| = \left|\frac{(x-y)(x+y)}{(x+y)^2}\right|$

$= \frac{\sqrt{4xy}\cdot\sqrt{8xy}}{8xy} = \frac{4\sqrt{2}}{8} = \frac{1}{\sqrt{2}}$

07 ③

$1^2-2^2+3^2-4^2+\cdots+(2n-1)^2-(2n)^2 = \sum_{k=1}^{n}\{(2k-1)^2-(2k)^2\}$

$= \sum_{k=1}^{n}(-4k+1) = -4\cdot\frac{n(n+1)}{2}+n = -2n^2-n$

따라서 (준식) $= \lim_{n\to\infty}\frac{-2n^2-n}{1-n^2} = 2$

08 ②

$1+\frac{1}{9}+\frac{1}{25}+\frac{1}{49}+\cdots+\frac{1}{(2n-1)^2}+\cdots = A$라고 하자.

$S = 1+\frac{1}{4}+\frac{1}{9}+\cdots+\frac{1}{n^2}+\cdots = \lim_{n\to\infty}\sum_{k=1}^{n}\frac{1}{k^2}$

$= \left(1+\frac{1}{9}+\frac{1}{25}+\cdots+\frac{1}{(2n-1)^2}+\cdots\right)+\left(\frac{1}{4}+\frac{1}{16}+\cdots+\frac{1}{(2n)^2}+\cdots\right)$

$\frac{1}{4}+\frac{1}{16}+\cdots+\frac{1}{(2n)^2}+\cdots = \lim_{n\to\infty}\sum_{k=1}^{n}\frac{1}{(2k)^2} = \lim_{n\to\infty}\frac{1}{4}\sum_{k=1}^{n}\frac{1}{k^2} = \frac{1}{4}S$

즉, $S = A+\frac{1}{4}S$이므로 $A = \frac{3}{4}S$

09 ⑤

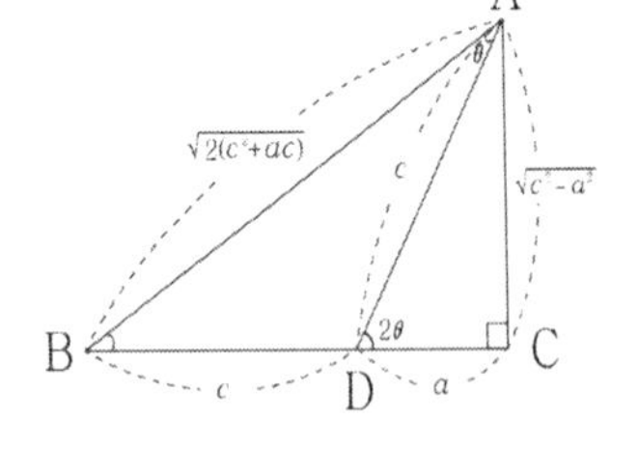

$\overline{AD}=c$, $\overline{CD}=a$라 두면, $\overline{AC}=\sqrt{c^2-a^2}$

$\overline{BD}=c$이므로 $\overline{AB}=\sqrt{2(c^2+ac)}$

또, $\cos 2\theta=\dfrac{a}{c}$이고, $\cos\theta=\dfrac{c+a}{\sqrt{2(c^2+ac)}}$

$$\Leftrightarrow \sqrt{2}\cos\theta=\frac{1+\frac{a}{c}}{\sqrt{1+\frac{a}{c}}}=\sqrt{1+\frac{a}{c}}=\sqrt{1+\cos 2\theta}$$

양변을 제곱하면,

$\therefore \cos 2\theta=2\cos^2\theta-1$

10 ④

$\left(\dfrac{1}{81}\right)^{\frac{1}{n}}=3^{-\frac{4}{n}}$이 자연수가 될 수 있는 정수 n의 값은 -1, -2, -4뿐이다.

따라서 $3^4+3^2+3^1=93$

11 ②

㉠ $0<a<b<1$이므로 $f(a)>1$이고 $(f\circ f)(a)<1$이므로 $f(a)>(f\circ f)(a)$

㉡ $0<a<b<1 \Rightarrow 1<f(b)<f(a) \Rightarrow (f\circ f)(a)<(f\circ f)(b)$

㉢ $f^{-1}(a)=n$, $f^{-1}(b)=m$이라고 하자.

그러면, $f(n)=a$, $f(m)=b$, $a<b<1 \Rightarrow f(n)<f(m)<1 \Rightarrow 1<m<n$

$\therefore f^{-1}(a)>f^{-1}(b)$

따라서 옳은 것은 ㉡뿐이다.

12 ④

$$\begin{aligned}\frac{\log_x 2+\log_y 2}{\log_{xy}2}&=\frac{\log_x 2}{\log_{xy}2}+\frac{\log_y 2}{\log_{xy}2}\\&=\frac{\log_2 xy}{\log_2 x}+\frac{\log_2 xy}{\log_2 y}\\&=2+\frac{\log_2 y}{\log_2 x}+\frac{\log_2 x}{\log_2 y}\geq 2+2\sqrt{\frac{\log_2 y}{\log_2 x}\cdot\frac{\log_2 x}{\log_2 y}}=4\end{aligned}$$

13 ⑤

㉠ $f(1)-f(0)=2\cdot1-1$

$f(2)-f(1)=2\cdot2-1$

$f(3)-f(2)=2\cdot3-1$

$\vdots$

$f(n)-f(n-1)=2n-1$

위 식을 모두 더하면,

$\therefore f(n)=f(0)+2(1+2+\cdots+n)-n$

$=-1+2\cdot\dfrac{n(n+1)}{2}-n$

$=n^2-1$

㉡ $f\left(\dfrac{3}{2}\right)-f\left(\dfrac{1}{2}\right)=2\cdot\dfrac{3}{2}-1$

$f\left(\dfrac{5}{2}\right)-f\left(\dfrac{3}{2}\right)=2\cdot\dfrac{5}{2}-1$

$f\left(\dfrac{7}{2}\right)-f\left(\dfrac{5}{2}\right)=2\cdot\dfrac{7}{2}-1$

$\vdots$

$f\left(\dfrac{2n+1}{2}\right)-f\left(\dfrac{2n-1}{2}\right)=2\cdot\dfrac{2n+1}{2}-1$

위 식을 모두 더하면,

$\therefore f\left(\dfrac{2n+1}{2}\right)=f\left(\dfrac{1}{2}\right)+\{(3+5+\cdots+(2n+1))\}-n=n^2+n$

따라서 $\displaystyle\sum_{n=0}^{10}\left\{f\left(n+\frac{1}{2}\right)-f(n)\right\}$

$\displaystyle=f\left(\frac{1}{2}\right)-f(0)+\sum_{n=1}^{10}\left\{f\left(n+\frac{1}{2}\right)-f(n)\right\}$

$\displaystyle=f\left(\frac{1}{2}\right)-f(0)+\sum_{n=1}^{10}\{(n^2+n)-(n^2-1)\}$

$\displaystyle=f\left(\frac{1}{2}\right)-f(0)+\sum_{n=1}^{10}(n+1)$

$=1+\dfrac{10\cdot11}{2}+10=66$

14 ④

집합 C를 좌표평면에 나타내면 다음 색칠된 부분과 같다.

$C\cap M_k\neq\varnothing$인 k중에서 $(0, 0)$을 지날 때 최솟값 0을 갖고 $(10, 10)$을 지날 때 최댓값 20을 갖는다. 따라서 최솟값+최댓값=20이 된다.

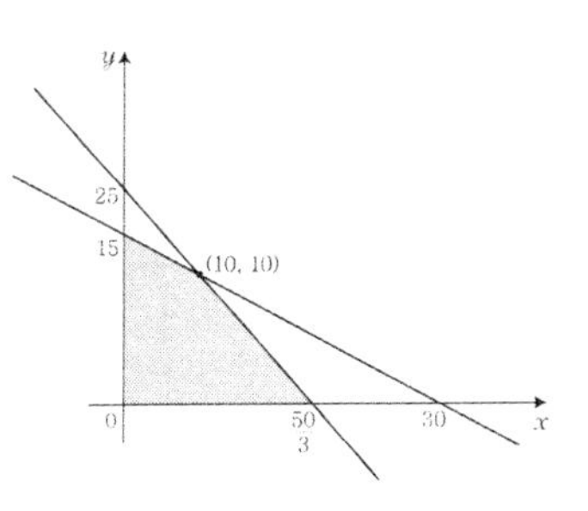

15 ①

$$(x+y+z)\left(\frac{1}{x}+\frac{4}{y}+\frac{9}{z}\right)\geq\left(\sqrt{x}\cdot\frac{1}{\sqrt{x}}+\sqrt{y}\cdot\frac{2}{\sqrt{y}}+\sqrt{z}\cdot\frac{3}{\sqrt{z}}\right)^2$$

$$\frac{1}{x}+\frac{4}{y}+\frac{9}{z}\geq(1+2+3)^2=36$$

∴ 최솟값은 36이다.

16 ①

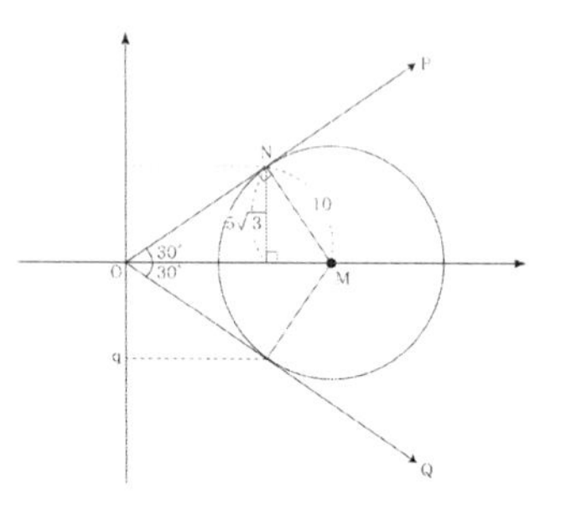

$\overline{NM}$은 반지름이 10이고 $\triangle OMN$에서 중심각이 $60°$이므로 $\overline{ON}=10\sqrt{3}$

또한 $\triangle OPN$에서 $\angle PON$가 $60°$이므로 $\overline{Op}=5\sqrt{3}$

같은 방법으로 $\overline{Oq}=5\sqrt{3}$

$\therefore pg=5\sqrt{3}\times(-5\sqrt{3})=-75$

17 ①

$a_1=b_1=1$

$a_2=2+1=3$ $\quad b_2=-3-1=-4$

$a_3=2\cdot3+(-4)=2$ $\quad b_3=-3\cdot3+4=-5$

$a_4=2\cdot2+(-5)=-1$ $\quad b_4=-3\cdot2+5=-1$

$a_5=2\cdot(-1)-1=-3$ $\quad b_5=-3\cdot(-1)+1=4$

$a_6=2\cdot(-3)+4=-2$ $\quad b_6=-3\cdot(-3)-4=5$

$a_7=2\cdot(-2)+5=1$ $\quad b_7=-3\cdot(-2)-5=1$

⋮

$a_{100}+b_{100}=a_4+b_4=-1-1=-2$

18 ⑤

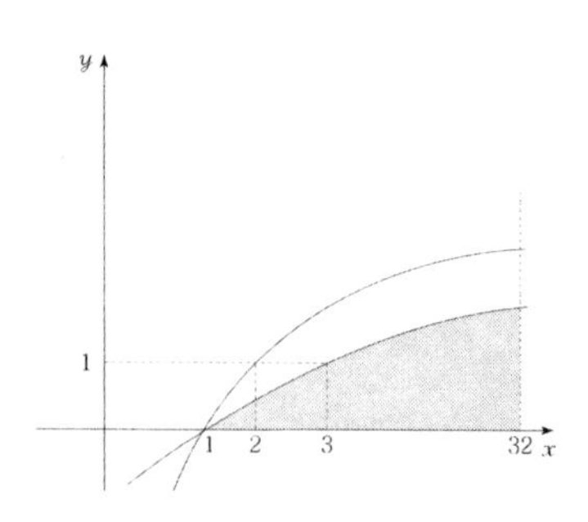

$y=1$일 때 $x=2, 3\Rightarrow 0$개 (∵ 경계 위의 점 제외)

$y=2$일 때 $x=4, 5, \cdots, 9\Rightarrow 4$개 (∵ 경계 위의 점 제외)

$y=3$일 때 $x=8, 9, \cdots, 27\Rightarrow 18$개 (∵ 경계 위의 점 제외)

$y=4$일 때 $x=16, 17, \cdots, 32\Rightarrow 15$개 (∵ 경계 위의 점 제외)

$y=5$일 때 $x=32\Rightarrow 0$개 (∵ 경계 위의 점 제외)

$\therefore 4+18+15=37$

19 ③

A와 B에서 원 모양의 분수대에 접선을 그어 그 교점을 P, Q라고 하자.

그러면 $\overline{OA}=\overline{OB}=200\sqrt{2}$, $\overline{OP}=\overline{OQ}=100\sqrt{2}$

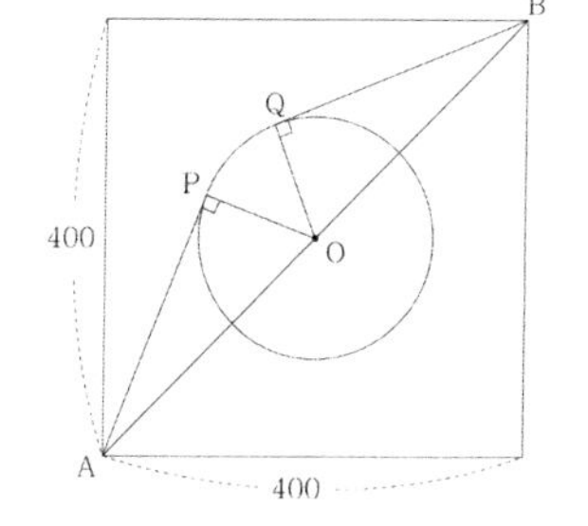

$\overline{AP}^2=\overline{OA}^2-\overline{OP}^2$

$=200^2\cdot 2-100^2\cdot 2$

$=2\cdot 100^2(4-1)$

$=6\cdot 100^2$

$\therefore \overline{AP}=100\sqrt{6}\,(=\overline{BQ})$

$\cos\angle OAP=\dfrac{100\sqrt{6}}{200\sqrt{2}}=\dfrac{\sqrt{3}}{2}\Rightarrow\angle OAP=\dfrac{\pi}{6}\Rightarrow\angle POQ=\dfrac{\pi}{3}$

$\therefore$ A, B 사이의 최단거리

$=AP+PQ+QB=100\sqrt{6}+100\sqrt{2}\cdot\dfrac{\pi}{3}+100\sqrt{6}$

$=200\sqrt{6}+\dfrac{100\sqrt{2}}{3}\pi$

$=200\sqrt{2}\left(\sqrt{3}+\dfrac{\pi}{6}\right)$

20 ③

4자리 자연수를 $10^{3a}+10^2b+10c+d=abcd$라고 나타내면 이 수는 3의 배수가 되어야 하므로 $a+b+c+d=3k$ (k는 상수, a, b, c, d는 1, 2, 3으로 이루어진 숫자)

따라서 a, b, c, d의 값이 될 수 있는 숫자의 배열은

$(1, 2, 3, 3)$, $(1, 1, 2, 2)$, $(1, 1, 1, 3)$, $(2, 2, 2, 3)$, $(3, 3, 3, 3)$일 때뿐이다.

그러므로 $\dfrac{4!}{2!}+\dfrac{4!}{2!2!}+\dfrac{4!}{3!}\times 2+\dfrac{4!}{4!}=12+6+8+1=27$

21 ②

모, 윷, 도, 걸, 개가 각각 나올 확률은

$(1-p)^4$, p^4, ${}_4C_1p(1-p)^3$, ${}_4C_3p^3(1-p)$, ${}_4C_2p^2(1-p)^2$ 이다.

문제의 조건에서

$(1-p)^4<p^4<{}_4C_1p(1-p)^3<{}_4C_3p^3(1-p)<{}_4C_2p^2(1-p)^2$ 이어야 하므로

(가) $(1-p)^4<p^4$에서

$(1-p)^2<p^2\Leftrightarrow p^2-(1-p)^2>0\Leftrightarrow 2p-1>0$

$\therefore p>0.5\cdots$ ㉠

(나) $p^4 < {}_4C_1 p(1-p)^3$에서

$$p^3 < 4(1-p)^3 \Leftrightarrow p < 4^{\frac{1}{3}}(1-p) \Leftrightarrow \left(1+4^{\frac{1}{3}}\right)p < 4^{\frac{1}{3}}$$

$$p < \frac{4^{\frac{1}{3}}}{1+4^{\frac{1}{3}}} = \frac{1}{1+4^{-\frac{1}{3}}} = \left(1+4^{-\frac{1}{3}}\right)^{-1} = 0.61$$

$\therefore p < 0.61 \cdots$ ㉡

(다) ${}_4C_1 p(1-p)^3 < {}_4C_3 p^3(1-p)$에서

$(1-p)^2 < p^2 \Leftrightarrow (1-p)^2 - p^2 < 0$이므로

$\therefore p > 0.5 \cdots$ ㉢

(라) ${}_4C_3 p^3(1-p) < {}_4C_2 p^2(1-p)^2$에서

$4p < 6(1-p) \Leftrightarrow 10p < 6$이므로

$\therefore p < 0.6 \cdots$ ㉣

㉠, ㉡, ㉢, ㉣를 동시에 만족하는 p의 범위는 $0.5 < p < 0.6$

22 ⑤

정수 16을 가질 때까지의 n의 수는 41까지이고, 42부터는 딱 한 개씩의 정수값을 가지므로 $103-42+1=62$

$\therefore 16+62=78$

23 ⑤

같은 범죄자 400명 중 같은 범죄를 범하는 자의 수를 확률변수 X라 두면, 확률변수 X는 이항분포 $B(400, 0.8)$을 따르고 이 때 $E(X)=320$, $V(X)=8^2$이다.

또, $n=400$이 큰 수이므로 근사적으로 확률변수 X는 정규분포 $N(320, 8^2)$을 따른다. 그러므로 구하는 확률은

$$\therefore P(X \geq 320) = P\left(Z \geq -\frac{5}{2}\right) = 0.5 + P(0 \leq Z \leq 2.5) = 0.5 + 0.49 = 0.99$$

24 ①

㉠ 처음 수사 대상의 용의자가 진범일 확률 : $p = \frac{1}{3} \times \frac{1}{3} = \frac{1}{9}$

㉡ 과학수사팀의 결과 결백함이 밝혀지지 않은 용의자가 진범일 확률 : $p = \frac{1}{3} \times \frac{1}{2} = \frac{1}{6}$

그러므로 수사반장은 용의자를 바꾸어 조사하는 것이 확률적으로 유리하다.

25 ④

㉠ B씨가 집을 산 한달 후부터 10년간(120개월) P원씩 지불해야 하는 원리합계 총액은 $\dfrac{P[(1+r)^{120}-1]}{r}$ (기말불)

㉡ B씨가 집을 산 날 오후에 일시 상환하려 하는 금액을 Q라 두면 이 돈의 10년 후의 원리합계는 $Q(1+r)^{120}$

그러므로 $Q(1+r)^{120}=\dfrac{P[(1+r)^{120}-1]}{r}$ 에서 $Q=\dfrac{P[1-(1+r)^{-120}]}{r}$

B씨는 Q의 수수료 $0.22Q$와 같이 납부해야 하므로

$\therefore (1+0.02)Q=\dfrac{1.02P[1-(1+r)^{-120}]}{r}$

02 2007학년도 정답 및 해설

01 ④

$2007^x = 100$, $0.2007^y = 100$

양변에 상용로그를 취하면,

㉠ $\log 2007^x = \log 100 = \log 10^2 = 2$

$$x\log 2007 = 2 \Rightarrow \frac{1}{x} = \frac{\log 2007}{2} = \frac{1}{2}\log 2007$$

㉡ $\log 0.2007^y = \log 100 = \log 10^2 = 2$

$$\text{y}\log 0.2007 = 2 \Rightarrow \frac{1}{\text{y}} = \frac{\log 0.2007}{2} = \frac{1}{2}\log 0.2007$$

$$\therefore \frac{1}{x} - \frac{1}{y} = \frac{1}{2}\log 2007 - \frac{1}{2}\log 0.2007 = \frac{1}{2}\left(\log 2007 - \log\frac{2007}{10000}\right) = 2$$

02 ②

$$x = \frac{\sqrt{3}+1}{\sqrt{3}-1} = \frac{(\sqrt{3}+1)(\sqrt{3}+1)}{(\sqrt{3}-1)(\sqrt{3}+1)} = 2+\sqrt{3}$$

$x = 2+\sqrt{3} \Rightarrow x-2 = \sqrt{3}$ 의 양변을 제곱하여 정리하면

$x^2 - 4x + 1 = 0$

$x^2 - 4x + 2 = (x^2 - 4x + 1) + 1 = 1$

$x^3 - 5x^2 + 6x - 3 = (x^2 - 4x + 1)(x-1) + x - 2 = \sqrt{3}$

$$\therefore \frac{x^3 - 5x^2 + 6x - 3}{x^2 - 4x + 2} = \frac{\sqrt{3}}{1} = \sqrt{3}$$

03 ⑤

$A+E$의 역행렬이 $A-3E$이므로

$(A+E)(A-3E) = E$이다.

$$A^2 - 2A - 3E = E \Rightarrow A^2 - 2A = 4E$$
$$\Rightarrow A(A-2E) = 4E$$
$$\Rightarrow \frac{1}{4}A(A-2E) = E$$

$\therefore A$의 역행렬은 $\frac{1}{4}A(A-2E) = E$

04 ③

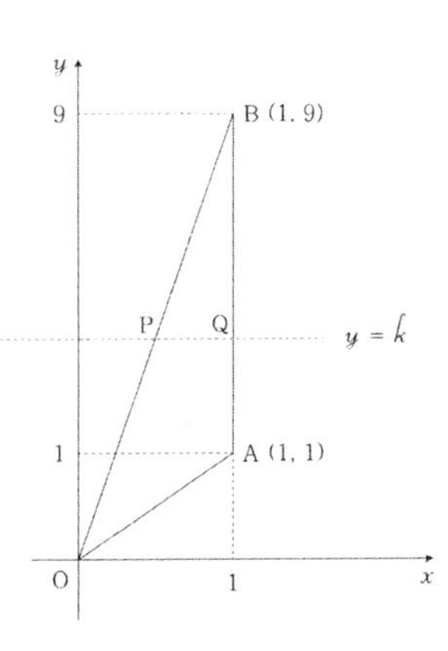

$\triangle OAB$의 넓이는 $\frac{1}{2}\times\overline{AB}\times 1=\frac{1}{2}\times 8\times 1=4$이다.

직선 OB의 방정식은 $y-9=9(x-1)$이므로 직선 $y=k$와 직선 OB의 교점을 P라 하면, P의 좌표는 $\left(\frac{k}{9},\ k\right)$이다.

직선 $y=k$가 $\triangle OAB$의 넓이를 이등분하므로 $\triangle PBQ$의 넓이는 $4\times\frac{1}{2}$이다.

$\frac{1}{2}\cdot\overline{PQ}\cdot\overline{BQ}=\frac{1}{2}\left(1-\frac{k}{9}\right)(9-k)=4\times\frac{1}{2}=2$

$k-9=\pm 6$

$\therefore k=3(\because 0\le k\le 9$이므로 $k\ne 15)$

05 ③

$A=\begin{pmatrix}1 & 2\\ -1 & -2\end{pmatrix},\ B=\begin{pmatrix}0 & -1\\ 1 & 0\end{pmatrix}$에서

$B^2=\begin{pmatrix}0 & -1\\ 1 & 0\end{pmatrix}\begin{pmatrix}0 & -1\\ 1 & 0\end{pmatrix}=\begin{pmatrix}-1 & 0\\ 0 & -1\end{pmatrix}=-E$

$B^4=(-E)^2=E$

$B^{39}=(B^4)^9\cdot B^3=B^3=-B$

$A^{2n}+B^{39}=\begin{pmatrix}81 & 1\\ -1 & 81\end{pmatrix}\Rightarrow A^{2n}=\begin{pmatrix}81 & 1\\ -1 & 81\end{pmatrix}-B^{39}$

$=\begin{pmatrix}81 & 1\\ -1 & 81\end{pmatrix}-(-B)=\begin{pmatrix}81 & 0\\ 0 & 81\end{pmatrix}$

$A^2=\begin{pmatrix}3 & 0\\ 0 & 3\end{pmatrix},\ A^4=\begin{pmatrix}9 & 0\\ 0 & 9\end{pmatrix},\cdots$

$A^{2n}=\begin{pmatrix}3^n & 0\\ 0 & 3^n\end{pmatrix}=\begin{pmatrix}81 & 0\\ 0 & 81\end{pmatrix}=\begin{pmatrix}3^4 & 0\\ 0 & 3^4\end{pmatrix}$

$\therefore n=4$

06 ①

$\sin 3\theta=\cos 5\theta$에서 $\cos\left(\frac{\pi}{2}-3\theta\right)=\cos 5\theta$

$\therefore \frac{\pi}{2}-3\theta=2n\pi\pm 5\theta$

㉠ $\frac{\pi}{2}-3\theta=2n\pi-5\theta$의 경우

$2\theta=2n\pi-\frac{\pi}{2}\Rightarrow\theta=n\pi-\frac{\pi}{4}$

이를 만족하는 θ는 $\frac{3\pi}{4}$ 1개이다.

㉡ $\frac{\pi}{2}-3\theta=2n\pi+5\theta$의 경우

$8\theta=\frac{\pi}{2}-2n\pi$

$\theta=\frac{\pi}{16}-\frac{n\pi}{4}$

이를 만족시키는 θ는 $\frac{\pi}{16}, \frac{5\pi}{16}, \frac{9\pi}{16}, \frac{13\pi}{16}$로 4개이다.

따라서 방정식을 만족시키는 θ는 총 5개이다.

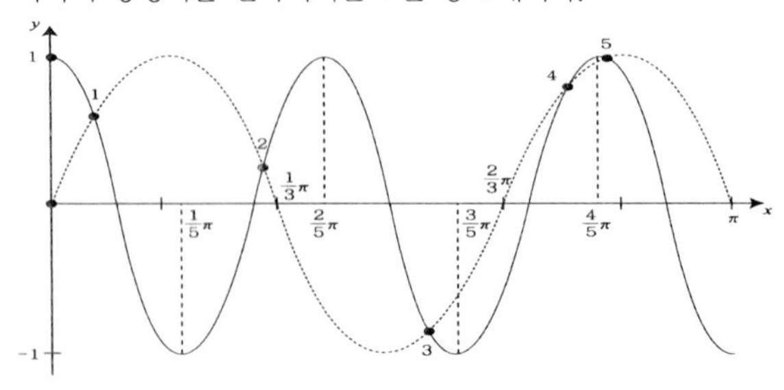

07 ③

$(9^x+9^{-x})-(3^x+3^{-x})-10=0$에서 $(3^x+3^{-x})=t$로 치환하면

$(9^x+9^{-x})=(3^x+3^{-x})^2-2\cdot 3^x\cdot 3^{-x}=t^2-2$

따라서 위의 식은

$t^2-t-12=0 \Rightarrow (t-4)(t+3)=0$

$t=4\,(\because t=3^x+3^{-x}\geq 2)$

$t=3^x+3^{-x}=4 \Rightarrow 3^{2x}-4\cdot 3^x+1=0$

이 식의 두 근이 $x=\alpha,\ \beta$이므로 3^x에 대하여 $3^\alpha,\ 3^\beta$로 쓸 수 있다.

$\therefore 3^\alpha+3^\beta=4$

08 ⑤

$b_n=\frac{n(n+1)}{2}$이라 놓는다.

$b_1=1,\ b_2=3,\ b_3=6,\ b_4=10,\ b_5=15,\ b_6=21,\ \cdots$

a_n은 b_n을 3으로 나눈 나머지이므로

$a_1=1,\ a_2=0,\ a_3=0,\ a_4=1,\ a_5=0,\ a_6=0,\ \cdots$

이를 계속하면 a_n은 1, 0, 0이 반복됨을 알 수 있다.

$$\therefore \sum_{k=1}^{2007} a_n=(a_1+a_2+a_3)+(a_4+a_5+a_6)+\cdots+(a_{2005}+a_{2006}+a_{2007})$$

$$=1+1+1+\cdots+1=669\,(\because 2007\div 3=669)$$

09 ①

10000명 중 $a\%$를 계산하면

$10000\times\frac{a}{100}=100a$이므로 전체 유권자 중 $100a$명 이상이 찬성해야만 안건이 통과된다.

$\therefore P(X\geq 100a)\leq 0.0228$인 a를 구하면 된다.

전체 인원이 10000명이고, 찬성할 확률은 $\frac{1}{2}$이므로 이항분포 $B\left(10000,\frac{1}{2}\right)$를 따른다.

$$E(X)=10000\times\frac{1}{2}=5000$$

$$V(X)=5000\times\left(1-\frac{1}{2}\right)=2500=50^2$$

$N(5000,50^2)$인 정규분포로 수렴한다.

$$P(X\geq 100a)=P\left(Z\geq\frac{100a-5000}{50}\right)$$

$$=0.0228(=0.5-0.4772)$$

$$\frac{100a-5000}{50}=2$$

$$\therefore a=51$$

10 ③

$$x^2+y^2=\left(\frac{1}{4}\right)^{n-1}$$

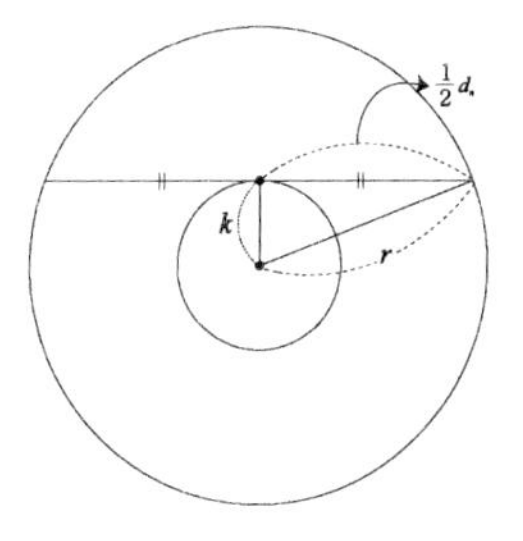

오른쪽 그림에서 원 C_n의 반지름이 $\sqrt{\left(\frac{1}{4}\right)^{n-1}}$이고, 원 C_{n+1}의 반지름이

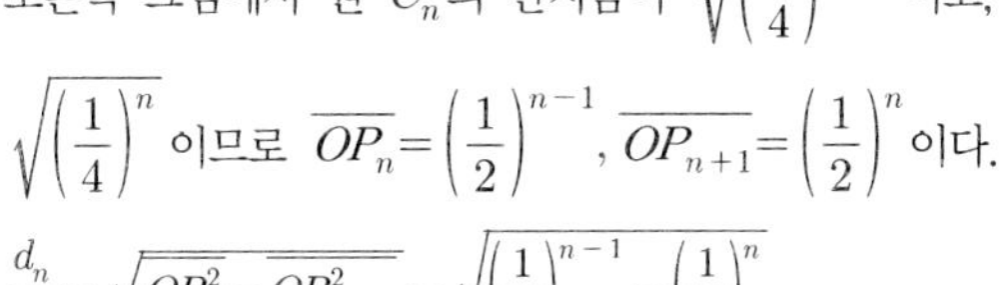

$\sqrt{\left(\frac{1}{4}\right)^{n}}$이므로 $\overline{OP_n}=\left(\frac{1}{2}\right)^{n-1}$, $\overline{OP_{n+1}}=\left(\frac{1}{2}\right)^{n}$이다.

$$\frac{d_n}{2}=\sqrt{\overline{OP_n^2}-\overline{OP_{n+1}^2}}=\sqrt{\left(\frac{1}{4}\right)^{n-1}-\left(\frac{1}{4}\right)^{n}}$$

$$=\sqrt{\left(\frac{1}{4}\right)^{n-1}-\left(1-\frac{1}{4}\right)}=\left(\frac{1}{2}\right)^{n-1}\frac{\sqrt{3}}{2}$$

$$d_n=\left(\frac{1}{2}\right)^{n-1}\cdot\sqrt{3}$$

$$\therefore\sum_{n=1}^{\infty}d_n=\frac{\sqrt{3}}{1-\frac{1}{2}}=2\sqrt{3}$$

11 ⑤

㉠ 첫 자리에 1이 오면 다음에 오는 수는 2~9로 총 8개가 올 수 있다. 따라서 2자리 오름수의 개수는 ${}_9C_2=36$

㉡ 4자리 오름수의 개수는 ${}_9C_4=126$이고, 5자리 오름수의 개수는 ${}_9C_5=126$으로 같다.

㉢ 첫 수가 1일 때 ${}_8C_2=28$, 첫수가 2일 때 ${}_7C_2=21$

$\therefore$ 28+21=49개이므로 50번째 수는 3으로 시작하는 가장 작은 오름수인 345다.

12 ④

$a_{n+1}=\dfrac{a_n}{3na_n+1}$ 의 역수를 취하면 $\dfrac{1}{a_{n+1}}=\dfrac{1}{a_n}+3n$

$\dfrac{1}{a_n}=b_n$ 으로 치환하면 $b_{n+1}=b_n+3n$ 으로, b_n 은 계차수열이다.

$$b_n=b_1+\sum_{k=1}^{n-1}3k=3+\sum_{k=1}^{n-1}3k=\frac{3n^2-3n+6}{2}$$

$$a_n=\frac{2}{3n^2-3n+6}$$

$$\therefore \lim_{n\to\infty}n^2\cdot a_n=\lim_{n\to\infty}\frac{2n^2}{3n^2-3n+6}=\frac{2}{3}$$

13 ⑤

$2f(x)+3f(\sqrt{1-x^2})=x\,(0\le x\le 1)$ 에 대하여,

㉠ $x=\dfrac{1}{3}$ 을 대입하면, $2f\left(\dfrac{1}{3}\right)+3f\left(\dfrac{2\sqrt{2}}{3}\right)=\dfrac{1}{3}$

㉡ $\sqrt{1-x^2}=\dfrac{1}{3}$ 이 되는 x를 대입한다. $\left(x=\dfrac{2\sqrt{2}}{3}\right)$

$$2f\left(\frac{2\sqrt{2}}{3}\right)+3f\left(\frac{1}{3}\right)=\frac{2\sqrt{2}}{3}$$

$f\left(\dfrac{1}{3}\right)=A$, $f\left(\dfrac{2\sqrt{2}}{3}\right)=B$라 놓으면, $\begin{cases}2A+3B=\dfrac{1}{3}\\ 2B+3A=\dfrac{2\sqrt{2}}{3}\end{cases}$

두 식을 연립하면 $A=f\left(\dfrac{1}{3}\right)=\dfrac{-2+6\sqrt{2}}{15}$

14 ①

처음 혈중 농도를 A라 하고, 1시간에 r의 비율로 혈중농도가 감소한다고 하면,

$$A\times r^{10}=\frac{1}{2}A\Rightarrow r^{10}=\frac{1}{2}\Rightarrow r=\left(\frac{1}{2}\right)^{\frac{1}{10}}=2^{-\frac{1}{10}}$$

따라서 $A\times r^t=A\times\dfrac{40}{100}$ 가 되는 t를 구하면 된다.

$r^t=\dfrac{2}{5}$ 의 양변에 상용로그를 취하면,

$$\log r^t=\log\frac{2}{5}\Rightarrow t=\log\frac{2}{5}\times\frac{1}{\log r}\Rightarrow t=(\log 2^2-\log 10)\times\left(-\frac{100}{3}\right)$$

$$t=\frac{40}{3}=13+\frac{20}{60}$$

따라서 13시간 20분이 걸린다.

15 ②

$\triangle CAD$의 넓이 $=\frac{1}{2}\cdot\overline{AC}\cdot\overline{AD}\cdot\sin105°$

$\triangle CBD$의 넓이 $=\frac{1}{2}\cdot\overline{BC}\cdot\overline{BD}\cdot\sin75°$

(∵ 원에 내접하는 사각형의 마주보고 있는 내각의 합이 180°)

$\overline{AB}=2a$라 하면 $\overline{AC}=\sqrt{2}a$, $\overline{AD}=a$, $\overline{BC}=\sqrt{2}a$, $\overline{DB}=\sqrt{3}a$

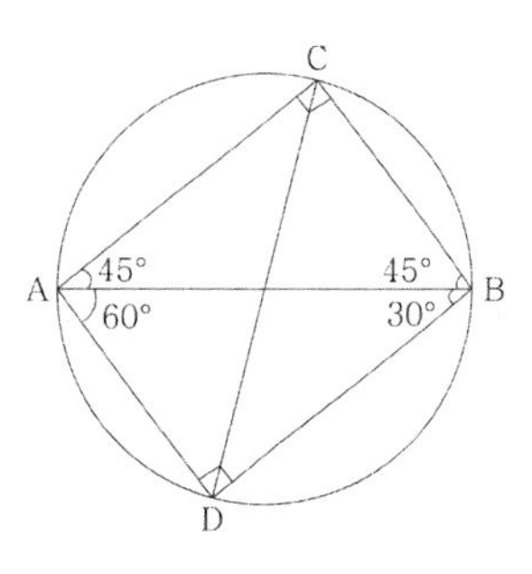

$$\therefore \frac{\triangle CBD}{\triangle CAD}=\frac{\frac{1}{2}\cdot\sqrt{2}a\cdot\sqrt{3}a\cdot\sin75°}{\frac{1}{2}\cdot\sqrt{2}a\cdot a\cdot\sin105°}=\sqrt{3}$$

$(\because \sin105°=\sin(180°-75°)=\sin75°)$

16 ④

$[x]=n$ (n은 정수)이라 놓으면 $x=n+\alpha\,(0\le\alpha<1)$

$\alpha, n, n+\alpha$가 등비수열을 이룬다.

$$n^2=\alpha(n+\alpha)\Rightarrow n^2-\alpha n-\alpha^2=0\Rightarrow n=\frac{\alpha(1+\sqrt{5})}{2}\ (\because n>0)$$

여기서 n은 정수이고 $0\le\alpha<1$이므로 $\alpha=\frac{2}{1+\sqrt{5}}$가 된다.

$$\therefore x-[x]=\alpha=\frac{2}{1+\sqrt{5}}=\frac{-1+\sqrt{5}}{2}$$

17 ②

$$a+b+c=\frac{8}{3}\Rightarrow a=\frac{8}{3}-(b+c),\ b=\frac{8}{3}-(a+c),\ c=\frac{8}{3}-(a+b)$$

㉠ $\frac{a+\frac{1}{3}}{b+c}=\frac{\frac{8}{3}-(b+c)+\frac{1}{3}}{b+c}=\frac{3-(b+c)}{b+c}=\frac{3}{b+c}-1$

㉡ $\frac{b+\frac{1}{3}}{a+c}=\frac{3}{a+c}-1$

㉢ $\frac{c+\frac{1}{3}}{a+b}=\frac{3}{a+b}-1$

주어진 식을 정리하면,

$$\begin{aligned}\frac{3}{b+c}-1+\frac{3}{a+c}-1+\frac{3}{a+b}-1&=\frac{3}{b+c}+\frac{3}{c+a}+\frac{3}{a+b}-3\\&=3\left(\frac{1}{b+c}+\frac{1}{a+c}+\frac{1}{a+b}\right)-3\\&=3\times\frac{7}{4}-3=\frac{9}{4}\end{aligned}$$

18 ②

$$\begin{cases} 1 < [\log_4 x]^2 + [\log_4 y]^2 < 4 \\ x + y < 20 \end{cases}$$

$[\log_4 x]$와 $[\log_4 y]$는 모두 정수이므로 $[\log_4 x]^2 + [\log_4 y]^2 = 2$ 또는 3이 된다.

이를 만족하는 것은 $[\log_4 x]^2 = 1$, $[\log_4 y]^2 = 1 \Rightarrow [\log_4 x] = \pm 1$, $[\log_4 y] = \pm 1$

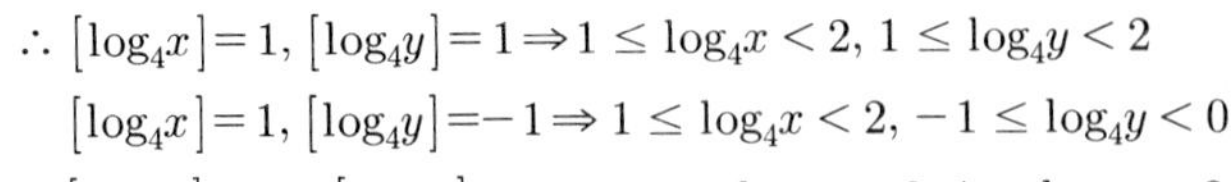

$\therefore [\log_4 x] = 1, [\log_4 y] = 1 \Rightarrow 1 \le \log_4 x < 2, 1 \le \log_4 y < 2$

$[\log_4 x] = 1, [\log_4 y] = -1 \Rightarrow 1 \le \log_4 x < 2, -1 \le \log_4 y < 0$

$[\log_4 x] = -1, [\log_4 y] = 1 \Rightarrow -1 \le \log_4 x < 0, 1 \le \log_4 y < 2$

$[\log_4 x] = -1, [\log_4 y] = -1 \Rightarrow -1 \le \log_4 x < 0, -1 \le \log_4 y < 0$

$\therefore 4 \le x < 16,\ 4 \le y < 16$(나머지 범위에서는 x, y가 정수가 될 수 없다.)

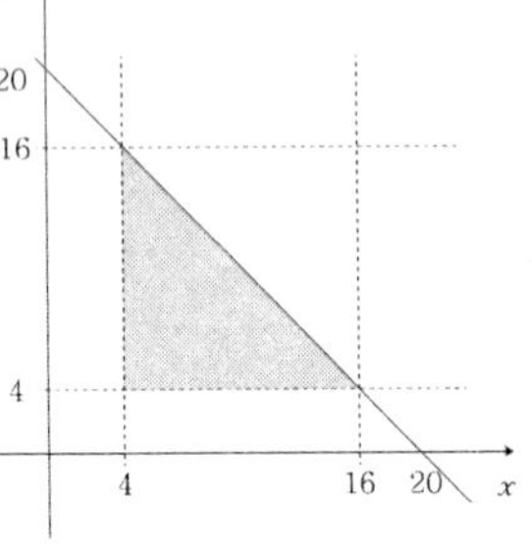

오른쪽 그래프에서와 같이

$x = 4$일 때, $y = 4, 5, \cdots, 15 \Rightarrow 12$쌍

$x = 5$일 때, $y = 4, 5, \cdots, 14 \Rightarrow 11$쌍

$\vdots$

$x = 15$일 때, $y = 4 \Rightarrow 1$쌍

$\therefore 1 + 2 + \cdots + 12 = 78$개

19 ④

삼각형이 되는 전체 경우의 수는 ${}_7C_3 = 35$

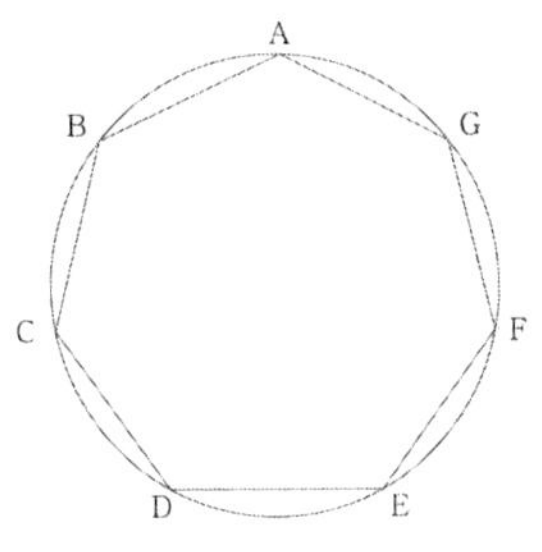

㉠ 이 중에서 정칠각형의 이웃하는 두 변을 삼각형의 두 변으로 가지고 있는 $\triangle ABC$, $\triangle BCD$, $\cdots$은 둔각 삼각형이다.

㉡ 변AB를 기준으로 $\triangle ABD$, $\triangle ABF$가 둔각 삼각형이 되므로 한 변 당 각각 2개의 둔각 삼각형이 생긴다.

㉠에서 7개, ㉡에서 $2 \times 7 = 14$개$\Rightarrow 21$개의 둔각 삼각형이 만들어지므로,

$\therefore \frac{21}{35} = \frac{3}{5}$

20 ④

$f(1) = 2$, $f(f(1)) = f(2) = 3$, $f((2)) = f(3) = 1$

따라서 모든 $i\,(i = 1, 2, \cdots, n)$에 대하여 $f_i(3) = 1$이다.

함수 f는 일대일 대응이 아니므로 $f(4)$와 $f(5)$는 1~5까지 모든 수를 대응할 수 있다. 이를 만족하는 함수의 개수는 $f(4)$와 $f(5)$가 가질 수 있는 함숫값의 개수와 같으므로 $5 \times 5 = 25$개가 된다.

$\sum_{k=1}^{25} f_k(4) \cdot f_k(5)$가 뜻하는 것은 $f(4)$가 가질 수 있는 모든 값과 $f(5)$가 가질 수 있는 모든 값의 곱을 더하는 것이다. 따라서 다음과 같이 생각할 수 있다.

$(1+2+3+4+5)(1+2+3+4+5) \cdots$

이를 전개하면 1~5까지의 모든 합의 곱이 된다.

$\therefore \sum_{k=1}^{25} f_k(4) \cdot f_k(5) = 15 \times 15 = 225$

21 ⑤

$$\sum_{k=1}^{18} k \cdot 2^k = 1 \cdot 2^1 + 2 \cdot 2^2 + 3 \cdot 2^3 + \cdots + 18 \cdot 2^{18}$$

$S = 1 \cdot 2^1 + 2 \cdot 2^2 + 3 \cdot 2^3 + \cdots + 18 \cdot 2^{18}$

$2S = \quad 1 \cdot 2^2 + 2 \cdot 2^3 + 3 \cdot 2^4 + \cdots + 18 \cdot 2^{19}$

$S - 2S = -S = (1 \cdot 2 + 1 \cdot 2^2 + 1 \cdot 2^3 + \cdots + 1 \cdot 2^{18}) - 18 \cdot 2^{19}$

$= \dfrac{2(2^{18} - 1)}{2 - 1} - 18 \cdot 2^{19}$

$S = -2^{19} + 2 + 18 \cdot 2^{19} = 17 \cdot 2^{19} + 2 = (16 + 1) \cdot 2^{19} + 2 = 2^{23} + 2^{19} + 2^1$

$\therefore p + q + r = 23 + 19 + 1 = 43$

22 ④

$\dfrac{1}{x} + \dfrac{1}{y} + \dfrac{1}{z} = 1$을 만족하는 자연수의 순서쌍을 찾아야 한다. $x < y < z$라 하자.

$1 = \dfrac{1}{x} + \dfrac{1}{y} + \dfrac{1}{z} < \dfrac{1}{x} + \dfrac{1}{x} + \dfrac{1}{x} = \dfrac{3}{x}$ 이므로 $x < 3$이다.

$1 < x$이므로 $x = 2$이다.

$\dfrac{1}{2} = \dfrac{1}{y} + \dfrac{1}{z} < \dfrac{1}{y} + \dfrac{1}{y} = \dfrac{2}{y}$ 이므로 $y < 4$이다.

$x < y < 4$이므로 $y = 3$이다.

따라서 $\dfrac{1}{x} + \dfrac{1}{y} + \dfrac{1}{z} = 1$을 만족하는 자연수의 순서쌍은 $(x, y, z) = (2, 3, 6)$이다.

∴ 문제의 조건을 만족하는 $\dfrac{1}{x} + \dfrac{1}{y} + \dfrac{1}{z}$의 최솟값은 서로 다른 단위 분수의 합의 꼴 중 1과 가장 가까운

$\dfrac{1}{2} + \dfrac{1}{3} + \dfrac{1}{5} = \dfrac{31}{30}$ 이다.

23 ①

$f(x) = \dfrac{ax + b}{cx + d}$ 에 대하여

㉠ $f(1) = \dfrac{a + b}{c + d} = 1 \Rightarrow a + b = c + d$

㉡ $f(7) = \dfrac{7a + b}{7c + d} = 7 \Rightarrow 7a + b = 49c + 7d$

㉢ $f(f(x)) = x \Rightarrow f(x) = f^{-1}(x)$

$f^{-1}(x) = \dfrac{-dx + b}{cx - a} = \dfrac{ax + b}{cx + d} = f(x)$

$\therefore a = -d$

㉠, ㉡, ㉢에 의하여, $a = 4c, b = -7c, d = -4c$

$f(x) = \dfrac{4cx - 7c}{cx - 4c} = \dfrac{4x - 7}{x - 4}$

$\therefore f(15) = 13$

24 ③

	1	2	3	…	14	15
A	△	○				×
B	○	×	△		×	△
C	×	△				○

(○: 이긴 경우 △: 게임에 참가하지 않은 경우, ×: 진 경우)

㉠, ㉡, ㉢ 세 조건에 의하면 위의 표와 같이 나타낼 수 있다.

A는 11승을 하였으므로 3회부터 14회까지 중에서 10번을 우승하였다.

B는 1승만 하였으므로 2회~15회까지 패와 불참을 반복하게 된다.

C는 A의 승패에 따라서 승패불참이 좌우된다.

따라서 A가 언제 우승하였는지에 따라서 게임 성적표의 개수가 정해지게 된다.

또, B는 짝수 회에는 반드시 져야 하므로 A는 짝수 회에는 이기거나 불참해야 한다.

위의 내용을 종합해보면, A는 (3회×, 4회△), (5회×, 6회△), …, (13회×, 14회△)등 총 6가지의 게임 성적표를 만들 수 있다.

25 ②

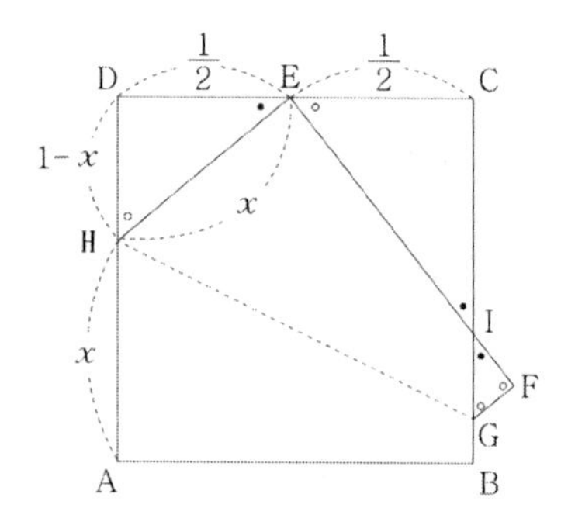

$\overline{AH}=x$, $\overline{DE}=y$, $\overline{BG}=z$라 할 때,

$\triangle DEH$에서 $y^2+(1-x)^2=x^2$

$x=\frac{1}{2}(y^2+1)$

$\overline{EG}^2=z^2+1=(1-y)^2+(1-z)^2$

$2z=(1-y)^2$

$z=\frac{1}{2}(1-y)^2$

$$\square EHGF=\triangle EFG+\triangle EHG$$

$$=\frac{1}{2}z+\frac{1}{2}x$$

$$=\frac{1}{2}\left\{\frac{1}{2}(1-y)^2+\frac{1}{2}(y^2+1)\right\}$$

$$=\frac{1}{4}(2y^2-2y+2)$$

$$=\frac{1}{2}\left(y-\frac{1}{2}\right)^2+\frac{3}{8}$$

$\therefore$ $\square EHGF$는 $y=\frac{1}{2}$일 경우, 최솟값 $\frac{3}{8}$을 갖는다.

03 2008학년도 정답 및 해설

01 ③

$\dfrac{iz}{z-6}=\dfrac{ai-b}{(a-6)+bi}$를 유리화하면 $\dfrac{(ai-b)(a-6)-bi}{(a-6)^2+b^2}$이다.

이것이 실수가 되려면 분자가 실수가 되어야 하므로 $(ai-b)$와 $(a-6)-bi$가 서로 켤레복소수 관계이어야 한다. $-b=a-6$이고 $a=b$다.

$a=3,\ b=3$

$\therefore a^2+b^2-6a=0$

02 ④

$a*b=-\log_{2^a}2^{-b}=\log_{2^a}2^b=\dfrac{b}{a}$다.

㉠ $1*1=1$, ㉡ $1*2=2$, ㉢ $2*1=\dfrac{1}{2}$, ㉣ $1*3=3$, ㉤ $3*1=\dfrac{1}{3}$

$\therefore 1*3=\dfrac{3}{1}=3$이 가장 큰 수다.

03 ⑤

조립제법을 이용해보면

1	a	b	c	-8
		a	a+b	a+b+c
1	a	a+b	a+b+c	a+b+c-8=0
		a	2a+b	
		2a+b	3a+2b+c=0	

$c=-3a-2b$이므로 $a+b+c-8=0$에 대입하면 $a+b-3a-2b-8=0 \Rightarrow b=-2a-8$

$4a^2+b^2=4a^2+(-2a-8)^2=8(a+2)^2+32$

따라서 최솟값은 32다.

04 ②

$f(x)=\sqrt{2x-1-2\sqrt{x^2-x}}$

$\quad=\sqrt{(2x-1)-2\sqrt{x(x-1)}}=\sqrt{x}-\sqrt{x-1}$

$\therefore f(1)+f(2)+f(3)+f(4)=\sqrt{1}-\sqrt{0}+\sqrt{2}-\sqrt{1}+\sqrt{3}-\sqrt{2}+\sqrt{4}-\sqrt{3}=\sqrt{4}=2$

05 ①

p가 q이기 위한 충분조건이 되려면 p의 진리집합은 q의 진리집합에 포함되어야 한다.

㉠ $x \geq a,\ y \geq b$인 경우

$x-a+y-b<3 \Rightarrow x+y<a+b+3$

㉡ $x \geq a,\ y<b$인 경우

$x-a-y+b<3 \Rightarrow x-y<a-b+3$

㉢ $x<a,\ y \geq b$인 경우

$-x+a+y-b<3 \Rightarrow x-y>a-b-3$

㉣ $x<a,\ y<b$인 경우

$-x+a-y+b<3 \Rightarrow x+y>a+b-3$

$\therefore a+b-3<x+y<a+b+3,\ a-b-3<x-y<a-b+3$

$\therefore -x+a+b-3<y<-x+a+b+3,\ x-(a-b+3)<y<x-(a-b-3)$

위의 식이 원에 포함되려면,

$-4 \leq a+b-3,\ a+b+3 \leq 4 \Rightarrow -1 \leq a+b \leq 1$

$-4 \leq a-b-3,\ a-b+3 \leq 4 \Rightarrow -1 \leq a-b \leq 1$

이를 동시에 만족하는 정수인 순서쌍 (a, b)는 $(1, 0), (0, 1), (0, 0), (-1, 0), (0, -1)$ 이렇게 총 5쌍이다.

06 ②

$x^4-3x^3+4x^2-3x+1=0$의 양변을 x^2으로 나누면 $x^2-3x+4-\dfrac{3}{x}+\dfrac{1}{x^2}=0$이 된다.

이 식을 정리하면 $\left(x+\dfrac{1}{x}\right)^2-2-3\left(x+\dfrac{1}{x}\right)+4=0$이 된다.

$x+\dfrac{1}{x}=A$로 치환해서 인수분해하면 $(A-2)(A-1)=0$

$A-2=0 \Rightarrow x+\dfrac{1}{x}-2=0 \Rightarrow x^2-2x+1=0$

$A-1=0 \Rightarrow x+\dfrac{1}{x}-1=0 \Rightarrow x^2-x+1=0$

이 식의 허근은 $x^2-x+1=0$을 만족하는 근이다. 따라서 $\alpha+\beta=1,\ \alpha\beta=1$이다.

$x^2-x+1=0$의 양변에 $(x+1)$을 곱하면 $x^3+1=0$이 되므로 $\alpha^3=-1,\ \beta^3=-1$

$\therefore \alpha^{2008}+\beta^{2008}=(\alpha^3)^{669}\cdot\alpha+(\beta^3)^{669}\cdot\beta=-\alpha-\beta=-(\alpha+\beta)=-1$

07 ④

놀람의 정도가 $3C$인 사건이 일어날 확률을 p_1, 놀람의 정도가 $6C$인 사건이 일어날 확률을 p_2라 하자.

$3C=-C\log_2 p_1 \Rightarrow \therefore p_1=\dfrac{1}{8}$

$6C=-C\log_2 p_2 \Rightarrow \therefore p_2=\dfrac{1}{64}$

따라서 p_1은 p_2의 8배이다.

08 ⑤

$y=F(x)$의 그래프가 y축에 대하여 대칭인 함수는 우함수이다.
따라서 $F(-x)=F(x)$를 만족해야 한다.
㉠ $F(-x)=f(-x)+f(x)=f(x)+f(-x)=F(x)$
㉡ $F(-x)=|f(-x)-f(x)|=|f(x)-f(-x)|=F(x)$
㉢ $F(-x)=f(-x)f(x)=f(x)f(-x)=F(x)$
따라서 ㉠, ㉡, ㉢ 모두 우함수다.

09 ②

외심은 삼각형의 각 변의 수직이등분선의 교점이다.
$\overline{OA}$의 수직이등분선과 $\overline{OB}$의 수직이등분선을 각각 구하면, $y=-x+2$, $y=\frac{1}{2}x-\frac{5}{2}$이다.
이를 연립하면, $x=3$, $y=-1 \Rightarrow a=3$, $b=-1$
따라서 $10a+b=29$이다.

10 ①

부채꼴의 반지름을 r이라 하고, 호의 길이를 l이라 하자.
둘레의 길이가 24이므로 $2r+l=24$이고,
부채꼴의 넓이는 $S=\frac{1}{2}rl=\frac{1}{2}r(24-2r)=-r^2+12r$이다.
$-r^2+12r=-(r-6)^2+36$
따라서 이 식의 최댓값은 36이다.

11 ④

$4^{\sin x}=A$라 치환하면, (준식)$=A^2-5A+6=0$
$A=4^{\sin x}=2\text{ or }3$. 따라서 $\sin x=\frac{1}{2}$ or $\log_4 3$
$\frac{1}{2}$과 $\log_4 3$ 모두 −1과 1사이의 수이므로 이를 만족하는 x는 각각 두 개씩 모두 4개가 된다.

12 ④

㉠ $y=\sqrt{4x-x^2}-1 \Rightarrow y+1=\sqrt{4x-x^2}$
$\Rightarrow (y+1)^2=4x-x^2$
$\Rightarrow (x-2)^2+(y+1)^2=4$
$y=-\sqrt{1-x^2}+4 \Rightarrow x^2+(y-4)^2=1$
주어진 두 식을 정리하면 두 개의 원이 나오는데, 두 원의 반지름이 다르기 때문에 일치할 수 없다.
㉡과 ㉢은 평행이동과 대칭이동으로 일치할 수 있다.

13 ②

$f\left(\frac{x+y}{2}\right) \le \frac{f(x)+f(y)}{2}$ 를 만족시키는 함수는 아래로 볼록인 함수다.

따라서 문제의 조건을 만족하는 함수는 ㉡뿐이다.

㉠ $f\left(\frac{x+y}{2}\right) = \sqrt{\left|\frac{x+y}{2}\right|} \le \frac{\sqrt{|x|}+\sqrt{|y|}}{2}$

$x=1$, $y=0$을 대입하면

$\sqrt{\left|\frac{1+0}{2}\right|} = \frac{\sqrt{2}}{2}$, $\frac{\sqrt{1}+\sqrt{0}}{2} = \frac{1}{2}$

$\therefore \sqrt{\left|\frac{x+y}{2}\right|} > \frac{\sqrt{|x|}+\sqrt{|y|}}{2}$

㉢ $\log_2\left(\left|\frac{x+y}{2}\right|+1\right) \le \frac{\log_2(|x|+1)+\log_2(|y|+1)}{2}$

$x=2$, $y=0$을 대입할 경우

$\log_2\left(\left|\frac{2+0}{2}\right|+1\right)=1$

$\frac{\log_2(|2|+1)+\log_2(|0|+1)}{2} = \frac{\log_2 3}{2}$

따라서 $\log_2\left(\left|\frac{x+y}{2}\right|+1\right) > \frac{\log_2(|x|+1)+\log_2(|y|+1)}{2}$

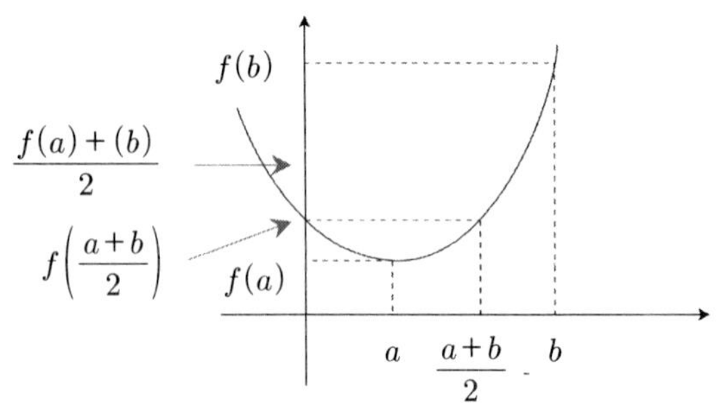

14 ③

$N(m, \sigma^2)$을 표준정규분포로 변환하면,

$P(m \le X \le m+\sigma)$

$= P\left(\frac{m-m}{\sigma} \le z \le \frac{m+\sigma-m}{\sigma}\right) = P(0 \le z \le 1) = 0.34$

15 ③

$P(X=1)=p$라 하자.

$P(X=2)=\frac{2}{5}P(X=1)=\frac{2}{5}p$

$P(X=3)=\frac{2}{5}P(X=2)=\left(\frac{2}{5}\right)^2 p$

$P(X=4)=\frac{2}{5}P(X=3)=\left(\frac{2}{5}\right)^3 p$

확률변수 X가 5보다 작은 자연수를 취하므로 $X=1, 2, 3, 4$가 전사건이다.

$p+\frac{2}{5}p+\left(\frac{2}{5}\right)^2 p+\left(\frac{2}{5}\right)^3 p=1 \Rightarrow p=\frac{125}{203}$

$\therefore P(X \geq 3)=P(X=3)+P(X=4)$

$=\left(\frac{2}{5}\right)^2 p+\left(\frac{2}{5}\right)^3 p=\frac{4}{29}$

16 ①

$n(A \cup B)=8$, $n(A)=n(B)=5$이므로 $n(A \cap B)=2$이다.

이를 만족하는 A와 B의 순서쌍을 구하기 위해서 먼저 1~8 중에서 교집합의 원소가 될 두 개의 원소를 선택한다. $\Rightarrow {}_8C_2$

그 다음 나머지 6개의 원소를 A와 B가 세 개씩 선택한다. $\Rightarrow {}_6C_3 \cdot {}_3C_3$

따라서 ${}_8C_2 \cdot {}_6C_3 \cdot {}_3C_3=560$

17 ⑤

구하고자 하는 자연수를 $A=100a+10b+c$라 하자.

(단, $0<a \leq 9$, $0 \leq b \leq 9$, $0 \leq c \leq 9$)

그러나 b나 c가 0이 되면 그 나머지 수 중 하나가 반드시 10 이상이 되어야 하므로, 조건에서 0은 제외한다.

따라서 $a+b+c=19$를 만족하는 a, b, c의 순서쌍은 (1,9,9), (2,8,9), (2,9,8), ⋯

$a=1$이면 1쌍

$a=2$이면 2쌍

$a=3$이면 3쌍

⋮

$a=9$이면 9쌍

∴ 구하고자 하는 순서쌍의 개수는 $1+2+3+\cdots+9=45$쌍이 된다.

18 ②

13개 중 6개를 뽑는 경우의 수는 ${}_{13}C_6 = 1716$개이다.

이 중에서 a, c, e를 모두 뽑는 경우는 그 문자를 제외한 7개 중 3개를 뽑으면 된다.

$\Rightarrow 2\times2\times2\times{}_7C_3 = 280$

a, c, e중 두 개를 뽑는 경우는 그 문자를 제외한 7개 중 4개를 뽑으면 된다.

$\Rightarrow {}_3C_2\times2\times2\times{}_7C_4 = 420$

a, c, e중 한 개를 뽑는 경우는 그 문자를 제외한 7개 중 5개를 뽑으면 된다.

$\Rightarrow {}_3C_1\times2\times{}_7C_5 = 126$

a, c, e를 하나도 뽑지 않는 경우는 그 문자를 7개 중 6개를 뽑으면 된다.

$\Rightarrow {}_7C_6 = 7$

(위의 식에서 중간에 2를 곱하는 이유는 a, c, e가 두 개씩 있기 때문이다.)

네 경우의 수를 모두 합하면 833가지이다.

따라서 확률은 $\dfrac{833}{1716}$이다.

19 ④

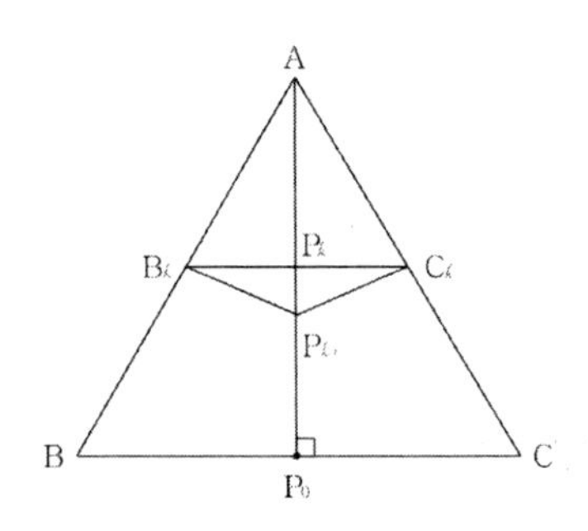

정삼각형의 한 변의 길이를 x라 하면, 정삼각형의 넓이는

$\dfrac{\sqrt{3}}{4}x^2 = 363 \Rightarrow x^2 = 484\sqrt{3}$

$\overline{AB} = x$ 이므로 $\overline{AP_0} = \dfrac{\sqrt{3}}{2}x$

$\overline{B_kC_k} = \dfrac{121-k}{121}\cdot\overline{BC} = \dfrac{121-k}{121}\cdot x$

$\overline{P_kP_{k-1}} = \dfrac{1}{121}\cdot\overline{AP_0} = \dfrac{1}{121}\cdot\dfrac{\sqrt{3}}{2}x$

$a_k = \dfrac{1}{2}\times\overline{B_kC_k}\times\overline{P_kP_{k-1}} = \dfrac{3}{121}(121-k)$

$$\begin{aligned}\therefore \sum_{k=1}^{120}a_k &= \frac{3}{121}\sum_{k=1}^{120}(120-k)\\ &= \frac{3}{121}\times\left(120\cdot121-\frac{120\cdot121}{2}\right)\\ &= 180\end{aligned}$$

20 ③

$A=\begin{pmatrix}4&1\\0&4\end{pmatrix}$일 때, $B^2=4A$를 만족하는 $B=F(A)$로 나타내므로, $B=\begin{pmatrix}a&b\\0&a\end{pmatrix}$라 놓고 계산해 보면

$F_1(A)=\begin{pmatrix}4&\frac{1}{2}\\0&4\end{pmatrix}$이다.

같은 방법으로 $F_2(A)=\begin{pmatrix}4&\frac{1}{4}\\0&4\end{pmatrix}$, $F_3(A)=\begin{pmatrix}4&\frac{1}{8}\\0&4\end{pmatrix}$, $\cdots$, $F_{2008}(A)=\begin{pmatrix}4&\frac{1}{2^{2008}}\\0&4\end{pmatrix}$

따라서 $F_{2008}(A)$의 $(1,\ 1)$성분과 $(1,\ 2)$성분의 곱은

$\alpha=\frac{1}{2^{2006}}$

$\therefore \log_2\frac{1}{a}=2006$

21 ①

$A=\begin{pmatrix}-1&1\\0&-1\end{pmatrix}$, $A^2=\begin{pmatrix}1&-2\\0&1\end{pmatrix}$, $A^3=\begin{pmatrix}-1&3\\0&-1\end{pmatrix}$, $A^4=\begin{pmatrix}1&-4\\0&1\end{pmatrix}$, $\cdots$

$A^p=\begin{pmatrix}-1&p\\0&-1\end{pmatrix}$ (p는 홀수), $A^q=\begin{pmatrix}-1&q\\0&-1\end{pmatrix}$ (q는 짝수)

㉠ n이 홀수일 때

$\begin{pmatrix}-1&n\\0&-1\end{pmatrix}\begin{pmatrix}x\\y\end{pmatrix}=\begin{pmatrix}-x+ny\\-y\end{pmatrix}=\begin{pmatrix}1\\1\end{pmatrix}\Rightarrow x=-n-1,\ y=-1$

㉡ n이 짝수일 때

$\begin{pmatrix}1&-y\\0&1\end{pmatrix}\begin{pmatrix}x\\y\end{pmatrix}=\begin{pmatrix}x-xy\\y\end{pmatrix}=\begin{pmatrix}1\\1\end{pmatrix}\Rightarrow x=n+1,\ y=1$

$\therefore n=4$일 때 집합 M에 $\begin{pmatrix}5\\1\end{pmatrix}$이 속하게 된다.

22 ④

㉠ $c=1$, $\frac{1}{a_{n+1}}=\frac{1}{a_n}+1\Rightarrow\frac{1}{a_n}=n$

$\therefore \lim_{n\to\infty}a_n=\lim_{n\to\infty}\frac{1}{n}=0$

㉡ $c>1$, $\frac{1}{a_{n+1}}=\frac{c}{a_n}+1\Rightarrow\frac{1}{a_n}=\left(1-\frac{1}{1-c}\right)\cdot c^{n-1}+\frac{1}{1-c}$

$\therefore \lim_{n\to\infty}a_n=\lim_{n\to\infty}\frac{1}{\frac{c}{c-1}\cdot c^{n-1}+\frac{1}{1-c}}=0$

㉢ $0<c<1$

$\therefore \lim_{n\to\infty}a_n=\lim_{n\to\infty}\frac{1}{\frac{c}{c-1}\cdot c^{n-1}+\frac{1}{1-c}}=\lim_{n\to\infty}\frac{1}{\frac{1}{1-c}}=1-c$

따라서 ㉠, ㉢이 옳다.

23 ⑤

$a_n = \sqrt{9n^2 - n} - [\sqrt{9n^2 - 2n}]$

$9n^2 - 6n + 1 < 9n^2 - 2n < 9n^2$

$\sqrt{(3n-1)^2} < \sqrt{9n^2 - 2n} < \sqrt{(3n)^2}$

$3n - 1 < \sqrt{9n^2 - 2n} < 3n$

$[\sqrt{9n^2 - 2n}] = 3n - 1$

$$\begin{aligned}\therefore \lim_{n\to\infty} a_n &= \lim_{n\to\infty} \sqrt{9n^2 - 2n} - (3n-1) \\ &= \lim_{n\to\infty} \frac{9n^2 - 2n - (3n-1)^2}{\sqrt{9n^2 - 2n} + (3n-1)} \\ &= \lim_{n\to\infty} \frac{4n-1}{\sqrt{9n^2 - 2n} + (3n-1)} \\ &= \frac{4}{\sqrt{9} + 3} = \frac{2}{3}\end{aligned}$$

24 ②

㉠ $x = 0,\ y = 0$일 때, $f(0) = 4f(0) + f(0) + 4 \Rightarrow f(0) = -1$

㉡ $x = 1,\ y = 0$일 때, $f(2) = 4f(1) + f(0) + 4 \Rightarrow f(2) = 4f(1) + 3$

㉢ $x = 1,\ y = 1$일 때, $f(3) = 4f(1) + f(1) + 1 + 4 \Rightarrow f(3) = 5f(1) + 5$

㉣ $x = 2,\ y = 0$일 때, $f(4) = 4f(2) + f(0) + 4 \Rightarrow f(4) = 4f(2) + 3 = 16f(1) + 15$

㉤ $x = 1,\ y = 2$일 때, $f(4) = 4f(1) + f(2) + 2 + 4 = 4f(1) + 4f(1) + 3 + 6 = 8f(1) + 9$

㉣과 ㉤을 통해 $16f(1) + 15 = 8f(1) + 9$

$8f(1) = -6 \Rightarrow f(1) = -\frac{3}{4}$

㉡ 에서 $f(2) = 4\left(-\frac{3}{4}\right) + 3 = 0$

$x = 2,\ y = 2$를 대입하면, $f(6) = 4f(2) + f(2) + 4 + 4 = 8$

25 ①

$0 < \frac{1}{3} - \frac{a_1}{5} < \frac{1}{5} \Rightarrow a_1 = 1$ ($\because a_n$: 자연수)

$0 < \frac{1}{3} - \left(\frac{1}{5} + \frac{a_2}{5^2}\right) < \frac{1}{5^2} \Rightarrow a_2 = 3$

$0 < \frac{1}{3} - \left(\frac{1}{5} + \frac{3}{5^2} + \frac{a_3}{5^3}\right) < \frac{1}{5^3} \Rightarrow a_3 = 1$

$0 < \frac{1}{3} - \left(\frac{1}{5} + \frac{3}{5^2} + \frac{1}{5^3} + \frac{a_4}{5^4}\right) < \frac{1}{5^4} \Rightarrow a_4 = 3$

$a_n = \begin{cases} 1 & (n\text{이 홀수일 때}) \\ 3 & (n\text{이 짝수일 때}) \end{cases}$

$\therefore a_{2007} + a_{2008} + a_{2009} = 1 + 3 + 1 = 5$

04 2009학년도 정답 및 해설

01 ⑤

$f(x)=(x^2+x-6)Q(x)+5x-1$

$\quad\;\, =(x+3)(x-2)Q(x)+5x-1$

$f(2x+3)=(2x+6)(2x+1)Q(2x+3)+5(2x+3)-1$

$\quad\quad\quad\;\, =(2x+6)(2x+1)Q(2x+3)+5(2x+1)+10-1$

$\quad\quad\quad\;\, =(2x+1)\{Q(2x+3)+5\}+9$

따라서 나머지는 9다.

02 ①

$\begin{pmatrix}1&0\\2&1\end{pmatrix}A=\begin{pmatrix}2&0\\0&2\end{pmatrix}$에서 $\begin{pmatrix}1&0\\2&1\end{pmatrix}=B$라 놓자.

$BA=2E \Rightarrow \frac{1}{2}BA=E$

$\therefore A^{-1}=\frac{1}{2}B$

$(A^{-1})^3=\left(\frac{1}{2}B\right)^3=\frac{1}{8}\begin{pmatrix}1&0\\2&1\end{pmatrix}=\frac{1}{8}\begin{pmatrix}1&0\\6&1\end{pmatrix}$

따라서 모든 성분의 합은 $\frac{1}{8}(1+6+1)=1$이다.

03 ④

$\begin{pmatrix}x-8&y\\6-y&x\end{pmatrix}$의 역행렬이 존재하지 않으므로

$(x-8)x-y(6-y)=0$

$(x-4)^2+(y-3)^2=25$

즉, 중심이 $(4, 3)$이고 반지름이 5인 원이다.

x^2+y^2은 원점으로부터 이 원까지의 거리의 제곱이므로, 다음 그림과 같이 주어진 원의 지름의 제곱이 최댓값이 된다. 따라서 최댓값은 $10^2=100$이 된다.

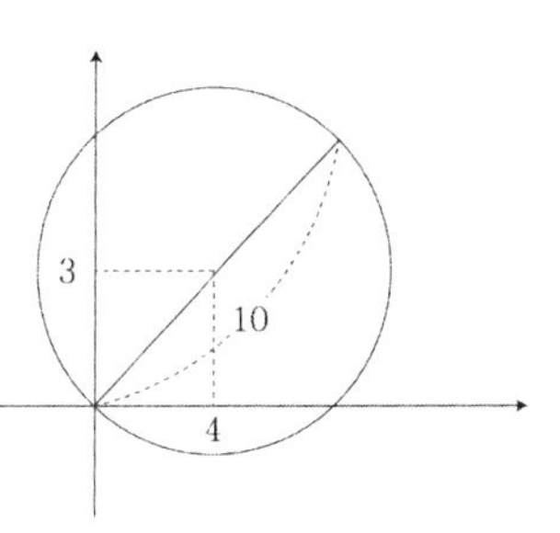

04 ②

$a_1 = 2+(-1)^{\left[\frac{1}{2}\right]} = 2+1 = 3$

$a_2 = 2+(-1)^{\left[\frac{2}{2}\right]} = 2-1 = 1$

$a_3 = 2+(-1)^{\left[\frac{3}{2}\right]} = 2-1 = 1$

$a_4 = 2+(-1)^{\left[\frac{4}{2}\right]} = 2+1 = 3$

$a_5 = 2+(-1)^{\left[\frac{5}{2}\right]} = 2+1 = 3$

$\vdots$

$a_1 \sim a_4 (3,\ 1,\ 1,\ 3)$가 계속 반복된다.

$2009 = 4\times 502+1$

$\therefore \sum_{n=1}^{2009} a_n = 8\times 502 + a_{2009} = 4016+3 = 4019$

05 ③

$\log x + \log 3 = 2\log(2x-3y) - \log y$

진수조건에 의하여 $x>0,\ y>0,\ 2x-3y>0$

$\log 3x = \log\frac{(2x-3y)^2}{y}$

$\therefore 3xy = (2x-3y)^2 = 4x^2-12xy+9y^2$

$4x^2-15xy+9y^2 = (4x-3y)(x-3y) = 0$

$4x-3y=0$ 또는 $x-3y=0$이므로

$\therefore \frac{x}{y} = 3$ ($\because 2x>3y$이므로 $4x-3y\neq 0$)

06 ④

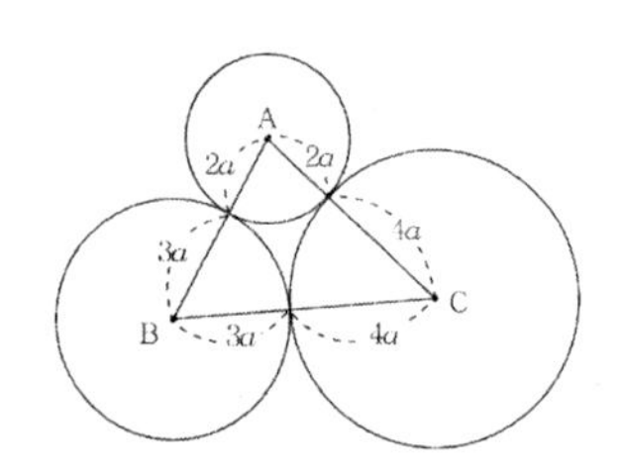

각 원의 반지름의 비가 $2:3:4$이므로 각 원의 반지름의 길이를 $2a,\ 3a,\ 4a$라 하자.

제2코사인법칙에 의하여

$\cos\theta = \frac{36a^2+49a^2-25a^2}{2\cdot 6a\cdot 7a} = \frac{5}{7}$

07 ①

$O(0, 0)$, $A(1, 0)$, $B(\cos\theta, \sin\theta)$라 하면,

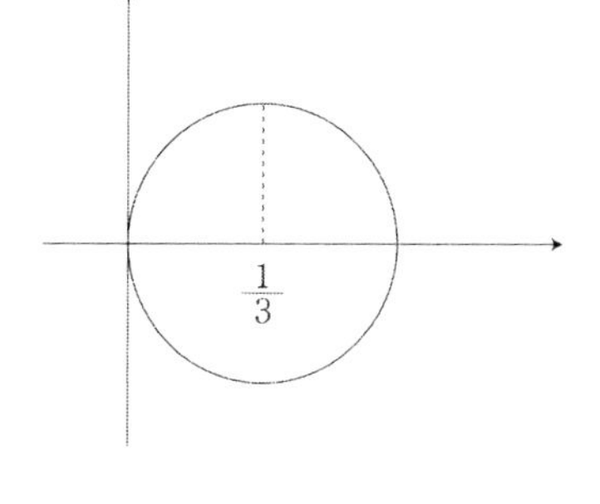

$\triangle OAB$의 무게중심 G는 $\left(\frac{1+\cos\theta}{3}, \frac{\sin\theta}{3}\right)$다.

$\frac{1+\cos\theta}{3}=x$, $\frac{\sin\theta}{3}=y$로 두면,

$\cos\theta=3x-1$, $\sin\theta=3y$

$\cos^2\theta+\sin^2\theta=1$로부터

$(3x-1)^2+(3y)^2=1 \Rightarrow \left(x-\frac{1}{3}\right)^2+y^2=\frac{1}{9}$

B는 1사분면 위의 점이므로

$3x-1>0$, $3y>0 \Rightarrow x>\frac{1}{3}$, $y>0$

따라서 자취의 길이는 전체 원주의 $\frac{1}{4}$에 해당되는 부분이므로 $\frac{2}{3}\pi\times\frac{1}{4}=\frac{\pi}{6}$이다.

08 ②

$\{2, 4, 6\}\cup C=\{3, 6\}\cup C$를 만족하는 집합 C는 2, 3, 4를 반드시 포함하는 U의 부분집합이다. 따라서 이를 제외한 나머지 원소들의 부분집합의 개수는 $2^3=8$개다.

09 ④

a는 최댓값을 가져야 하므로 $a>0$일 때만 생각해보면, 그래프는 다음과 같이 세 가지로 생각해 볼 수 있다.

㉠ $c<0$

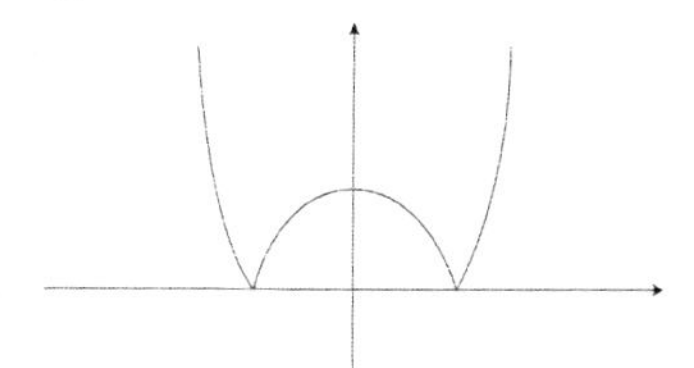

㉡ $c=0$, $f(a)=a=2$

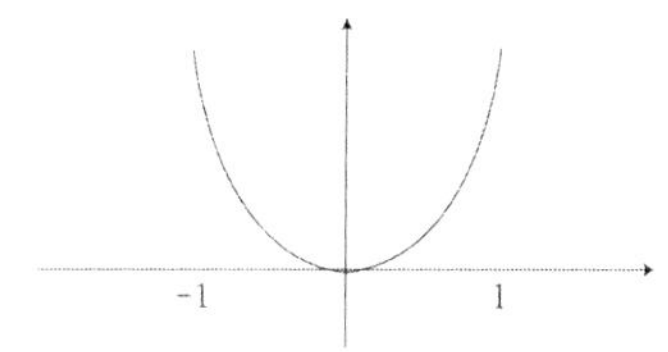

㉢ $c>0$, $f(1)=a+c=2$, $a=2-c$

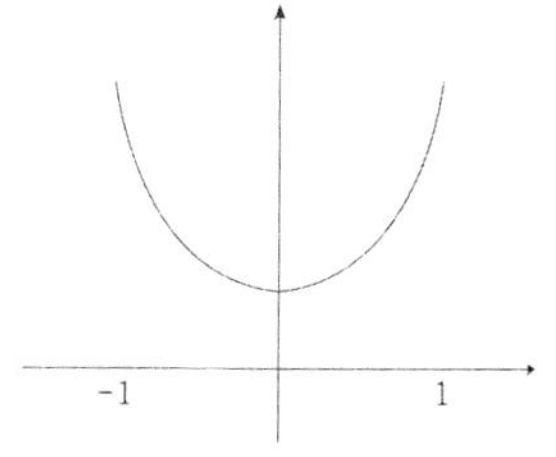

※ $y=|f(x)|$ 그래프

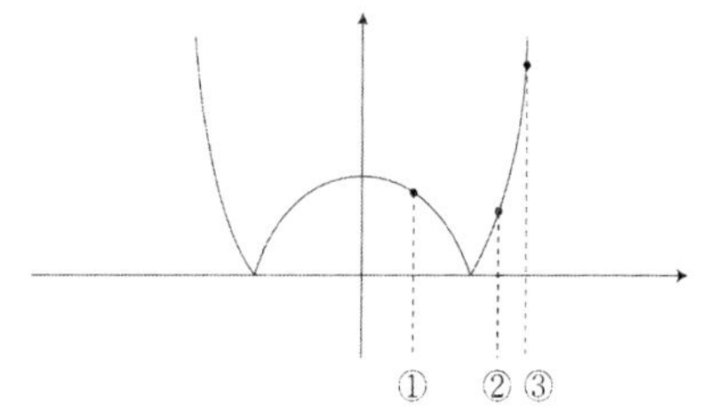

㉡과 ㉢의 경우는 a가 최댓값을 가질 수 없으므로 ㉠의 경우만 생각한다.

- $x=1$의 위치가 ①, ②인 경우 $|f(0)|=|c|=2$이므로 $c=-2$이다. 이 때, $|f(0)|\geq|f(1)|$이므로 $|c|\geq|a+c|=2$에서 $2\geq|a-2|$ $\therefore 0<a\leq 4$
- $x=1$의 위치가 ③인 경우 $|f(0)|=|a+c|=2$이고 $|c|\leq 2$이므로 $a=-c+2$에서 $2\leq a\leq 4$ 다.

그러므로 a의 최댓값은 4다.

10 ⑤

$f(x)=5-|x|,\ g(x)=-5+|x|,\ 0 \le y \le f(g(x))$

$f(g(x))=\begin{cases}5-g(x)\ (g(x)\ge 0)\\ 5+g(x)\ (g(x)<0)\end{cases}$

$g(x)\ge 0 \Rightarrow x \ge 5 \text{ or } x \le -5$

$g(x)<0 \Rightarrow -5<x<5$

$f(g(x))=\begin{cases}5-(-5+x) & (x\ge 5)\\ 5+(-5+x) & (0\le x<5)\\ 5+(-5-x) & (-5\le x<0)\\ 5-(-5-x) & (x<5)\end{cases}$

$=\begin{cases}10-x & (x\ge 5)\\ x & (0\le x<5)\\ -x & (-5\le x<0)\\ 10+x & (x<5)\end{cases}$

∴ 영역의 넓이는 50이다.

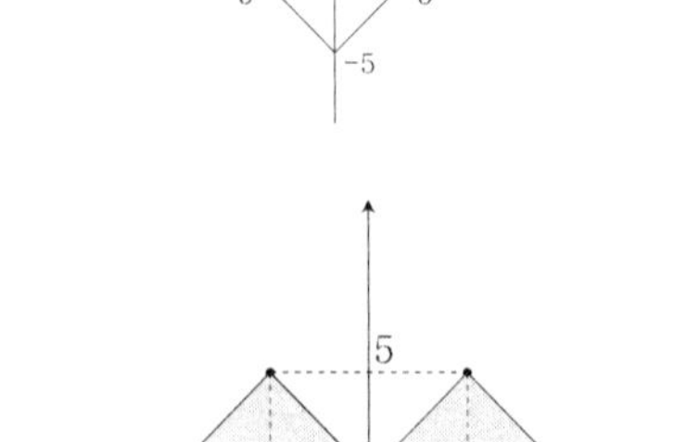

11 ⑤

$\begin{cases}|x|+|y|\le 1\\ x^2+4y^2\ge 0 \Rightarrow (x+2y)(x-2y)\ge 0\end{cases}$

$x^2+2y=k$라 하면, $y=-\frac{1}{2}x^2+\frac{1}{2}k$

그림에서 포물선이 직선에 접할 때, 이차곡선의 y절편인 $\frac{k}{2}$값이 가장 최소가 됨을 알 수 있다.

$-\frac{1}{2}x^2+\frac{1}{2}k=-\frac{1}{2}x$

$x^2-x-k=0$

$D=1+4k=0$

$\therefore k=-\frac{1}{4}$

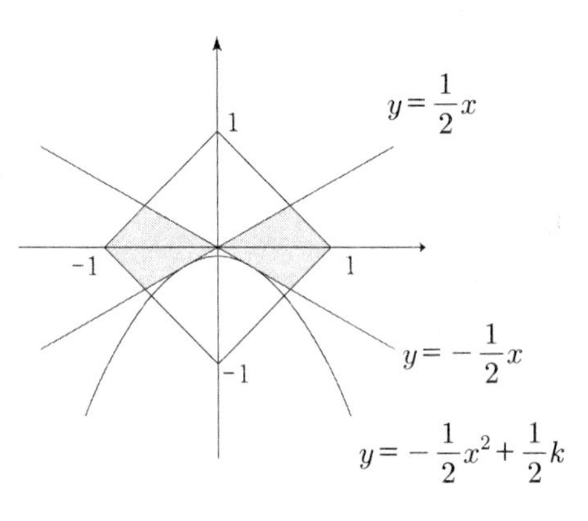

12 ④

㉠ 세 명의 경위가 3대의 순찰차에 나누어 타는 방법의 수 : 3!=6

㉡ 8명의 순경이 3명, 3명, 2명으로 나누어 타는 방법의 수 : ${}_8C_3\times{}_5C_3\times{}_2C_2\times\frac{1}{2!}=280$

㉢ 세 조의 순경이 3대의 순찰차에 타는 방법의 수 : 3!=6

$\therefore 6\times 280\times 6=10080$

13 ③

$f(1-x)=f(1+x)$ 이므로 이 함수는 $x=1$에 대하여 대칭인 함수이다.

$-2 \le x \le 4$에서 모든 값을 취하므로

$P(-2 \le x \le 1)=P(1 \le x \le 4)=\frac{1}{2}$

$P(1 \le x \le 3)=2P(3 \le x \le 4)$ 이므로

$P(1 \le x \le 3)=\frac{1}{3}$

$P(3 \le x \le 4)=\frac{1}{6}$

$\therefore P(0 \le x \le 3)=P(0 \le x \le 1)+P(1 \le x \le 3)$

$=\frac{1}{4}+\frac{1}{3}=\frac{7}{12}$

14 ②

$N(20,\ 4^2) \Rightarrow$ 16명에 대한 표본평균$=20$, 표본표준편차$=\frac{4}{\sqrt{16}}=1$

따라서 $\overline{N}(20,\ 1^2)$ 이 된다.

$\therefore P(18 \le x \le 21)=P(-2 \le z \le 1)$

$=0.4772+0.3413=0.8185$

15 ③

$y=k \cdot 2^x$ 의 그래프를 a_k만큼 평행이동하면 $y=k \cdot 2^{x-a_k}$ 이므로

$k \cdot 2^{x-a_k}=2^x$

$k=2^{a_k} \Rightarrow a_k=\log_2 k$

$\sum_{n=1}^{10} a_{2n}=\sum_{n=1}^{10} \log_2 2n$

$=\sum_{n=1}^{10}(1+\log_2 n)$

$=10+\log_2 1+\log_2 2+\cdots+\log_2 10$

$=10+\log_2 10!$

$=\log_2 2^{10} \cdot 10!$

$\therefore m=2^{10} \cdot 10!$

16 ③

$y=\left[\cos x+\frac{1}{2}\right]$의 그래프는 오른쪽과 같다.

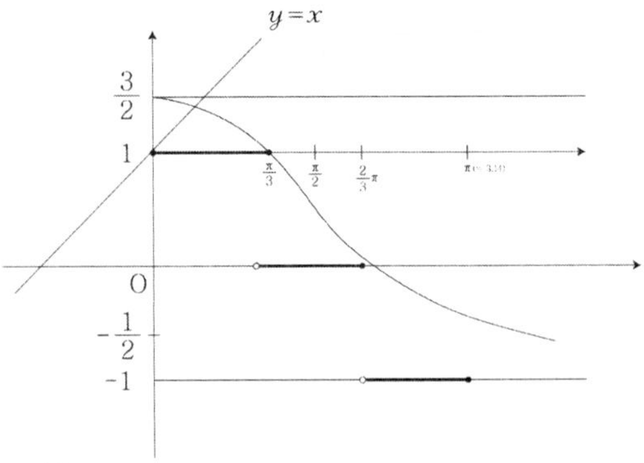

$0\le x\le \frac{\pi}{3}$일 때 정수 $x=0,\ 1$이므로

$x=0$일 때,

$\left[\cos x+\frac{1}{2}\right]=1=-k$에서 $k=-1$

$x=0$일 때,

$\left[\cos x+\frac{1}{2}\right]=1=1-k$에서 $k=0$이다.

$\frac{\pi}{3}< x\le \frac{2}{3}\pi$일 때 정수 $x=2$이므로 $\left[\cos x+\frac{1}{2}\right]=0=2-k$에서 $k=2$다.

$\frac{\pi}{3}< x\le \pi$일 때 정수 $x=3$이므로 $\left[\cos x+\frac{1}{2}\right]=-1=3-k$에서 $k=4$다.

따라서 이를 만족하는 k의 합은 $-1+2+4=5$다.

17 ③

$a_n=a\cdot r^{n-1}$이라 하면

$$\sum_{k=1}^{12}a_k=\frac{a(r^{12}-1)}{(r-1)}=100\ \cdots ㉠$$

$$\sum_{k=1}^{12}\frac{1}{a_k}=\frac{\frac{1}{a}\left(1-\frac{1}{r^{12}}\right)}{1-\frac{1}{r}}=10$$

식을 정리하면

$$\frac{r^{12}-1}{a(r-1)r^{11}}=10\ \cdots ㉡$$

㉠과 ㉡을 연립하면, $a^2r^{11}=10$

$$\therefore \sum_{k=1}^{12}\log a_k=\log a_1\times a_2\times a_3\times\cdots\times a_{12}=\log a^{12}r^{66}$$

$$=\log(a^2r^{11})^6$$

$$=\log 10^6=6$$

18 ①

$n^2a_{n+1}=(n+1)^2a_n+2n+1$의 양변을 $n^2(n+1)^2$으로 나누면 다음과 같다.

$$\frac{a_{n+1}}{(n+1)^2}=\frac{a_n}{n^2}+\frac{2n+1}{n^2(n+1)^2}$$

$\frac{a_n}{n^2}=b_n$이라 하면

$$b_{n+1}=b_n+\frac{2n+1}{n^2(n+1)^2} \quad (\because b_n\text{은 계차수열})$$

$$b_n=b_1+\sum_{k=1}^{n-1}\frac{2k+1}{k^2(k+1)^2}=\sum_{k=1}^{n-1}\left(\frac{1}{k^2}-\frac{1}{(k+1)^2}\right)=1-\frac{1}{n^2}=\frac{n^2-1}{n^2}$$

$\therefore a_n=n^2-1$

$a_{20}=20^2-1=399$가 된다.

19 ⑤

$A(a, b)$는 $y=\log_2 x$ 위의 점이므로 $b=\log_2 a$

$B(c, d)$는 $y=\log_4(x+2)$ 위의 점이므로 $b=\log_4(c+2)$

직선 l을 $y=-x+m$이라 놓으면 $A(a, -a+m)$, $B(c, -c+m)$

$\overline{AB}=\sqrt{(a-c)^2+(a-c)^2}=\sqrt{2} \Rightarrow c-a=1 \cdots ㉠$

$\overline{AB}$의 기울기가 -1이므로 $\frac{b-d}{a-c}=1$

$b-d=1 \Rightarrow \log_2 a-\log_4(c+2)=1 \cdots ㉡$

㉠, ㉡을 연립하면 $a=6$, $c=7$

$\therefore a+c=13$

20 ⑤

n개의 주사위를 던져 나온 눈의 수의 최댓값이 5가 되려면 6은 나오지 말아야 하고 5가 적어도 하나 이상 나와야 한다.

㉠ 1~5까지의 눈이 나올 확률 : $\left(\frac{5}{6}\right)^n$

㉡ 5, 6이 하나도 나오지 않을 확률 : $\left(\frac{4}{6}\right)^n$

$$P_n=\left(\frac{5}{6}\right)^n-\left(\frac{4}{6}\right)^n$$

$$\therefore \sum_{n=1}^{\infty}P_n=\frac{\frac{5}{6}}{1-\frac{5}{6}}-\frac{\frac{2}{3}}{1-\frac{2}{3}}=5-2=3$$

21 ⑤

집합 X의 원소의 개수가 k인 경우 전체 n개에서 k개를 제외한 $n-k$를 이용하여 집합 Y를 만든 후, 집합 X의 원소 중 하나를 Y에 넣어주면 $_{n}(X\cap Y)=1$이 된다.

㉠ 원소의 개수가 k인 집합 X를 만드는 경우의 수 : $_{n}C_{k}$

㉡ 전체 집합의 원소 n개에서 집합 X의 원소 k개를 뺀 $n-k$를 이용해 집합 Y를 만드는 경우의 수 : 2^{n-k}

$\therefore \sum_{k=1}^{n} {_{n}C_{k}} \times k \times 2^{n-k}$

22 ②

$x^2+8px-q^2=0 \Rightarrow \alpha+\beta=-8p,\ \alpha\beta=-q^2$

먼저, α, β가 모두 정수이고, 두 근의 곱이 $-q^2$이므로

$\alpha=1, \beta=-q^2$이거나 $\alpha=-1, \beta=q^2$ 그리고 $\alpha=q, \beta=-q$의 3가지 경우다.

이 중 $\alpha=q, \beta=-q$인 경우는 $\alpha+\beta=0$이 되므로 조건에 맞지 않는다.

㉠ $\alpha=1, \beta=-q^2$인 경우 $1-q^2=-8p$

$(1-q)(1+q)=-8p$

이를 만족하는 수는 $q=5, p=3$이다.

㉡ $\alpha=-1, \beta=q^2$인 경우 $-1+q^2=-8p$

그러나 $p>1, q>1$이므로 q^2-1은 음수일 수 없으므로 $\alpha=1, \beta=-25$

따라서 $|\alpha-\beta|+p+q=26+3+5=34$다.

23 ③

$f(x)$는 $y=\frac{1}{2}(3^x-3^{-x})$이므로 $g(x)$는 $x=\frac{1}{2}(3^y-3^{-y})$다.

$2x=(3^y-3^{-y}) \Rightarrow 2x\cdot 3^y=3^{2y}-1$

3^y를 t로 치환하면 $t^2-2xt-1=0 \Rightarrow t=x\pm\sqrt{x^2+1}$

$\therefore 3^y=x+\sqrt{x^2+1}\ (\because 3^y>0)$

$y=\log_3(x+\sqrt{x^2+1})=g(x)$

$\sum_{n=1}^{\infty}\{g(x)g(-x)\}^n=\frac{g(x)g(-x)}{1-g(x)g(-x)}=-\frac{1}{5}$이므로 $g(x)g(-x)=-\frac{1}{4}$

$g(x)+g(-x)=\log_3(x+\sqrt{x^2+1})+\log_3(-x+\sqrt{x^2+1})=\log_3 1=0$

$\therefore g(x)=-g(-x)$

$g(x)g(-x)=-g(x)^2=-\frac{1}{4}$이므로 $g(x)=\pm\frac{1}{2}$

㉠ $g(x)=\dfrac{1}{2}$일 때

$$\log_3\left(x+\sqrt{x^2+1}\right)=\frac{1}{2} \Rightarrow x+\sqrt{x^2+1}=3^{\frac{1}{2}}=\sqrt{3}$$

$$\sqrt{x^2+1}=\sqrt{3}-x \Rightarrow x^2+1=x^2-2\sqrt{3}x+3$$

$$x=\frac{1}{\sqrt{3}}$$

㉡ $g(x)=-\dfrac{1}{2}$일 때

$$\log_3\left(x+\sqrt{x^2+1}\right)=-\frac{1}{2} \Rightarrow x+\sqrt{x^2+1}=\frac{1}{\sqrt{3}}$$

$$\sqrt{x^2+1}=\frac{1}{\sqrt{3}}-x \Rightarrow x^2+1=x^2-\frac{2}{\sqrt{3}}x+\frac{1}{3}$$

$$x=-\frac{1}{\sqrt{3}}$$

$$\therefore \frac{1}{\sqrt{3}}\times\left(-\frac{1}{\sqrt{3}}\right)=-\frac{1}{3}$$

24 ①

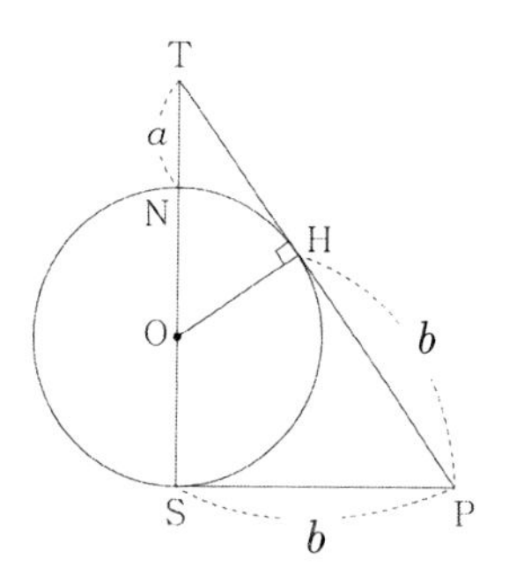

$\overline{PT}$의 접점을 H라 하면 $\overline{PH}=\overline{PS}=b$

원이 중심을 O라 하면 $\overline{OS}=\dfrac{1}{2}\overline{SN}=\dfrac{1}{2}x$

$$\overline{TH}^2=\overline{TO}^2-\overline{OH}^2=\left(a+\frac{x}{2}\right)^2-\left(\frac{x}{2}\right)^2=a^2+ax$$

$$\therefore \overline{TH}=\sqrt{a^2+ax}$$

$$\triangle PST=\triangle OSP+\triangle OHP+\triangle OHT$$

$$\frac{1}{2}b(a+x)=\frac{1}{2}\times\frac{x}{2}\times b+\frac{1}{2}\times\frac{x}{2}\times b+\frac{1}{2}\times\sqrt{a^2+ax}\times\frac{x}{2}$$

$$2ab=x\sqrt{a^2+ax}$$

$$\therefore x^3+ax^2-4ab^2=0$$

25 ④

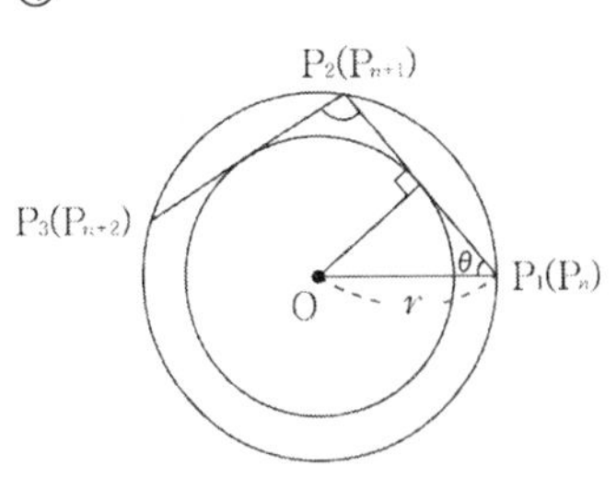

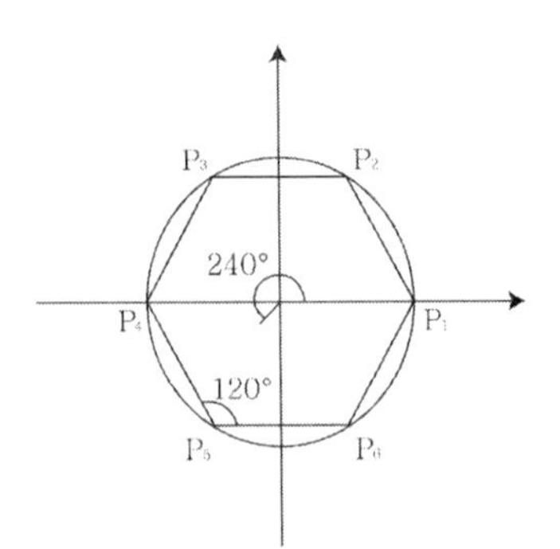

왼쪽 그림에서 $\angle OP_1H=\theta$라 하면

$\angle P_nP_{n+1}P_{n+2}=2\theta$, $\angle P_nOP_{n+1}=180-2\theta$, $\sin\theta=\dfrac{OH}{OP_1}=\dfrac{1}{r}$

㉠ $r>\sqrt{2}$ 이면 $\sin\theta<\dfrac{1}{\sqrt{2}}$ 이므로 $\theta<45°$다. 따라서 $\angle P_1P_2P_3=2\theta<90°$ 이다.

㉡ $r>\dfrac{2\sqrt{3}}{3}$ 이면 $\sin\theta<\dfrac{\sqrt{3}}{2}$ 이므로 $\theta=60°$ 이므로 $\angle OP_nP_{n+1}=60°$ 이다.

따라서 $P_k(k=1, 2, \cdots)$을 차례로 연결하면 위의 오른쪽 그림과 같은 정육각형이 된다.

P_5의 x좌표는 $\dfrac{2\sqrt{3}}{3}cos240°=-\dfrac{\sqrt{3}}{3}$, P_5의 y좌표는 $\dfrac{2\sqrt{3}}{3}sin240°=-1$

$\therefore P_5\left(-\dfrac{\sqrt{3}}{3}, -1\right)$

㉢ $\angle P_1P_2P_3=100°$면, $\angle P_nOP_{n+1}=80°$ 이다.

따라서 $80\times n=360\times m$인 최소의 정수 m, n은 각각 $n=9$, $m=2$다.

그러므로 $P_1=P_{10}$이 된다.

따라서 ㉠, ㉢이 옳다.

05 2010학년도 정답 및 해설

01 ⑤

등차수열 a_n의 일반항 $a_n = a_1 + (n-1)d$ (a_1 : 초항, d : 공차)

$(a_1 + a_2) : a_3 = 2 : 3$

$2a_3 = 3(a_1 + a_2)$

$2(a_1 + 2d) = 3(a_1 + a_1 + d)$

$2a_1 + 4d = 6a_1 + 3d \Rightarrow d = 4a_1$

$$\therefore \frac{a_7}{a_4 + a_6} = \frac{a_1 + 6d}{a_1 + 3d + a_1 + 5d} = \frac{a_1 + 24a_1}{2a_1 + 32a_1} = \frac{25a_1}{34a_1} = \frac{25}{34}$$

02 ③

$ad + bc + ca = abc$에서 양변을 abc로 나누면 ($\because abc \neq 0$) $\frac{1}{a} + \frac{1}{b} + \frac{1}{c} = 1$이다.

$\log_2 x = a \Rightarrow \log_x 2 = \frac{1}{a}$

$\log_3 x = b \Rightarrow \log_x 3 = \frac{1}{b}$

$\log_5 x = c \Rightarrow \log_x 5 = \frac{1}{c}$

$\log_x 2 + \log_x 3 + \log_x 5 = \frac{1}{a} + \frac{1}{b} + \frac{1}{c}$

$\log_x 30 = 1 \Rightarrow \therefore x = 30$

03 ①

$A^2 + A + E$의 역행렬이 $A^2 - A + E$이므로

$(A^2 + A + E)(A^2 - A + E) = E$

$A^4 + A^2 + E = E$

$A^2 = -E \; (\because A^4 = E)$

$A(-A) = E$

$A^{-1} = -A \cdots$ ㉠

또한 $A^4 = A^3 A = E$

$(A^3)^{-1} = (A^{-1})^3 = A \cdots$ ㉡

㉠, ㉡에 의해 $(A^{-1})^3 + A^{-1} = A + (-A) = O$

04 ④

$f(\alpha)=f(\beta)=f(\gamma)=-3$이므로 $f(\alpha)+3=f(\beta)+3=f(\gamma)+3=0$

즉, $f(x)+3=0$의 서로 다른 세 실근이 α, β, γ 다.

$f(x)+3=x^3-6x^2+3x+10=0$

근과 계수와의 관계에 의해

$\alpha+\beta+\gamma=6,\ \alpha\beta+\beta\gamma+\gamma\alpha=3$

$\therefore \alpha^2+\beta+\gamma^2=(\alpha+\beta+\gamma)^2-2(\alpha\beta+\beta\gamma+\gamma\alpha)=6^2-2\times3=36-6=30$

05 ④

$\sum_{n=1}^{\infty}\left(\frac{a_n}{4^n}-3\right)$이 수렴하므로 $\lim_{n\to\infty}\left(\frac{a_n}{4^n}-3\right)=0$ $\left(\sum_{n=1}^{\infty}a_n : \text{수렴} \Rightarrow \lim_{n\to\infty}a_n=0\right)$

$\lim_{n\to\infty}\frac{a_n}{4^n}=3$이므로,

$$\therefore \lim_{n\to\infty}\frac{a_n-4\cdot2^n}{a_n-2\cdot4^n}=\lim_{n\to\infty}\frac{\frac{a_n-4\cdot2^n}{4^n}}{\frac{a_n-2\cdot4^n}{4^n}}=\lim_{n\to\infty}\frac{\frac{a_n}{4^n}-4\cdot\frac{1}{2^n}}{\frac{a_n}{4^n}-2}=\frac{3-0}{3-2}=3$$

06 ②

직선 $y=ax$가 원 $(x-4)^2+y^2=\frac{4}{n^2}$에 접하므로

원의 중심 $(4, 0)$에서 직선 $y=ax$에 이르는 거리와 반지름 $\frac{2}{n}$이 동일하다.

$\frac{|4a|}{\sqrt{a^2+1}}=\frac{2}{n} \Rightarrow \frac{16a^2}{a^2+1}=\frac{4}{n^2}$

$16a^2n^2=4a^2+4 \Rightarrow 4a^2(4n^2-1)=4$

$a^2=\frac{1}{4n^2-1}$

$a=f(n)$이므로 $a^2=\{f(n)\}^2=\frac{1}{4n^2-1}=\frac{1}{(2n-1)(2n+1)}$

$$\begin{aligned}\therefore \sum_{n=1}^{10}\{f(n)\}^2&=\sum_{n=1}^{10}\frac{1}{(2n-1)(2n+1)}\\&=\sum_{n=1}^{10}\frac{1}{2}\left(\frac{1}{2n-1}-\frac{1}{2n+1}\right)\\&=\frac{1}{2}\left\{\left(\frac{1}{1}-\frac{1}{3}\right)+\left(\frac{1}{3}-\frac{1}{5}\right)+\left(\frac{1}{5}-\frac{1}{7}\right)+\cdots+\left(\frac{1}{19}-\frac{1}{21}\right)\right\}\\&=\frac{1}{2}\left(1-\frac{1}{21}\right)=\frac{1}{2}\cdot\frac{20}{21}=\frac{10}{21}\end{aligned}$$

07 ③

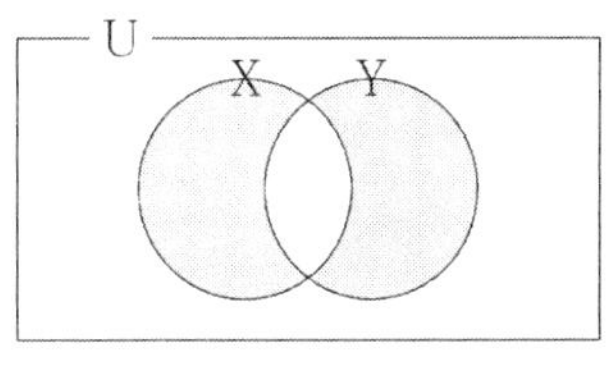

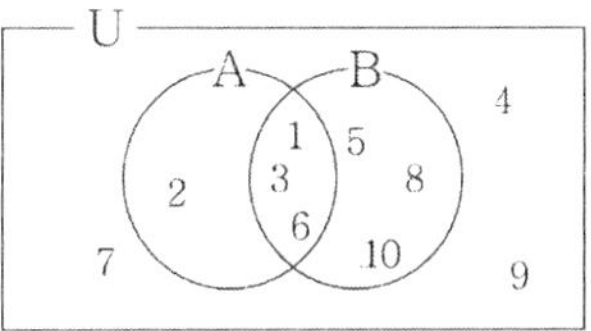

$X \triangle Y = (X - Y) \cup (Y - X)$

벤다이어그램을 그려보면

$U = \{x | x$는 10이하의 자연수$\} = \{1, 2, \cdots, 10\}$

$A = \{x | x$는 6의 약수$\} = \{1, 2, 3, 6\}$

$A \triangle B = \{2, 5, 8, 10\}$

조건에 맞게 벤다이어그램을 그리면

$_n(B) = 6$이므로 B의 부분집합의 개수는 $2^6 = 64$개다.

08 ④

$A+2E$, $A-2E$의 역행렬이 모두 존재하지 않으므로, $(A+2E)(A-2E)=0$

$A^2 - 4E = 0$

$(A+4E)(A-4E) + 12E = 0$

$(A+4E)(A-4E) = -12E$

$(A+4E)\left\{-\frac{1}{12}(A-4E)\right\} = E$이므로, $(A+4E)^{-1} = -\frac{1}{12}A + \frac{1}{3}E$

$p = -\frac{1}{12}$, $q = \frac{1}{3}$

$\therefore p+q = -\frac{1}{12} + \frac{1}{3} = \frac{1}{4}$

09 ①

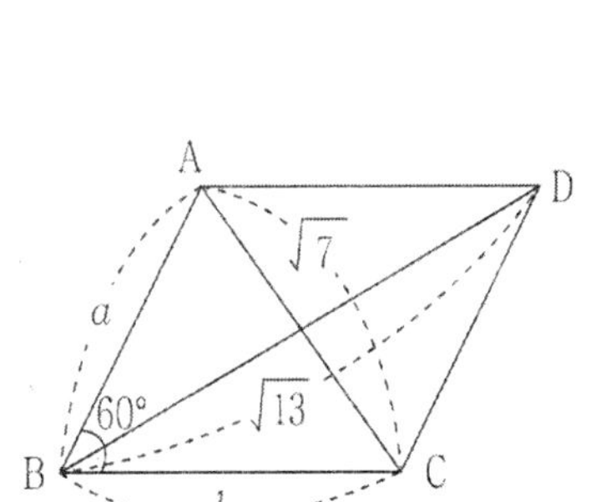

$\overline{AB} = a$, $\overline{BC} = b$라 할 때 평행사변형 $ABCD$의 넓이는

$\triangle ABC + \triangle ACD = 2\triangle ABD = a \times b \times \sin 60°$

$\frac{1}{2} \times \overline{AC} \times \overline{BD} \times \sin\theta = \frac{1}{2} \times \sqrt{7} \times \sqrt{13} \times \sin\theta$

$\frac{\sqrt{3}}{2} ab = \frac{\sqrt{91}}{2} sin\theta \Rightarrow \sqrt{3}\, ab = \sqrt{91} \times \sin\theta$ ⋯ ㉠

$\triangle ABC$에서 제 2코사인법칙을 적용하면

$(\sqrt{7})^2 = a^2 + b^2 - 2ab\cos 60° \Rightarrow 7 = a^2 + b^2 - ab$ ⋯ ㉡

$\triangle BCD$에서 제 2코사인법칙을 적용하면

$(\sqrt{13})^2 = a^2 + b^2 - 2ab\cos 120° \Rightarrow 13 = a^2 + b^2 + ab$ ⋯ ㉢

㉢-㉠을 하면 $ab = 3$

이를 ㉠에 대입하면, $3\sqrt{3} = \sqrt{91}\, sin\theta$, $\sin\theta = \frac{3\sqrt{3}}{\sqrt{91}}$

$\therefore \sin^2\left(\frac{3\sqrt{3}}{\sqrt{91}}\right)^2 = \frac{27}{91}$

10 ③

㉡에 의해 $5*3=3*5$이므로 $3*5$를 구해보면, ㉢에 의해

$$\frac{3*(3+2)}{3*2}=\frac{3*5}{3*2}=\frac{5}{2}\Rightarrow 3*5=\frac{5}{2}\times 3*2$$

$3*2=2*3$이므로 $\frac{2*(2+1)}{2*1}=\frac{2*3}{2*1}=3$

$2*3=3\times 2*1$

$2*1=1*2$이므로 $\frac{1*(1+1)}{1*1}=\frac{1*2}{1*1}=2$

$1*2=2\times 1*1$

㉠에 의해 $1*1=1+2=3$

$\therefore 5*3=\frac{5}{2}\times 3\times 2\times 3=45$

11 ③

유리함수가 $x>-2,\ y<5$에서 일대일 대응이려면 $x=-2,\ y=5$가 점근선이어야 한다.

$$f(x)=\frac{ax-b}{cx+d}=\frac{a\left(x+\frac{d}{c}\right)-\frac{ad}{c}-b}{c\left(x+\frac{d}{c}\right)}=\frac{-\frac{ad}{c}-b}{c\left(x+\frac{d}{c}\right)}+\frac{a}{c}$$

따라서 $x=-\frac{d}{c},\ y=\frac{a}{c}$가 $f(x)$의 점근선이다.

$x=-\frac{d}{c}=-2,\ \ y=\frac{a}{c}=5$

$\frac{d}{c}=2,\ \frac{a}{c}=5$를 만족하는 자연수 a, c, d를 구해보면,

$(a, c, d)=(5, 1, 2), (10, 2, 4), (15, 3, 6)$

따라서 $a+b+c+d$가 최소이려면, $(a, c, d)=(5, 1, 2)\Rightarrow b=1$

$a+b+c+d$가 최대이려면, $(a, c, d)=(15, 3, 6)\Rightarrow b=19$

$\therefore$ 최솟값+최댓값$=(5+1+1+2)+(15+19+3+6)=9+43=52$

12 ①

$|x+y|+|x-y|=1$의 그래프를 그려보면 다음과 같다.

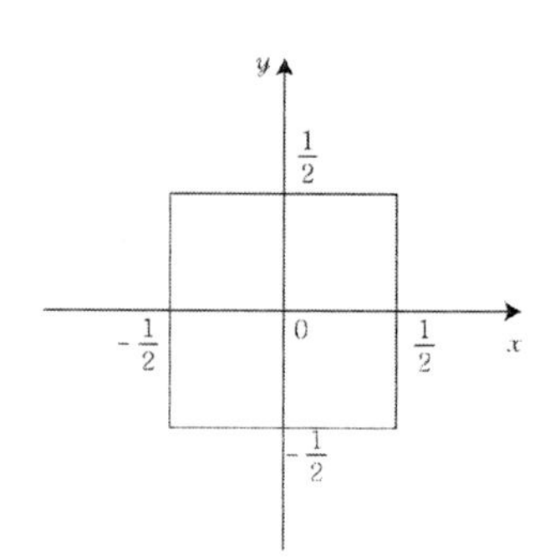

㉠ $x+y\geq 0,\ x-y\geq 0$인 경우

$x+y+x-y=1\Rightarrow\therefore\ x=\frac{1}{2}$

㉡ $x+y\geq 0,\ x-y<0$인 경우

$x+y-x+y=1\Rightarrow\therefore\ y=\frac{1}{2}$

㉢ $x+y<0$, $x-y\geq 0$인 경우

$$-x-y+x-y=1 \Rightarrow \therefore\ y=-\frac{1}{2}$$

㉣ $x+y<0$, $x-y<0$인 경우

$$-x-y-x+y=1 \Rightarrow \therefore\ x=-\frac{1}{2}$$

$x^2-6x+y^2-6y=k$라 하면, $(x-3)^2+(y-3)^2=18+k$

이는 중심이 $(3, 3)$이고 반지름이 $\sqrt{18+k}$ 인 원이며 그래프에서 $\left(-\frac{1}{2}, -\frac{1}{2}\right)$를 지날 때 반지름이 최대가 된다.

$$\left(-\frac{1}{2}-3\right)^2+\left(-\frac{1}{2}-3\right)^2=18+k$$

$$\frac{49}{4}+\frac{49}{4}-18=k$$

$$\therefore\ k=\frac{49}{2}-\frac{36}{2}=\frac{13}{2}$$

13 ②

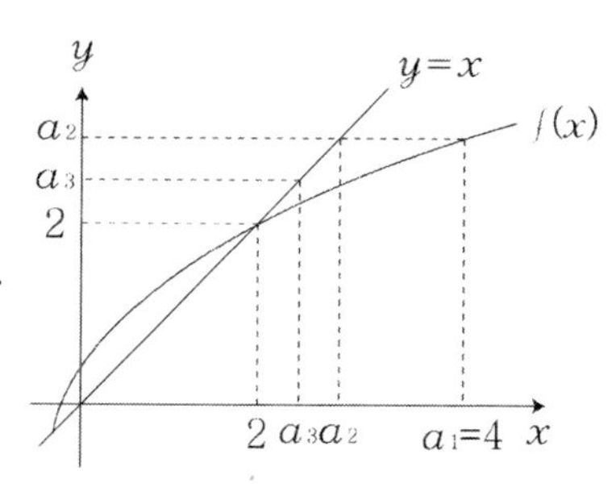

$f(x)=\sqrt{3x+3}-1$이라 하면

$f(a_1)=a_2$, $f(a_2)=a_3$, $\cdots$, $f(a_n)=a_{n+1}$

㉠ 그래프에서 $a_1>a_2>a_3\cdots$이므로 $a_n>a_{n+1}$이다.

㉡ 그래프에서 $a_1=4$이고, $\lim_{n\to\infty} a_n=2$이므로 $2<a_n<5$이다.

㉢ $\lim_{n\to\infty} a_n=2$

$$\lim_{n\to\infty}\left(3^{\sum_{k=1}^{n}\frac{1}{2^n}}\cdot 5^{\frac{1}{2^n}}\right)=\lim_{n\to\infty}\left(3^{1-\frac{1}{2^n}}\cdot 5^{\frac{1}{2^n}}\right)=3\cdot 5^0=3$$

따라서 ㉠, ㉡이 옳다.

14 ④

$$f(r)=\frac{1}{1-r}$$

$$\left|f(-0.1)-1-\sum_{k=1}^{n}(-0.1)^k\right|<10^{-7}$$

$$\left|\frac{1}{1-(-0.1)}-1-\frac{(-0.1)\{1-(-0.1)^n\}}{1-(-0.1)}\right|<10^{-7}$$

$$\left|\frac{1-1.1+0.1+(-0.1)^{n+1}}{1.1}\right|<10^{-7}$$

$$\left|\frac{(-0.1)^{n+1}}{1.1}\right|<0.0000001$$

$$|(-0.1)^{n+1}|<0.00000011$$

$n+1\geq 7$이므로 주어진 식을 만족시키는 가장 작은 자연수 $n=6$이다.

15 ①

㉠ $f(x)=ax+b$, $g(x)=mx+n$, $a\neq m$ 이면 $f(x)$, $g(x)$는 기울기가 다른 두 직선이므로 한 점에서 만난다. 따라서 $d(f, g)=0$

㉡ $f(x)=2$, $g(x)=x$, $h(x)=-x$라 하면 $g(x)+h(x)=0$이고, $f(x)$와 $g(x)$, $f(x)$와 $h(x)$는 한 점에서 만난다. $d(f, g+h)=2$, $d(f, g)=0$, $d(f, h)=0$이므로 $d(f, g+h)\leq d(f, g)+d(f, h)$는 거짓이다.

㉢ $f(x)=x+1$, $g(x)=x$, $h(x)=1$라 하면 $d(f, h)=0$이므로, $d(f, g)\cdot d(f, h)=0$이고 $g(x)h(x)=x$이므로 $f(x)$와 평행이다. 즉 $d(f, gh)>0$이므로 $d(f, gh)\leq d(f, g)\cdot d(f, h)$는 거짓이다.

따라서 ㉠만 옳다.

16 ③

$X(A, B)=\left\{i^m+\left(\frac{1}{i}\right)^k, m\in A, k\in B\right\}$

$1\leq m\leq 4, 1\leq k\leq 4$ 이므로 $X(A, B)$의 원소를 구해 표로 정리하면 다음과 같다.

	i^1	i^2	i^3	i^4
$\left(\frac{1}{i}\right)^1$	0	$-1-i$	$-2i$	$-1-i$
$\left(\frac{1}{i}\right)^2$	$-1+i$	-2	$-1-i$	0
$\left(\frac{1}{i}\right)^3$	$2i$	$-1+i$	0	$-1+i$
$\left(\frac{1}{i}\right)^4$	$-1+i$	0	$-1-i$	2

$X(A, B)=\{0, -2, 2, -1-i, -1+i, 1-i, 1+i, -2i, 2i\}$

㉠ $A=\{1\}$, $B=\{1, 2\}$

$X(A, B)=\{0, -1+i\}$

㉡ $n(X(A, B))$는 다른 경우라도 같은 수가 나올 수 있으므로 $n(A)\cdot n(B)$보다 작거나 같다.

㉢ $n(X(A, B))$의 최댓값은 9다.

따라서 ㉠, ㉡이 옳다.

17 ②

$7^{\log_3 x}\cdot x^{\log_3 5x}=1$의 양변에 밑이 3인 로그를 취하면

$\log_3\left(7^{\log_3 x}\cdot x^{\log_3 5x}\right)=\log_3 1 \Rightarrow \log_3 7^{\log_3 x}+\log_3 x^{\log_3 5x}=0$

$(\log_3 x)(\log_3 7)+(\log_3 5x)(\log_3 x)=(\log_3 x)(\log_3 7)+(\log_3 5+\log_3 x)(\log_3 x)=0$

$(\log_3 x)^2+(\log_3 5+\log_3 7)\times\log_3 x=(\log_3 x)(\log_3 x+\log_3 35)=0$

$\log_3 x=0$ or $\log_3 x=-\log_3 35 \Rightarrow x=1$ or $x=\frac{1}{35}$

두 근의 합은 $1+\frac{1}{35}=\frac{36}{35}=\frac{q}{p}$ 이므로

$\therefore p+q=35+36=71$

18 ②

3의 배수인 세 자리 자연수의 첫 항은 102, 끝항은 999이다. $999 = 102 + (n-1) \times 3$이면 $n = 300$이므로, 3의 배수인 세 자리 자연수는 총 300개다. 또한 3의 배수는 각 자리의 합이 3의 배수이므로 각 자리에 9가 포함된 3의 배수는 나머지 두 자리 수의 합이 3의 배수임을 이용하면 된다.

9를 제외한 두 자리 수를 순서쌍으로 나열해보면,

$(0, 0)$

$(0, 3)$, $(1, 2)$

$(0, 6)$, $(1, 5)$, $(2, 4)$, $(3, 3)$

$(0, 9)$, $(1, 8)$, $(2, 7)$, $(3, 6)$, $(4, 5)$

$(3, 9)$, $(4, 8)$, $(5, 7)$, $(6, 6)$

$(6, 9)$, $(7, 8)$

$(9, 9)$이다.

세 자리 정수 몇 개가 만들어지는지 보면

㉠ $(0, 0, 9)$, $(9, 9, 9)$: 900, 999의 2가지

㉡ $(0, 9, 9)$: 990, 909의 2가지

㉢ $(0, 3, 9)$, $(0, 6, 9)$와 같이 0이 포함되고 각 자리 수가 다른 경우 : $(2 \times 2 \times 1) \times 2 = 8$가지

㉣ $(1, 2, 9)$와 같이 각 자리 수가 다르고 0이 포함되지 않은 경우 : $(3 \times 2 \times 1) \times 10 = 60$가지

㉤ $(3, 3, 9)$와 같이 같은 수가 2개 포함된 경우 : $\frac{3!}{2!} \times 4 = 12$가지

㉠ + ㉡ + ㉢ + ㉣ + ㉤ = 84

$\therefore$ 구하는 확률 $= \frac{84}{300} = \frac{7}{25}$

19 ②

8월의 마지막 날은 31일이므로 5일 순찰을 하면 26일은 순찰을 하지 않는다. 연이어 순찰하지 않는 날을 구하려면 순찰하지 않는 날 사이에 순찰하는 날을 끼워 넣는 방법으로 쉽게 구할 수 있다. 순찰하지 않는 날 26일 사이에 총 27군데의 공간이 생기는데 이 중 5일만 선택하면 된다.

$\therefore {}_{27}C_5$

20 ⑤

$$V(\overline{X}) = \frac{V(X)}{n} \Rightarrow \frac{V(X)}{3} = \frac{17}{12} \Rightarrow V(X) = \frac{17}{4}$$

$$E(X^2) = 0^2 \times \frac{1}{3} + 3^2 \times a + 6^2 \times \left(\frac{2}{3} - a\right) = 9a + 24 - 36a = 24 - 27a$$

$$E(X) = 0 \times \frac{1}{3} + 3 \times a + 6 \times \left(\frac{2}{3} - a\right) = 3a + 4 - 6a = 4 - 3a$$

$V(X) = E(X^2) - \{E(X)^2\}$이므로

$$\frac{17}{4} = (24 - 27a) - (4 - 3a)^2 = (24 - 27a) - (16 - 24a + 9a^2) = -9a^2 - 3a + 8$$

$$36a^2 + 12a - 15 = 12a^2 + 4a - 5 = (6a + 5)(2a - 1) = 0$$

$$\therefore a = \frac{1}{2} \ (\because a \geq 0)$$

21 ⑤

$\log_{a_n} x + \log_{a_{n+1}} x = \log x$

$\dfrac{\log x}{\log a_n} + \dfrac{\log x}{\log a_{n+1}} + 1 = \log x$

$x \neq 1$이므로 양변을 $\log x$로 나누면

$\dfrac{1}{\log a_n} + \dfrac{1}{\log a_{n+1}} = 1$

$\log a_{n+1} = \dfrac{\log a_n}{\log a_n - 1}$

$\log a_2 = \dfrac{\log \frac{1}{10}}{\log \frac{1}{10} - 1} = \dfrac{-1}{-2} = \dfrac{1}{2} \Rightarrow \therefore a_2 = 10^{\frac{1}{2}}$

$\log a_3 = \dfrac{\frac{1}{2}}{\frac{1}{2} - 1} = -1 \Rightarrow \therefore a_3 = 10^{-1}$

$a_1 = 10^{-1}$, $a_2 = 10^{\frac{1}{2}}$, $a_3 = 10^{-1}$, $a_4 = 10^{\frac{1}{2}}$, $\cdots$이다.

$b_n = (a_1 a_2)(a_3 a_4) \cdots (a_{2n-1} a_{2n})$으로 보면 $b_n = \left(10^{-\frac{1}{2}}\right)\left(10^{-\frac{1}{2}}\right) \cdots \left(10^{-\frac{1}{2}}\right)$이므로 b_n은 항이 n개, 초항 $10^{-\frac{1}{2}}$, 공비 $10^{-\frac{1}{2}}$인 등비수열이다.

$\therefore \displaystyle\sum_{n=1}^{\infty} b_n = \dfrac{10^{-\frac{1}{2}}}{1 - 10^{-\frac{1}{2}}} = \dfrac{\frac{1}{\sqrt{10}}}{1 - \frac{1}{\sqrt{10}}} = \dfrac{1}{\sqrt{10} - 1} = \dfrac{\sqrt{10} + 1}{9}$

22 ④

㉠, ㉡에 의해 각 행과 각 열에는 0, 0, 1, 1이 들어간다. 따라서 배열방법은 $\dfrac{4!}{2!2!} = 6$가지이다.

1행의 성분이 1, 1, 0, 0인 한 가지 경우만 따져본 뒤 6을 곱하면 된다.

• 제1행, 제2행의 배열이 같은 경우

$\begin{pmatrix} 1\,1\,0\,0 \\ 1\,1\,0\,0 \\ 0\,0\,1\,1 \\ 0\,0\,1\,1 \end{pmatrix}$

3행과 4행은 한 가지로 결정된다.

• 제1행, 제2행의 한 열만 1인 경우

$\begin{pmatrix} 1&1&0&0 \\ 1&0&1&0 \\ 0&&&1 \\ 0&&&1 \end{pmatrix}$ $\begin{pmatrix} 1&1&0&0 \\ 1&0&0&1 \\ 0&&1& \\ 0&&1& \end{pmatrix}$ $\begin{pmatrix} 1&1&0&0 \\ 0&1&0&1 \\ &&0&1 \\ &&0&1 \end{pmatrix}$ $\begin{pmatrix} 1&1&0&0 \\ 0&1&1&0 \\ &0&&1 \\ &0&&1 \end{pmatrix}$

각 경우당 2가지씩(행렬의 빈자리에 의해) 존재하므로 8가지가 존재

• 제1행과 제2행에 같은 성분이 없는 경우

$$\begin{pmatrix} 1\,1\,0\,0 \\ 0\,0\,1\,1 \\ \\ \end{pmatrix}$$

제3행이 결정되며 제4행이 자연스럽게 정해지므로 제3행에만 1, 1, 0, 0을 배열하면 된다. 배열방법은 $\frac{4!}{2!2!}=6$가지이다.

따라서 $(1+8+6)\times 6=90$가지의 행렬이 가능하다.

23 ④

$1\_\ \_\ \_\ \_\ \_ \Rightarrow 5!=120$

$2\_\ \_\ \_\ \_\ \_ \Rightarrow 5!=120$

$3\_\ \_\ \_\ \_\ \_ \Rightarrow 5!=120$

$40\ \_\ \_\ \_\ \_ \Rightarrow 4!=24$

$41\ \_\ \_\ \_\ \_ \Rightarrow 4!=24$

$42\ \_\ \_\ \_\ \_ \Rightarrow 4!=24$

$430\ \_\ \_\ \_ \Rightarrow 3!=6$

$431\ \_\ \_\ \_ \Rightarrow 3!=6$

$432\ \_\ \_\ \_ \Rightarrow 3!=6$

총 개수가 450개이므로 450번째 항은 432로 시작하는 6자리 정수 중 가장 큰 수인 432510이다.

24 ⑤

$$f(x)=\log_2(x^2+x+1)-\log_2 x=\log_2\frac{x^2+x+1}{x}=\log_2\left(x+1+\frac{1}{x}\right)$$

$\left[\log_2\left(x+1+\frac{1}{x}\right)\right]=k$라 하면 ($k$는 자연수)

$$2^k \le x+1+\frac{1}{x} < 2^{k+1}$$

$2^k-1 \le x+\frac{1}{x} < 2^{k+1}-1$이므로

$1 \le x \le 2 \Rightarrow [f(x)]=1 \ \rightarrow 2$개

$3 \le x \le 6 \Rightarrow [f(x)]=2 \ \rightarrow 4$개

$7 \le x \le 14 \Rightarrow [f(x)]=3 \ \rightarrow 8$개

$\vdots$

$511 \le x \le 1022 \Rightarrow [f(x)]=9 \ \rightarrow 512$개

$S=[f(1)]+[f(2)]+\cdots+[f(1022)]=1\cdot 2^1+2\cdot 2^2+3\cdot 2^3+\cdots+9\cdot 2^9$

$S=1\cdot 2^1+2\cdot 2^2+3\cdot 2^3+\cdots+9\cdot 2^9$

$2S=\qquad 1\cdot 2^2+2\cdot 2^3+3\cdot 2^4+\cdots+9\cdot 2^{10}$

$S-2S=-S=(1\cdot 2+1\cdot 2^2+1\cdot 2^3+\cdots+1\cdot 2^9)-9\cdot 2^{10}$

$$\therefore S=-\frac{2(2^9-1)}{2-1}+9\cdot 2^{10}=9\cdot 2^{10}-2^{10}+2=8\cdot 2^{10}+2=2^{13}+2$$

25 ②

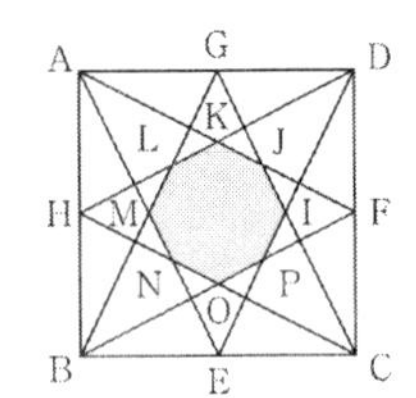

$\square ABCD$에서 삼각형들을 빼서 수사망의 넓이를 구하자.

㉠ $\triangle CEI$와 $\triangle BHO$, $\triangle AGM$, $\triangle DFK$는 모두 합동이다.

밑면이 1, 높이가 1이므로 삼각형 하나의 넓이는 $1\times1\times\frac{1}{2}=\frac{1}{2}$

㉡ $\triangle BDC$의 무게중심이 P이므로

$\triangle BEP$은 $\triangle BDC$의 $\frac{1}{6}$

$\therefore\ \triangle BEP=2\times2\times\frac{1}{2}\times\frac{1}{6}=\frac{1}{3}$

마찬가지로 $\triangle ABC$의 무게중심은 N, $\triangle ABD$의 무게중심은 L, $\triangle ACD$의 무게중심은 J이므로 $\triangle AHN$, $\triangle DGL$, $\triangle CFJ$ 모두 $\triangle BEM$과 넓이가 같다.

㉠, ㉡에 의해 $(2\times2)-\left(\frac{1}{2}\times4+\frac{1}{3}\times4\right)=4-\left(2+\frac{4}{3}\right)=\frac{2}{3}$

06 2011학년도 정답 및 해설

01 ①

$$a=\log_9(7-4\sqrt{3})=\frac{1}{2}\log_3(7-4\sqrt{3})=\log_3\sqrt{7-4\sqrt{3}}$$

$$=\log_3\sqrt{7-2\sqrt{12}}=\log_3(2-\sqrt{3})$$

$$3^a+3^{-a}=3^{\log_3(2-\sqrt{3})}+3^{-\log_3(2-\sqrt{3})}$$

$$=3^{\log_3(2-\sqrt{3})}+3^{\log_3\frac{1}{(2-\sqrt{3})}}$$

$$=(2-\sqrt{3})+\frac{1}{(2-\sqrt{3})}=4$$

$\therefore\ 3^a+3^{-a}=4$

02 ⑤

$A=\begin{pmatrix} a & b \\ c & d \end{pmatrix}$라 하면,

$A\begin{pmatrix} x \\ y \end{pmatrix}=\begin{pmatrix} x \\ y \end{pmatrix}$와 $A\begin{pmatrix} x \\ y \end{pmatrix}=\begin{pmatrix} y \\ x \end{pmatrix}$의 해가 무수히 많을 경우

$\begin{pmatrix} a & b \\ c & d \end{pmatrix}\begin{pmatrix} x \\ y \end{pmatrix}=\begin{pmatrix} x \\ y \end{pmatrix}\Rightarrow\begin{pmatrix} a-1 & b \\ c & d-1 \end{pmatrix}\begin{pmatrix} x \\ y \end{pmatrix}=\begin{pmatrix} 0 \\ 0 \end{pmatrix}$

$D=(a-1)(d-1)-bc=0\Rightarrow ad-a-d+1-bc=0$ ⋯㉠

$\begin{pmatrix} a & b \\ c & d \end{pmatrix}\begin{pmatrix} x \\ y \end{pmatrix}=\begin{pmatrix} y \\ x \end{pmatrix}\Rightarrow\begin{pmatrix} a & b-1 \\ c-1 & d \end{pmatrix}\begin{pmatrix} x \\ y \end{pmatrix}=\begin{pmatrix} 0 \\ 0 \end{pmatrix}$

$D=ad-(b-1)(c-1)=0\Rightarrow ad=bc-b-c+1=0$ ⋯㉡

㉠을 ㉡에 대입하면

$\therefore a+b+c+d=2$

03 ②

㉡에 의해 $f(x)=\dfrac{k}{x-1}-2$(k는 상수)라 할 수 있다.

원점을 지나므로 $f(0)=-k-2$에서 $k=-2$

$f(x)=\dfrac{-2}{x-1}-2=\dfrac{-2x}{x-1}$

$f^{-1}(x)=\dfrac{x}{x+2}\left(\because f(x)=\dfrac{ax+b}{cx+d}\Rightarrow f^{-1}(x)=\dfrac{-dx+b}{cx-a}\right)$

$\therefore f^{-1}(-1)=-1$

04 ⑤

㉠ 밑이 1인 경우

$x^2-2x=1 \Rightarrow x^2-2x-1=0 \Rightarrow \therefore x=1\pm\sqrt{2}$

㉡ 지수가 0인 경우

$x^2+6x+5=0 \Rightarrow \therefore x=-1 \text{ or } -5$

㉢ 밑이 -1이고, 지수가 짝수인 경우

$x^2-2x=-1$일 때 $x=1$이므로, $x^2+6x+5=12$

따라서 $(-1)^{12}=1$이므로 성립

∴㉠, ㉡, ㉢에 의해 실수 x의 개수는 5개다.

05 ②

두 명의 경찰관이 넓이의 합이 같아지도록 구역을 맡으려면

총 6개 구역 넓이의 합이 $4\times2+2\times4=16km^2$이어야 하므로 $8km^2$이 되도록 하면 된다.

㉠ 한 경찰관이 A, B구역을 맡고, 다른 경찰관이 C, D, E, F구역을 맡아 순찰하는 방법의 수는 $2\times2!\times4!=96$(가지)

㉡ 한 경찰관이 A, B 중 하나와 C, D, E, F 중 2개 구역을 맡고, 다른 경찰관이 나머지를 맡아 순찰하는 방법의 수는 $2\times{}_4C_2\times3!\times3!=432$(가지)

∴㉠, ㉡에 의해 $96+432=528$(가지)

06 ③

상담전화 통화시간을 확률변수 X라 하면 X는 정규분포를 따른다. $\Rightarrow X\sim N(8, 2^2)$

$\Rightarrow \overline{X}\sim N(8, 1^2)$

임의로 선택한 4통의 통화 시간의 평균은 $\overline{X}$이고, $\overline{X}$도 정규분포를 따른다.

$$\therefore P\left(\overline{X}\geq\frac{30}{4}\right)=P\left(Z\geq\frac{30}{4}-8\right)$$

$$=P\left(Z\geq-\frac{1}{2}\right)=P\left(0\leq Z\leq\frac{1}{2}\right)+0.5=0.692$$

07 ⑤

네 변의 길이 $\overline{AB}, \overline{BC}, \overline{CD}, \overline{DA}$ 가 순서대로 공비 $\sqrt{2}$ 인 등비수열을 이루므로, $\overline{AB}=a$라 하면 $\overline{BC}=\sqrt{2}a$, $\overline{CD}=2a$, $\overline{DA}=2\sqrt{2}a$다. 또한 $\angle ABC=\theta$이고 원에 내접하는 사각형이므로 $\angle ABC=\pi-\theta$다.

$\triangle ABC$와 $\triangle ADC$에 제2코사인법칙을 적용하면

$$\overline{AC}^2=a^2+2a^2-2\sqrt{2}a^2\cos(\pi-\theta)=4a^2+8a^2-8\sqrt{2}a^2\cos\theta$$

$$3a^2+2\sqrt{2}a^2\cos\theta=12a^2-8\sqrt{2}a^2\cos\theta \quad \left(\because 0<\theta<\frac{\pi}{2}\Rightarrow\frac{\pi}{2}<\pi-\theta<\pi\right)$$

$$10\sqrt{2}\cos\theta=9$$

$$\therefore \cos\theta=\frac{9}{10\sqrt{2}}=\frac{9\sqrt{2}}{20}$$

08 ②

$z=a+bi$ (a, b는 실수)라 하면, $\bar{z}=a-bi$다.

$\frac{z-\bar{z}}{i}=\frac{a+bi-a+bi}{i}=2b<0$

• $\frac{z}{1+z^2}$를 유리화하면 $\frac{z(1+\overline{z^2})}{(1+z^2)(1+\overline{z^2})}$이고, 실수이므로

$z(1+\overline{z^2})=(a+bi)(1+a^2-2abi-b^2)$의 허수부분이 0이면 된다.

$-2a^2bi+bi+a^2bi-b^3i=0$

$a^2+b^2-1=0$ ⋯ ㉠

• $\frac{z^2}{1+z}$를 유리화하면 $\frac{z^2(1+\bar{z})}{(1+z)(1+\bar{z})}$이고 실수이므로 $z^2(1+\bar{z})=(a^2+2abi-b^2)$

$(1+a-bi)$의 허수 부분이 0이면 된다.

$-a^2bi+2abi+2a^2bi+b^3i=0$

$a^2+2a+b^2=0$ ⋯ ㉡

㉠과 ㉡을 연립하면

$2a=-1 \Rightarrow a=-\frac{1}{2}$

$b^2=-\frac{1}{4}+1=\frac{3}{4} \Rightarrow b=-\frac{\sqrt{3}}{2}$ $(\because b<0)$

$\therefore z=a+bi=-\frac{1}{2}-\frac{\sqrt{3}}{2}i$

09 ④

$\omega^2+\omega+1=0$ 이므로 $\omega^3=1$

$$x+y+z=\alpha-\beta+\alpha\omega-\beta\omega^2+\alpha\omega^2-\beta\omega$$
$$=\alpha(\omega^2+\omega+1)-\beta(\omega^2+\omega+1)$$
$$=(\alpha-\beta)(\omega^2+\omega+1)=0$$

$$xyz=(\alpha-\beta)(\alpha\omega-\beta\omega^2)(\alpha\omega^2-\beta\omega)$$
$$=(\alpha-\beta)(\alpha^2\omega^3-\alpha\beta\omega^2-\alpha\beta\omega^4+\beta^2\omega^3)$$
$$=(\alpha-\beta)\{\alpha^2-\alpha\beta(\omega+\omega^2)+\beta^2\}\ (\because \omega^3=1)$$
$$=(\alpha-\beta)\{\alpha^2+\alpha\beta+\beta^2\}\ (\because \omega+\omega^2=-1)$$
$$=\alpha^3-\beta^3$$

$$\therefore x^3+y^3+z^3=(x+y+z)(x^2+y^2+z^2-xy-yz-zx)+3xyz$$
$$=3xyz=3(\alpha^3-\beta^3)$$

10 ①

$$(x^3+3x^2+3x+a)^4=\frac{4!}{p!q!r!s!}(x^3)^p(3x^2)^q(3x)^r(a)^s=\frac{4!}{p!q!r!s!}3^q3^ra^sx^{3p+2q+r}$$

(단, $p+q+r+s=4,\ p\geq 0,\ q\geq 0,\ r\geq 0,\ s\geq 0$)

x^7이 나오는 경우는 $p+q+r+s=1,\ 3p+2q+r=7$을 만족하는 경우이므로

$(p,\ q,\ r,\ s)=(1,\ 1,\ 2,\ 0),\ (1,\ 2,\ 0,\ 1),\ (0,\ 3,\ 1,\ 0),(2,\ 0,\ 1,\ 1)$

x^7의 계수를 구하면, $\frac{4!}{2!}\times 3\times 3^2+\frac{4!}{2!}\times 3\times a+\frac{4!}{3!}\times 3^3\times 3+\frac{4!}{2!}\times 3\times a=2^3\times 3^5$

$2^2\times 3^4+2^2\times 3^3\times a+2^2\times 3^4+2^2\times 3^2\times a=2^3\times 3^5$

$2^2\times 3^2(3a+a)=2^3\times 3^5-2^3\times 3^4\Rightarrow 2^4\times 3^2\times a=2^4\times 3^4\Rightarrow\therefore\ a=3^2=9$

11 ④

$y=\frac{1}{3}\log_2 x$와 $y=\cos 3\pi x$의 교점의 개수를 구하면 된다.

$y=\cos 3\pi x$의 주기는 $\frac{2}{3}$이고, 범위는 $-1\leq\cos 3\pi x\leq 1$이다.

또한 $y=\frac{1}{3}\log_2 x$는 $\left(\frac{1}{8},\ -1\right),\ (8,\ 1),\ (1,\ 0)$을 지난다.

그래프를 그려보면 $0\leq x\leq 8$까지 $y=\cos 3\pi x$는 총 12번 그려지고, $0\leq x\leq 8$까지 $y=\cos 3\pi x$가 한 번 그려질 때,

$y=\frac{1}{3}\log_2 x$와 2개의 교점을 갖고 $y=8$에서 한 개의 교점이 존재하며, $x>8$에서는 교점이 없다.

$\therefore$ 실근 x는 $12\times 2+1=25$개다.

12 ⑤

원점을 B, x축을 $\overline{BC}$로, y축을 $\overline{AB}$라 할 때, $C(p,\ 0)$, $A(0,\ q)$이라면 직선 $\overline{BD}$의 방정식은 $y=\frac{q}{p}x$

한편, 직선 $y=\frac{q}{p}x$에 수직이고, A를 지나는 직선의 방정식은 $y=-\frac{p}{q}x+q$이다.

이 두 직선의 교점 $E(p-b,\ a)$이므로

$\frac{q}{p}x=-\frac{p}{q}x+q$에서 $\left(\frac{q}{p}+\frac{p}{q}\right)x=q$, 즉 $x=\frac{pq^2}{p^2+q^2}=p-b$

$b=\frac{p^3}{p^2+q^2}$, $a=\frac{q}{p}\frac{pq^2}{p^2+q^2}=\frac{q^3}{p^2+q^2}$

따라서 $a^{\frac{2}{3}}+b^{\frac{2}{3}}=\frac{p^2+q^2}{(p^2+q^2)^{\frac{2}{3}}}=(p^2+q^2)^{\frac{1}{3}}$

$\therefore\ (p^2+q^2)^{\frac{1}{2}}=\left(a^{\frac{2}{3}}+b^{\frac{2}{3}}\right)^{\frac{3}{2}}$

13 ④

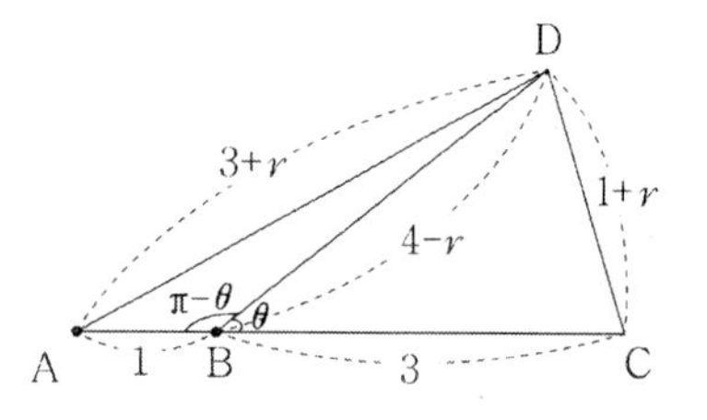

중심이 D인 원의 반지름을 r이라 하고, $\angle DBC=\theta$라 하자.

$\triangle ABD$와 $\triangle BCD$에 각각 제2코사인법칙을 적용하면

$$\cos\theta=\frac{(4-r)^2+3^2-(1+r)^2}{2\cdot3\cdot(4-r)}$$

$$=\frac{16-8r+r^2+9-1-2r-r^2}{6\cdot(4-r)}$$

$$=\frac{12-5r}{12-3r}\ \cdots ㉠$$

$$\cos(\pi-\theta)=\frac{(4-r)^2+1^2-(3+r)^2}{2(4-r)}$$

$$=\frac{16-8r+r^2+1-9-6r-r^2}{2(4-r)}$$

$$=\frac{4-7r}{4-r}\Rightarrow\cos\theta=\frac{7r-4}{4-r}\ \cdots ㉡$$

㉠=㉡ 이므로 $\dfrac{12-5r}{12-3r}=\dfrac{7r-4}{4-r}$

$(12-5r)(4-r)=(7r-4)(12-3r)$

$13r^2-64r+48=(13r-12)(r-4)=0$

$\therefore r=\dfrac{12}{13}\ (\because r\neq4)$

14 ③

일평균 상대습도가 72%이고 일평균 기온이 30°C일 때의 부패지수와 일평균 상대습도가 h%이고 일평균 기온이 5°C일 때의 부패지수가 같으므로

$$\frac{72-65}{14}\times1.05^{30}=\frac{h-65}{14}\times1.05^{5}\Rightarrow1.05^{25}=\frac{h-65}{7}$$

양변에 상용로그를 취하면

$$\log\frac{h-65}{7}=25\log1.05$$

$$\log\frac{h-65}{7}=0.525$$

$$\frac{h-65}{7}=3.35\Rightarrow h=88.45$$

$\therefore 88<h<89$

15 ⑤

S에 속하는 서로 다른 임의의 두 수의 합이 5의 배수가 아니려면 5로 나눈 나머지가 1과 2인 수들로 이루어지거나, 나머지가 3과 4인 수들로 이루어져야 한다. 507 이하의 자연수 중에서 원소의 개수가 최대여야 하므로 5로 나눈 나머지가 1과 2인 수들과 5의 배수 한 개를 포함한 것이다.

㉠ 5로 나눈 나머지가 1인 것의 개수

$5k-4 \le 507$

$k \le 102.2$

따라서 102개다.

㉡ 5로 나눈 나머지가 2인 것의 개수

$5n-3 \le 507$

$k \le 102$

따라서 102개다.

㉠, ㉡에서 집합 S가 가질 수 있는 원소의 최대 개수와 5의 배수 한 개를 포함한 최댓값은 $102+102+1=205$이다.

16 ③

$\overline{P_nP_{n+1}}=2\overline{P_{n-1}P_n}$ 이고, $\overline{P_1P_2}=1$ 이므로 $\overline{P_nP_{n+1}}=2^{n-1}$

$\overline{AP_n}^2+\overline{P_nP_{n+1}}^2=\overline{AP_{n+1}}^2$

$\overline{AP_{n+1}}^2-\overline{AP_n}^2=\overline{P_nP_{n+1}}^2$

$\overline{AP_{n+1}}^2-\overline{AP_n}^2=4^{n-1}$ 이므로 $\overline{AP_n}^2$은 계차수열이다.

$$\overline{AP_n}^2=\overline{AP_1}^2+\sum_{k=1}^{n-1}4^{k-1}=1+\frac{4^{n-1}-1}{4-1}=\frac{1}{3}\cdot 4^{n-1}+\frac{2}{3}$$

$$\therefore \lim_{n\to\infty}\left(\frac{\overline{P_nP_{n+1}}}{\overline{AP_n}}\right)^2=\lim_{n\to\infty}\left(\frac{4^{n-1}}{\frac{1}{3}\cdot 4^{n-1}+\frac{2}{3}}\right)=3$$

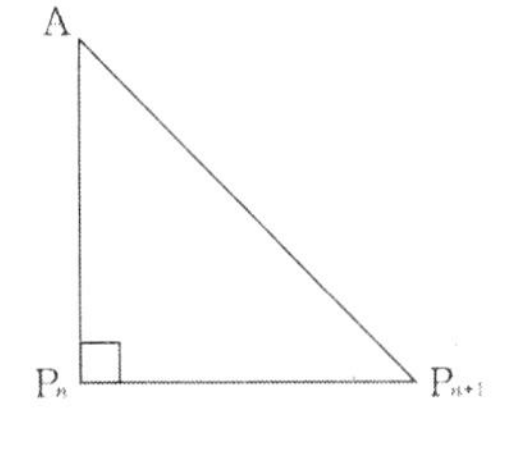

17 ③

$xy(x^2+y^2-1)(x^2-y+2)>0$의 영역을 표시하면 다음과 같다. (단, 경계선 제외)

$A\cap B$의 도형의 길이가 2가 되도록 하려면 $y=-kx$가 빗금친 영역을 지나야 한다. k는 양수이므로 k가 최댓값을 가지려면 $y=x^2+2$의 그래프에 접해야 한다.

$x^2+2=-kx \Rightarrow x^2+kx+2=0$

해가 하나이므로 판별식 $D=0$을 만족해야 한다.

$k^2-8=0$

$\therefore k=2\sqrt{2}$ ($\because k$는 최댓값)

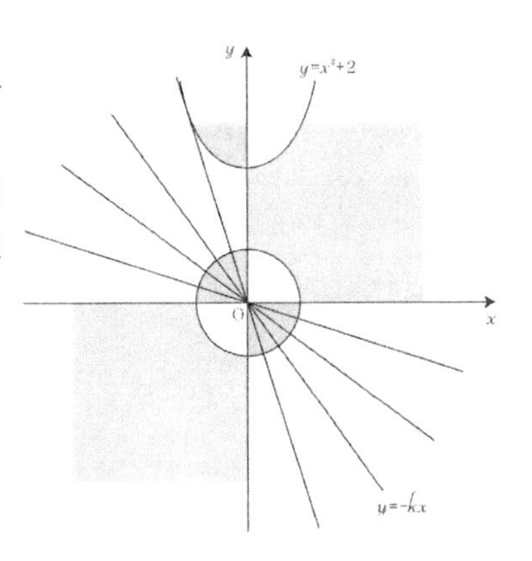

18 ④

등차수열의 합은 이차식이므로 S_n^2과 T_n^2은 4차식이다. $S_n^2-T_n^2=n^2(n+1)$은 3차식이므로 S_n^2과 T_n^2의 4차항의 계수가 같음을 알 수 있다.

등차수열의 합의 이차항의 계수는 $\frac{d}{2}$이므로 $\{a_n\}$과 $\{b_n\}$은 공차의 절댓값이 같다고 볼 수 있다.

$\{a_n\}$의 공차를 d라 하면 $\{b_n\}$의 공차는 $-d$다.

$S_1^2-T_1^2=a_1^2-b_1^2=(a_1+b_1)(a_1-b_1)=(b_1+1+b_1)(b_1+1-b_1)=2$

$2b_1+1=2 \Rightarrow b_1=\frac{1}{2}$

$a_1=\frac{1}{2}+1=\frac{3}{2}$

$S_2^2-T_2^2=(S_2+T_2)(S_2-T_2)=(a_1+a_2+b_1+b_2)(a_1+a_2-b_1-b_2)=12$

$(3+d+1-d)(3+d-1+d)=12$

$4(2+2d)=12 \Rightarrow 1+d=\frac{3}{2} \Rightarrow d=\frac{1}{2}$

$\therefore a_{20}b_{20}=\left(\frac{3}{2}+\frac{19}{2}\right)\left(\frac{1}{2}-\frac{19}{2}\right)=11\times(-9)=-99$

19 ①

$x>1$이고 $|\log_x n|=\log_x n=2$일 때 n은 최대가 되므로 $f(x)=x^2$

$0<x<1$일 때 $f(x)=\frac{1}{x^2}$

따라서 $f(x)=f\left(\frac{1}{x}\right)$

㉠ $f(2)=2^2=4$

㉡ $f(2)=f\left(\frac{1}{2}\right)=4$, $f(3)=f\left(\frac{1}{3}\right)=9$일 때 $f\left(\frac{1}{2}\right)<f\left(\frac{1}{3}\right)$

㉢ $f\left(\frac{1}{x}\right)=f(x)=x^2\leq 30$을 만족하는 1이 아닌 자연수 x는 2, 3, 4, 5로, 4개이다.

∴ 참인 명제는 ㉠이다.

20 ①

$a_n = ar^{n-1}$

㉠ $r=1$인 경우 $S_n = na$

$$\lim_{n\to\infty}\frac{S_n - a_n^2}{a_n} = \lim_{n\to\infty}\frac{an - a^2}{a} \Rightarrow \text{발산}$$

㉡ $|r| \neq 1$인 경우 $S_n = \dfrac{a(1-r^n)}{1-r}$

$$\lim_{n\to\infty}\frac{S_n - a_n^2}{a_n} = \lim_{n\to\infty}\left\{\frac{\frac{a(1-r^n)}{1-r}}{ar^{n-1}} - ar^{n-1}\right\} = \lim_{n\to\infty}\left\{\frac{1-r^n}{r^{n-1}(1-r)} - ar^{n-1}\right\}$$

$|r|>1$인 경우와 $|r|<1$인 경우 모두 발산한다.

㉢ $r=-1$인 경우

$$S_n = a - a + a - a + \cdots = \begin{cases} 0 & (n : \text{짝수}) \\ a & (n : \text{홀수}) \end{cases}$$

n이 짝수일 때, $\displaystyle\lim_{n\to\infty}\frac{S_n - a_n^2}{a_n} = \lim_{n\to\infty}\frac{0-a^2}{-a} = a$

n이 홀일 때, $\displaystyle\lim_{n\to\infty}\frac{S_n - a_n^2}{a_n} = \lim_{n\to\infty}\frac{a-a^2}{a} = 1-a$

$r=-1$인 경우에 수렴해야 하므로 $a = 1-a \Rightarrow a = \dfrac{1}{2}$

$a_n = \dfrac{1}{2}(-1)^{n-1}$

$\therefore a_{10} = -\dfrac{1}{2}$

21 ⑤

㉠ $A=\begin{pmatrix} 1 & 1 \\ -1 & 0 \end{pmatrix}$이라 하자. 케일리-헤밀턴 정리에 의해 $A^2 - A + E = 0$, $A^3 = -E$

$A^2 = A - E = \begin{pmatrix} 0 & 1 \\ -1 & -1 \end{pmatrix} \in M$

$A^3 = -E \in M$, $A^4 = -A \in M$, $A^5 = -A^2 \in M$, $A^6 = E \in M \cdots$

따라서 $A^n = \{A,\ A^2,\ -E,\ -A, -A^2,\ E\} \in M$

㉡ $a+b=0$일 확률은

$(a,b) = (-1, 1), (1, -1), (0, 0)$인 경우 c와 d는 집합 S의 원소가 무엇이든 가능하므로

$P(B) = \dfrac{3}{3^2} = \dfrac{1}{3}$

㉢ $P(A\cap B)$를 구해보면

$(a, b)=(1, -1)$일 때 $(c, d)=(-1, 1), (1, -1), (0, 0)$

$(a, b)=(-1, 1)$일 때 $(c, d)=(-1, 1), (1, -1), (0, 0)$

$(a, b)=(0,0)$일 때 (c, d)는 어떤 경우라도 상관없다.

$$P(A\cap B)=\frac{3}{3^4}+\frac{3}{3^4}+\frac{3^2}{3^4}=\frac{2\times3+3^2}{3^4}=\frac{5}{3^3}$$

$$\therefore P(A|B)=\frac{P(A\cap B)}{P(B)}=\frac{\frac{5}{3^3}}{\frac{1}{3}}=\frac{5}{3^2}=\frac{5}{9}$$

따라서, ㉠, ㉡, ㉢ 모두 참이다.

22 ④

계수가 모두 정수이고 $f(x)=0$의 정수근이 존재하므로 정수근을 α라 하면,

$f(x)=(x-\alpha)(x^2+mx+n)$ (단, α, m, n은 정수)

$f(7)=(7-\alpha)(7^2+7m+n)=-3$

$f(11)=(11-\alpha)(11^2+11m+n)=73$

-3과 73은 소수이므로 $7-\alpha=\pm3$, $7-\alpha=\pm1$이라 할 수 있다.

㉠ $7-\alpha=3$일 때 $\alpha=4\Rightarrow11-\alpha=11-4=7$이므로 성립 불가능하다.

㉡ $7-\alpha=-3$일 때 $\alpha=10\Rightarrow11-\alpha=11-10=1$이므로 성립 가능하다.

㉢ $7-\alpha=1$일 때 $\alpha=6\Rightarrow11-\alpha=11-6=5$이므로 성립 불가능하다.

㉣ $7-\alpha=-1$일 때 $\alpha=8\Rightarrow11-\alpha=11-8=3$이므로 성립 불가능하다.

㉡인 경우만 성립 가능하므로 $\alpha=10$이다.

23 ②

$x_{n+1}=y_n=f(x_n)=2x_n(1-x_n)$

㉠ $1-2x_{n+1}=1-2y_n=1-2\cdot2x_n(1-x_n)$

$=1-4x_n+4x_n^2=(1-2x_n)^2$

$x\neq\frac{1}{2}$일 때 양변의 상용로그를 잡으면 $\log|1-2x_{n+1}|=2\log|1-2x_n|$

$\therefore a_n=\log|1-2x_n|=2^{n-1}\log|1-2x_1|$

㉡ $a_n = 2^{n-1}\log|1-2x_1|$에서

$0 < x_1 < 1$이므로 $0 < |1-2x_1| < 1$이고 $\log|1-2x_1| < 0$이다.

$\lim_{n\to\infty} a_n = \lim_{n\to\infty} \log|1-2x_n| = -\infty$이므로 $\lim_{n\to\infty} |1-2x_n| = 0 \Rightarrow \lim_{n\to\infty} x_n = \frac{1}{2}$

$$\lim_{n\to\infty} y_n = \lim_{n\to\infty} f(x_n) = \lim_{n\to\infty} 2x_n(1-x_n)$$

$$= 2\cdot\frac{1}{2}\left(1-\frac{1}{2}\right) = \frac{1}{2}$$

$\therefore \lim_{n\to\infty} x_n = \frac{1}{2}$, $\lim_{n\to\infty} y_n = \frac{1}{2}$

㉢ $a_n = 2^{n-1}\log|1-2x_1|$ 에서 $x_1 < 0$이므로 $|1-2x_1| > 0$이다.

$\lim_{n\to\infty} a_n = \lim_{n\to\infty} \log|1-2x_n| = \infty$이므로 $\lim_{n\to\infty} |1-2x_n| = \infty \Rightarrow \lim_{n\to\infty} |x_n| = \infty$

$x_n < 0(n=1, 2, \cdots)$이므로 $\lim_{n\to\infty} x_n = -\infty$

따라서 ㉠, ㉡이 옳다.

24 ②

$(n, \log_2 n)$과 $(\log_2 n, n)$을 잇는 직선은 $y = -(x-n) + \log_2 n$이다.

선분 위의 점 중 x좌표와 y좌표가 모두 정수인 점은 $\log_2 n$일 때이므로

$n = 2^k (k = 정수)$ 꼴이어야 하고 $1 \le n \le 2011$이므로 $0 \le k \le 10$이다.

$\log_2 n \le x \le n$이므로 x좌표의 정수 점의 개수는 $n - \log_2 n + 1$이고

x좌표와 y좌표 모두 정수인 점의 개수는 $a_{2^k} = 2^k - \log_2 2^k + 1$이다.

$$\therefore \sum_{n=1}^{2011} a_n = \sum_{k=0}^{10} (2^k - k + 1)$$

$$= \sum_{k=1}^{11} \{2^{k-1} - (k-1) + 1\}$$

$$= \sum_{k=1}^{11} 2^{k-1} - \sum_{k=1}^{11} k + \sum_{k=1}^{11} 2$$

$$= \frac{2^{11}-1}{2-1} - \frac{11\cdot 12}{2} + 22$$

$$= 2003$$

25 ③

㉠ $\frac{1}{2}<x<1$일 때, $1<\frac{1}{x}<2 \Rightarrow \left[\frac{1}{x}\right]=1$, $g(x)=\frac{1}{1+2}=\frac{1}{3}$

㉡ $\frac{1}{3}<x \le \frac{1}{2}$일 때, $2 \le \frac{1}{x}<3 \Rightarrow \left[\frac{1}{x}\right]=2$, $g(x)=\frac{1}{2+2}=\frac{1}{4}$

㉠+㉡ 에 의해

$$\frac{1}{n+1}<x \le \frac{1}{n} \Rightarrow n \le \frac{1}{x}<n+1 \Rightarrow \left[\frac{1}{x}\right]=n$$

$$\therefore\ g(x)=\frac{1}{\left[\frac{1}{x}\right]+2}=\frac{1}{n+2}$$

$\frac{1}{n+1}<x \le \frac{1}{n}$에서 영역 $R(g)$의 넓이는 $\left(\frac{1}{n}-\frac{1}{n+1}\right)\frac{1}{n+2}$이므로

$0<x<1$에서 영역 $R(g)$의 넓이S는 다음과 같다.

$$S=\sum_{n=1}^{\infty}\left(\frac{1}{n}-\frac{1}{n+1}\right)\frac{1}{n+2}$$

$$=\sum_{n=1}^{\infty}\frac{1}{n(n+2)}-\sum_{n=1}^{\infty}\frac{1}{(n+1)(n+2)}$$

$$=\lim_{n\to\infty}\frac{1}{2}\left\{\left(1-\frac{1}{3}\right)+\left(\frac{1}{2}-\frac{1}{4}\right)+\left(\frac{1}{3}-\frac{1}{5}\right)+\cdots+\left(\frac{1}{n-1}-\frac{1}{n+1}\right)+\left(\frac{1}{n}-\frac{1}{n+2}\right)\right\}$$

$$-\lim_{n\to\infty}\left\{\left(\frac{1}{2}-\frac{1}{3}\right)+\left(\frac{1}{3}-\frac{1}{4}\right)+\cdots+\left(\frac{1}{n+1}-\frac{1}{n+2}\right)\right\}$$

$$=\frac{1}{2}\lim_{n\to\infty}\left(1+\frac{1}{2}-\frac{1}{n+1}-\frac{1}{n+2}\right)-\lim_{n\to\infty}\left(\frac{1}{2}-\frac{1}{n+2}\right)$$

$$=\frac{1}{2}\cdot\frac{3}{2}-\frac{1}{2}=\frac{1}{4}$$

07 2012학년도 정답 및 해설

01 ⑤

$$\frac{1}{x}+\frac{1}{y}+\frac{1}{z}=\frac{xy+yz+zx}{xyz}=0$$

$\therefore\ xy+yz+zx=0$

$\therefore\ (x+y+z)^{12}=[(x+y+z)^2]^6=[x^2+y^2+z^2+2(xy+yz+zx)]^6=2^6=64$

02 ④

7, 9, 11이라는 원소는 각각 $A\cap B$, $B-A$, $(A\cup B)^c$ 이렇게 세 부분 중에서 한 부분에 들어갈 수 있으므로 $3^3=27$

03 ④

$a(ax-1)-(x+1)=0$을 정리하면 $(a^2-1)x-(a+1)=0$

이 방정식이 근을 가지지 않으려면 $a^2-1=0$, $a+1\neq0$이어야 하므로 $a=1$

$\alpha+\beta=4a-1=3$, $\alpha\beta=-5a+1=-4$

$\therefore\ \alpha^2+\beta^2=(\alpha+\beta)^2-2\alpha\beta=9+8=17$

04 ②

25의 배수가 되려면 끝에 두 자리가 00, 25, 50, 75 중에 하나이어야 한다.

㉠ 끝이 25인 경우 : 가장 맨 앞자리에 4가지, 그 다음 자리에 4가지 → 16가지

㉡ 끝이 50인 경우 : 가장 맨 앞자리에 5가지, 그 다음 자리에 4가지 → 20가지

㉢ 끝이 75인 경우 : 가장 맨 앞자리에 4가지, 그 다음 자리에 4가지 → 16가지

$\therefore\ 16+20+16=52$가지

05 ①

$$\lim_{x\to0}\frac{f(3x-x^2)-f(0)}{x}=\lim_{x\to0}\left(\frac{f(3x-x^2)-f(0)}{3x-x^2}\times\frac{3x-x^2}{x}\right)=\frac{1}{3}$$

$$f'(0)\cdot3=\frac{1}{3}\left(\because\ \lim_{x\to0}\frac{3x-x^2}{x}=3\right)$$

$$\therefore\ f'(0)=\frac{1}{9}$$

06 ③

$$\left(\frac{1+i}{1-\sqrt{3}i}\right)^3=\frac{1-i}{4}$$

$$\left(\frac{1+i}{1-\sqrt{3}i}\right)^{13}=\left(\frac{1-i}{4}\right)^4\times\left(\frac{1+\mathrm{i}}{1-\sqrt{3}\mathrm{i}}\right)$$

$$=-\frac{1}{64}\times\frac{(1-\sqrt{3})+(1+\sqrt{3})i}{4}$$

$$=\frac{(\sqrt{3}-1)-(1+\sqrt{3})i}{256}$$

$$\therefore\ \frac{\sqrt{3}}{2^7}$$

07 ②

양변에 모두 $\log_{15}$를 취하면

$\log_{15}\sqrt{15}\,x^{\log_{15}x}=\log_{15}x^2$

$\log_{15}\sqrt{15}+\log_{15}x\times\log_{15}x=2\log_{15}x$

$\log_{15}x=a$라고 치환하고, 식을 정리하면 $\frac{1}{2}+a^2=2a$, $a^2-2a+\frac{1}{2}=0$

따라서 x값이 될 수 있는 실수를 p, q라고 하면,

$\log_{15}p+\log_{15}q=2$

$\therefore\ pq=15^2$

08 ①

$A^2+A=-E$에서 $A(A+E)=-E$

$\therefore\ f(A)=A+A^{-1}=A-(A+E)=-E$

$A^2+E=-A$에서 양변을 제곱하면

$A^4+2A^2+E=A^2$

$\rightarrow A^4+A^2+E=0$

$\rightarrow A^2(A^2+E)=-E$

$f(A^{2^1})=A^2+(A^2)^{-1}=A^2-(A^2+E)=-E$

$f(A^{2^2})$, $f(A^{2^3})$ ...등은 모두 -E이다. 따라서 답은 E

09 ③

$4x-3=g(x)$, $ax^2+bx=h(x)$라고 하면,

$x=1$에서 미분가능하므로

$g(1)=h(1)$, $g'(1)=h('1)$

$\therefore a=4,\ b=-3$

$$\lim_{n\to\infty}\frac{1}{n}\sum_{k=1}^{n}f(\frac{2k}{n})=\frac{1}{2}\lim_{n\to\infty}\frac{2}{n}\sum_{k=1}^{n}f\left(\frac{2k}{n}\right)$$

$$=\frac{1}{2}\int_0^2 f(x)$$

$$=\frac{1}{2}\left[\int_0^1(4x-3)+\int_1^2(4x^2-3x)\right]$$

$$=\frac{3}{2}$$

10 ④

$3x+4y=k$라고 놓고

y에 대해서 정리하면 $y=-\frac{3}{4}x+\frac{k}{4}$

이 직선의 방정식이 $f(x)$와 접할 때 k는 최댓값을 가진다.

$f'(x)=-3x^2-2x+1$

$-3x^2-2x+1=-\frac{3}{4}$이므로

$x=\frac{1}{2},-\frac{7}{6}$

그런데 $-1\leq x\leq 1$이므로, $x=\frac{1}{2}$

$x=\frac{1}{2}$일 때, $f(x)$의 값은 $\frac{9}{8}$이므로

$y=-\frac{3}{4}x+\frac{k}{4}$는 $\left(\frac{1}{2},\ \frac{9}{8}\right)$을 지난다.

이 때 k의 값은 6이므로

$3x+4y$의 최댓값은 6이다.

11 ②

근과 계수와의 관계에 의해서 $\frac{b}{a}=\alpha+\beta$, $\frac{3c}{a}=\alpha\beta$

$1<\alpha<2$, $5<\beta<6$이므로 $6<\frac{b}{a}<8$, $5<\frac{3c}{a}<12$

a, b는 자연수 이므로 $b=7$, $a=1$

따라서 c는 2, 3중에 하나이다.

그런데 $c=2$일 때 근을 구해보면, 1과 6이 되어서 조건을 만족하지 않으므로,

$c=3$

$\therefore a+2b+3c=1+14+9=24$

12 ②

문제에서 구하고자 하는 결과는 $\dfrac{\cos^2 30^\circ + \cos^2 31^\circ + \cdots + \cos^2 60^\circ}{\cos^2 1^\circ + \cos^2 2^\circ + \cdots + \cos^2 90^\circ}$ 이므로

$\sin^2 x^\circ + \cos^2 x^\circ = 1$

$\cos^2 (90 - x)^\circ + \cos^2 x^\circ = 1$

$$\frac{\cos^2 30^\circ + \cos^2 31^\circ + \cdots + \cos^2 60^\circ}{\cos^2 1^\circ + \cos^2 2^\circ + \cdots + \cos^2 90^\circ}$$

$$= \frac{(\cos^2 30^\circ + \cos^2 60^\circ) + (\cos^2 31^\circ + \cos^2 59^\circ) + \cdots + (\cos^2 44^\circ + \cos^2 46^\circ) + \cos^2 45^\circ}{(\cos^2 1^\circ + \cos^2 89^\circ) + (\cos^2 2^\circ + \cos^2 88^\circ) + \cdots + (\cos^2 44^\circ + \cos^2 46^\circ) + \cos^2 45^\circ + \cos^2 90^\circ}$$

$$= \frac{15 + \frac{1}{2}}{44 + \frac{1}{2} + 0} = \frac{31}{89}$$

13 ①

$A_1 = \left(\dfrac{3}{8}, \dfrac{3\sqrt{3}}{8}\right)$, $A_2 = \left(-\dfrac{9}{32}, \dfrac{9\sqrt{3}}{32}\right)$

$\therefore\ A_1A_2 = \dfrac{3\sqrt{13}}{16}$

$\overline{A_nA_{n+1}}$ 의 길이는 공비가 $\dfrac{3}{4}$ 인 무한등비급수이므로

$$\sum_{n=1}^{\infty} \overline{A_nA_{n+1}} = \frac{\frac{3\sqrt{13}}{16}}{1 - \frac{3}{4}} = \frac{3\sqrt{13}}{4}$$

14 ④

$a_2 = -1 - 3a_1$

$a_3 = 2 - 3a_2$

$a_4 = -3 - 3a_3$

$\vdots$

$a_{2012} = -2011 - 3a_{2011}$

여기에서 좌변은 좌변끼리, 우변은 우변끼리 더하게 되면

$a_2 + a_3 + \cdots + a_{2012} = -1006 - 3(a_1 + a_2 + \cdots + a_{2011})$

$\rightarrow 3a_1 + 4(a_2 + a_3 + \cdots + a_{2011}) + a_{2012} = -1006$

$a_1 = a_{2012} + 2$이므로 $a_{2012} = a_1 - 2$

이를 대입해서 윗식을 정리하면

$4(a_1 + a_2 + \cdots + a_{2011}) = -1004$

$\therefore\ \displaystyle\sum_{n=1}^{2011} a_n = -251$

15 ③

문제의 조건에 의해 $93.5\% \le \frac{(\text{통과한 참가자 수})}{(\text{전체 참가자 수})} \times 100\% \le 94.5\%$를 만족하는 최소의 참가자 수를 찾으면 되므로 답은 16 이다. 답을 찾는 과정은 생략한다.

(전체 참가자 수가 16명인 경우, 통과한 참가자 수가 15명이면 조건을 만족한다.)

16 ②

$n=5$일 때 2^n과 5^n은 최고 자릿수가 3으로 같아진다.

따라서, 이 경우에 의해 ㉠, ㉡을 살펴보면

모두 참이 되는 것을 알 수 있다.

㉢ 2^n과 5^n의 맨 앞자리가 모두 7이라고 하면,

$2^n \times 5^n$의 앞자리는 4, 5, 6중에 하나이다($\because$ $7 \times 7 = 49$, $8 \times 8 = 64$)

그런데 $2^n \times 5^n = 10^n$ 이므로, 앞자리가 1이다.

따라서 a의 값이 7이 되도록 하는 n은 없으므로 거짓이 된다.

17 ③

$(x,\ y)$를 원점에 대칭시키면 $(-x,\ -y)$가 되므로

$y \ge 4x^2 + 2px - 9$를 원점에 대칭시키면 $-y \ge 4x^2 - 2px - 9$

$4x^2 + 2px - 9 \le y \le -4x^2 + 2px + 9$인 y의 영역을 구하면

$4x^2 + 2px - 9 = -4x^2 + 2px + 9$인 x값은 $\pm \frac{3}{2}$이므로

$$(\text{구하려는 } y\text{의 영역의 넓이}) = \int_{-\frac{3}{2}}^{\frac{3}{2}} \{(-4x^2 + 2px + 9) - (4x^2 + 2px - 9)\} = 36$$

18 ④

삼진법으로 한 자리 수 $\to n = 1 \sim 2$: $b_1 + b_2 = \frac{1}{3} + \frac{2}{3} = 1$

삼진법으로 두 자리 수 $\to n = 3 \sim 8$: 숫자가 총 6개인데

$a_2 = 1,\ 2$ 인 경우 각각 3개, $a_1 = 0,\ 1,\ 2$ 인 경우 각각 2개

$$\sum_{n=3}^{8} b_n = \frac{3(1+2)}{3^2} + \frac{2(0+1+2)}{3^1} = 3$$

삼진법으로 세 자리 수 $\to n = 9 \sim 26$: 숫자가 총 18개인데

$a_3 = 1,\ 2$인 경우 각각 9개, $a_2 = 0,\ 1,\ 2$인 경우 각각 6개, $a_1 = 0,\ 1,\ 2$인 경우 각각 6개

$$\sum_{n=9}^{26} b_n = \frac{9(1+2)}{3^3} + \frac{6(0+1+2)}{3^2} + \frac{6(0+1+2)}{3^1} = 9$$

삼진법으로 네 자리 수 $\rightarrow n=27 \sim 80$

$$\sum_{n=27}^{80} b_n = \frac{27(1+2)}{3^4} + \frac{18(0+1+2)}{3^3} + \frac{18(0+1+2)}{3^2} + \frac{18(0+1+2)}{3^1} = 27$$

$$\therefore \sum_{n=1}^{80} b_n = 1+3+9+27=40$$

19 ⑤

OC가 원과 만나는 점을 D라고 하면, $\sin\angle OAB = \frac{1}{3}$이므로 $AD=6,\ DB=2,\ AB=4\sqrt{2}$

$CD=x,\ CB=y$라고 하면 $\triangle CDB$과 $\triangle CBA$는 닮음이므로

$x:y=y:x+6,\ x:2=y:4\sqrt{2}$

두 개의 비례식에서 $x=\frac{6}{7}$

$$\therefore \triangle ACB\text{의 넓이} = \frac{1}{2} \times AC \times AB \times \sin\angle CAB$$
$$= \frac{1}{2} \times \left(\frac{6}{7}+6\right) \times 4\sqrt{2} \times \frac{1}{3}$$
$$= \frac{32}{7}\sqrt{2}$$

20 ④

$x^2-10x-5=ax+b$

$x^2-(10+a)x-(5+b)=0$

이 방정식이 두 개의 양의 실근을 가져야 하므로

$D=(10+a)^2+4(5+b) \geq 0 \cdots\cdots$ ①

$10+a>0 \cdots\cdots$②

$5+b<0\cdots\cdots$③

②에 의해서 a의 최솟값은 -9

$-P$를 ①에 대입해서 ③과의 공통범위를 구하면 $-\frac{1}{4} \leq (5+b) < 0$

근과 계수와의 관계에 의하여

$\alpha^2+\beta^2=(\alpha+\beta)^2-2\alpha\beta=(10+a)^2+2(5+b)$

$(10+a)^2+2(5+b) \geq (10-9)^2+2\times -\frac{1}{4} = \frac{1}{2}$

$\therefore pq = -9 \times \frac{1}{2} = -\frac{9}{2}$

21 ①

문제의 조건을 만족하는 실수 a의 범위는 $4x^2-2ax+a\le -4x^2+3a$를 만족하는 a의 범위이다.

부등식을 정리하면,

$8x^2-2ax-2a\le 0$

$4x^2-ax-a\le 0$

$D=a^2+16a\ge 0$

$\therefore\ a\ge 0,\ a\le -16$

22 ⑤

㉠ 두 자리 자연수를 $\overline{ab}$라고 할 때, 조건에 의해서 $a!+b\neq 10a+b$. 이를 만족하는 (a, b)가 없으므로 참이 된다.

㉡ 세 자리 자연수를 $\overline{abc}$라고 할 때, 조건에 의해서 $a!+b!+c\neq 100a+10b+c$에서 a, b, c 중 7 이상인 것이 있으면 좌변이 1000이 넘어가므로 a, b, c는 모두 7 미만이어야 하므로 참이 된다.

㉢ 만약 조건을 만족하는 8자리 자연수 $\overline{abcdefgh}$가 존재한다고 가정했을 경우 $a!+b!+c!+d!+e!+f!+g!+h\neq 10^7a+10^6b+\cdots+h$를 만족해야 하는데, 좌변의 최댓값은 $8\cdot 9!$이므로 10^7 미만이 되어 식을 만족하는 8자리 자연수는 없다. 그러므로 참이 된다.

23 ③

1부터 5까지 다섯 개의 숫자가 있는데 A, B에서 각각 4개씩 뽑으므로 각각 뽑은 숫자는 3개가 겹치거나 또는 4개가 전부 겹치거나 하는 경우 밖에 없다(예를 들어, A가 {1, 2, 3, 4}를 뽑았다고 할 때, B는 {1, 2, 3, 4}를 뽑으면 4개가 겹치고, 나머지 모든 경우는 3개가 겹친다).

㉠ 4개가 겹치는 경우

- A와 B가 같은 4개를 고른 것이므로 같은 4개를 고를 확률 : $\frac{1}{5}$
- 4자리 자연수를 만들었을 때 서로 같지 않을 확률 : 예를 들어 A, B가 {1,2,3,4}를 뽑았고 A가 1234라고 만들었다면 B가 만들 수 있는 자연수는 2143 2341 2413 3142 3412 3421 4123 4312 4321
  이렇게 전체 만들 수 있는 4!의 경우 중에서 9가지가 있다. A가 어떤 자연수라도 B가 가질 수 있는 경우의 수는 위와 마찬가지로 항상 9가지이므로 이때 확률은 $\frac{9}{24}$

  따라서 총 확률은 $\frac{1}{5}\times\frac{9}{24}=\frac{9}{120}$

㉡ 3개가 겹치는 경우

- A와 B가 같은 4개를 고르는 경우만 아니면 모두 3개가 겹치므로 : $1-\frac{1}{5}=\frac{4}{5}$
- 4자리 자연수를 만들었을 때 서로 같지 않을 확률 : 예를 들어 A가 {1, 2, 3, 4}, B가 {2, 3, 4, 5}를 뽑았고 A가 1234라고 만들었다면 B가 만들 수 있는 자연수는 2345 2453 2543 3425 3452 3542 4325 4352 4523 5342 5423

이렇게 전체 만들 수 있는 4!의 경우 중에서 11가지가 있다. A, B가 어떤 자연수라도 경우의 수는 항상 11가지이므로 이 때 확률은 $\frac{11}{24}$

따라서 총 확률은 $\frac{4}{5}\times\frac{11}{24}=\frac{44}{120}$

$\therefore$ ㉠㉡에서의 전체 확률은 $\frac{9}{120}+\frac{44}{120}=\frac{53}{120}$

24 ①

$f(x)=x^4-3x^2+6x+1$과 서로 다른 두 점에서 접하는 직선의 방정식을 $y=ax+b$라고 하면

$x^4-3x^2+6x+1=ax+b$에서 $x^4-3x^2+(6-a)x+(1-b)=0$

서로 다른 두 점에서 접해야 하므로 위의 식은 $(x-m)^2(x-n)^2=0$의 형태가 되어야 한다.

$x^4-3x^2+(6-a)x+(1-b)=(x-m)^2(x-n)2$

계수끼리 비교를 하면 $m+n=0,\ m^2+n^2+4mn=-3$이므로

$m=n=\frac{\sqrt{6}}{2}$

$a=6,\ b=-\frac{5}{4}$

그러므로 직선의 방정식은 $y=6x-\frac{5}{4}$

25 ③

주어진 조건에 의해

$x_2=1+(a-1)$ (x_1에서 $(a-1)$만큼 이동)

$x_3=1+(a-1)+(a-1)\times(-t)$ (x_2에서 $(a-1)\times(-t)$만큼 이동)

$x_4=1+(a-1)+(a-1)\times(-t)+(a-1)\times(-t)\times(-t)$ (x_3에서 $(a-1)\cdot(-t)\cdot(-t)$만큼 이동)

$\vdots$

x_n은 1+ 초항이 $(a-1)$이고 공비가 $-t$인 등비수열의 합이다.

$\lim_{n\to\infty}x_n=1+\frac{(a-1)}{1-(-t)}=1+\frac{(a-1)}{1+t}$

이 값이 정수가 되는 t값이 11개 있어야 하므로

$1+\frac{(a-1)}{1+t}$이 $0<t<1$ 범위에서 정수가 11개 있도록 a가 정해져야 한다.

$1<1+t<2$이므로,

$1+\frac{(a-1)}{2}<1+\frac{(a-1)}{1+t}<1+(a-1)$

$1+\frac{(a-1)}{2}$와 $1+(a-1)$ 사이에 존재하는 정수가 11개 있도록 a가 정해져야 하므로

a가 될 수 있는 값은 24, 25

$\therefore 24+25=49$

08 2013학년도 정답 및 해설

01 ①

$A^3=\begin{pmatrix}-1 & 0\\ 0 & -1\end{pmatrix}$

$A^6=\begin{pmatrix}1 & 0\\ 0 & 1\end{pmatrix}=E$

$A^{2013}=(A^6)^{305}\cdot A^3=A^3$

$A^{2013}\begin{pmatrix}a\\ b\end{pmatrix}=\begin{pmatrix}1\\ 2\end{pmatrix}$, $\begin{pmatrix}-1 & 0\\ 0 & -1\end{pmatrix}\begin{pmatrix}a\\ b\end{pmatrix}=\begin{pmatrix}1\\ 2\end{pmatrix}$

$a=-1$, $b=-2$가 되어서 $a+b=-3$

02 ③

외접원의 반지름을 R이라고 하면

$\pi R^2=15\pi$, $R=\sqrt{15}$

$\triangle \mathrm{ABC}=\triangle \mathrm{AOB}+\triangle \mathrm{BOC}+\triangle \mathrm{COA}=12$

$\frac{1}{2}\cdot(\sqrt{15})^2\cdot\sin(\angle \mathrm{AOB})+\frac{1}{2}\cdot(\sqrt{15})^2\cdot\sin(\angle \mathrm{BOC})+\frac{1}{2}\cdot(\sqrt{15})^2\cdot\sin(\angle \mathrm{COA})=12$

$\sin(\angle \mathrm{AOB})+\sin(\angle \mathrm{BOC})+\sin(\angle \mathrm{COA})=\frac{8}{5}$

03 ④

외심의 좌표를 $\mathrm{O}(a,\ b)$라고 하면

$\overline{\mathrm{AP}}=\overline{\mathrm{AQ}}$

$(a-3)^2+(b-1)^2=(a-1)^2+(b+3)^2$ ⋯⋯⋯ ①

$\overline{\mathrm{AQ}}=\overline{\mathrm{AR}}$

$(a-1)^2+(b+3)^2=(a-4)^2+b^2$ ⋯⋯⋯⋯⋯⋯ ②

①과 ②를 연립하면 $a=2$, $b=-1$

$\mathrm{O}(2,\ -1)$이 된다.

점 O에서 직선 $3x-4y+10=0$까지의 거리는

$\frac{|6+4+10|}{\sqrt{3^2+4^2}}=\frac{20}{5}=4$

04 ②

㉠ $(a,\ 2^b)$을 $y=6^x$에 대입하면

$2^b=6^a,\ b=\log_2 6^a=a\log_2 6$이 된다. (참)

㉡ $\left(-a,\ \frac{1}{b}\right)$를 $y=6^x$에 대입하면

$\frac{1}{b}=6^{-a},\ -a=\log_6\frac{1}{b}=\log_6 b^{-1}=-\log_6 b$

$a=\log_6 b$($\because$ 가정 $(a,\ b)\in G \Rightarrow b=6^a \Rightarrow \log_6 b=a$)가 된다. (참)

㉢ $(a,\ b)\in G,\ (c,\ d)\in G$

$b=6^a,\ d=6^c$

$6^a\times 6^c=bd,\ 6^{a+c}=bd \Rightarrow (a+c,\ bd)\in G$

$(a+c,\ b+d)\notin G$가 된다. (거짓)

05 ⑤

세 등식을 더하면

$(x^2+y^2+z^2+2xy+2yz+2zx)+2(x+y+z)=99$

$(x+y+z)^2+2(x+y+z)=99$

$x+y+z=A$라고 치환하면

$A^2+2A-99=0$

$(A+11)(A-9)=0$

$A=9\ (\because A>0)$

$x+y+z=9$

06 ①

$\mathrm{S}_0=4=2^2,\ \mathrm{T}_0=256=2^8$

4와 6의 최소공배수가 12가 되어서

쥐가 죽은 후

12시간 후면 $\mathrm{S}_{12}=2^5,\ \mathrm{T}_{12}=2^{10}$

24시간 후면 $\mathrm{S}_{24}=2^8,\ \mathrm{T}_{24}=2^{12},\ \cdots$

S_k의 지수를 보면 5, 8, 11, $\cdots \Rightarrow a_n=3n+2$ ·········①

T_k의 지수를 보면 10, 12, 14, $\cdots \Rightarrow b_n=2n+8$ ······②

$3n+2=2n+8,\ n=6$을 ①에 대입하면

개체 수가 같아졌을 때 세균 S의 개체 수는 2^{20}

07 ②

무한급수가 수렴할 범위는 $-1<r<1$

- $-1<2-\log_2 a<1$

$1 < \log_2 a < 3$

$2 < a < 8$ ……………………………………………………①

• $-1 < 2\sin\frac{a-3}{2} < 1$, $-\frac{1}{2} < \sin\frac{a-3}{2} < \frac{1}{2}$

$-\frac{\pi}{6} \le \frac{a-3}{2} < \frac{\pi}{6}$, $3-\frac{\pi}{3} < a < 3+\frac{\pi}{3}$

$2 \le a \le 4$ ……………………………………………………②

①과 ②를 동시에 만족시키는 범위는 $2 < a \le 4$이므로 $a=3$, 4

따라서 모두 수렴하도록 하는 정수의 a의 개수는 2개가 된다.

08 ③

$$\lim_{x\to\infty}\{(\sqrt{x^4+2x^3+1}-x^2)(\sqrt{x^2+6}-x)\}$$

$$=\lim_{x\to\infty}\left\{\frac{(\sqrt{x^4+2x^3+1}-x^2)(\sqrt{x^4+2x^3+1}+x^2)}{(\sqrt{x^4+2x^3+1}+x^2)}\cdot\frac{(\sqrt{x^2+6}-x)(\sqrt{x^2+6}+x)}{(\sqrt{x^2+6}+x)}\right\}$$

$$=\lim_{x\to\infty}\frac{6(2x^3+1)}{(\sqrt{x^4+2x^3+1}+x^2)(\sqrt{x^2+6}+x)}=\frac{12}{4}=3$$

09 ④

$\sqrt[3]{10+2\sqrt{27}}+\sqrt[3]{10-2\sqrt{27}}=t$라 하고 양변을 세제곱하면

$10+2\sqrt{27}+3(\sqrt[3]{10+2\sqrt{27}})^2\sqrt[3]{10-2\sqrt{27}}+3\sqrt[3]{10+2\sqrt{27}}(\sqrt[3]{10-2\sqrt{27}})^2+10-2\sqrt{27}=t^3$

$20+3\sqrt[3]{10^2-(2\sqrt{27})^2}(\sqrt[3]{10+2\sqrt{27}}+\sqrt[3]{10-2\sqrt{27}})=t^3$

$20+\sqrt[3]{-8}t=t^3$, $20-6t=t^3$

$(t-2)(t^2+2t+10)=0$

$\therefore t=2$ ($\because t>0$)

10 ②

$\log_2 77$의 소수부분 $a=\log_2 77-6$

$\log_5 77$의 소수부분 $b=\log_5 77-2$

$250=2\times5^3$의 배수가 되려면 $q+b$는 3의 배수가 되어야 한다.

$p+q$가 최소가 되려면

$q=5$를 대입 $5+\log_5 77-2=3+\log_5 77$

$5^{q+b}=5^{(3+\log_5 77)}=5^{\log_5(5^3\times77)}=5^3\times77$ ……………………①

$p=7$을 대입 $7+\log_2 77-6=1+\log_2 77$

$2^{p+a}=2^{(1+\log_2 77)}=2^{\log_2(2\times77)}=2\times77$ ……………②

①과 ②에 의하여 $2^{p+a}\cdot5^{q+b}$는 250의 배수가 된다.

$p+q=7+5=12$

11 ③

㉠ 합이 2가 되는 경우
(1, 1, 2)가 나오는 경우의 수 : 3가지

㉡ 합이 3이 되는 경우
(1, 2, 3)이 나오는 경우의 수 : 6가지

㉢ 합이 4가 되는 경우
(1, 3, 4)가 나오는 경우의 수 : 6가지
(2, 2, 4)가 나오는 경우의 수 : 3가지

㉣ 합이 5가 되는 경우
(1, 4, 5)가 나오는 경우의 수 : 6가지
(2, 3, 5)가 나오는 경우의 수 : 6가지

㉤ 합이 6이 되는 경우
(1, 5, 6)이 나오는 경우의 수 : 6가지
(2, 4, 6)이 나오는 경우의 수 : 6가지
(3, 3, 6)이 나오는 경우의 수 : 3가지

주사위 3개를 던질 때 나오는 경우의 수 : $6^3=216$

구하고자 하는 확률은 $\frac{45}{216}=\frac{5}{24}$

12 ④

남학생의 수를 x, 여학생의 수를 y라 하면

$x+y=15$ ··①

${}_{15}C_3-({}_{x}C_3+{}_{y}C_3)=286$

$$\frac{15\times14\times13}{6}-\frac{x(x-1)(x-2)}{6}-\frac{y(y-1)(y-2)}{6}=286$$

$x^3+y^3-3(x^2+y^2)+2(x+y)=1014$

$(x+y)^3-3xy(x+y)-3\{(x^2+y^2)-2xy\}+2(x+y)=1014$

①을 대입하면 $xy=44$ ··②

①과 ②를 연립하면 $x=11$, $y=4$ 또는 $x=4$, $y=11$

따라서 남학생 수와 여학생 수의 차는 7이다.

13 ④

이차식 $f(x)=ax^2+bx+c$라고 하면

$f(x^2)=ax^4+bx^2+c$

$f(x)f(-x)=a^2x^4+(2ac-b^2)x^2+c^2$

$f(x^2)=f(x)f(-x)$

$ax^4+bx^2+c=a^2x^4+(2ac-b^2)x^2+c^2$

계수비교법을 사용하면

$a=a^2,\ 2ac-b^2=b,\ c=c^2$

① $a=1$이면 $\begin{cases} c=1 & \begin{cases} b=-2 \\ b=1 \end{cases} \\ c=0 & \begin{cases} b=0 \\ b=-1 \end{cases} \end{cases}$

② $a\neq 0$ ($\because f(x)$가 이차식)

①에서 나온 결과를 $f(x)$에 대입해보면

$x^2-2x+1,\ x^2+x+1,\ x^2,\ x^2-x$

따라서 $f(x)$의 개수는 4개이다.

14 ①

$$\int_1^x (x-t)f(t)dt=x^4+ax^2-10x+6$$

양변에 $x=1$을 대입하면 $1+a-10+6=0,\ a=3$

$\int_1^x (x-t)f(t)dt=x^4+3x^2-10x+6$에서 $x\int_1^x f(t)dt-\int_1^x tf(f)dt=x^4+ax^2-10x+6$

양변을 x에 관해서 미분하면

$$\int_1^x f(t)dt+xf(x)-xf(x)=4x^3+6x-10 \Rightarrow \int_1^x f(t)dt=4x^3+6x-10$$

양변을 다시 x에 관해서 미분하면

$f(x)=12x^2+6$

$\therefore f(1)=18$

15 ⑤

$(1+x)^{24}$의 일반항은 ${}_{24}C_r x^r$, $r=22$이면 $(1+x)^{24}$에서 x^{22}의 계수는 ${}_{24}C_{22}={}_{24}C_2$

$(1+x)^{23}$의 일반항은 ${}_{23}C_r x^r$, $r=21$이면 $x(1+x)^{23}$에서 x^{22}의 계수는 ${}_{23}C_{21}={}_{23}C_2$

$(1+x)^{22}$의 일반항은 ${}_{22}C_r x^r$, $r=20$이면 $x^2(1+x)^{22}$에서 x^{22}의 계수는 ${}_{22}C_{20}={}_{22}C_2$

⋮

$(1+x)^3$의 일반항은 ${}_3C_r\, x^r$, $r=19$이면 $x^{21}(1+x)^3$에서 x^{22}의 계수는 ${}_3C_2$

$(1+x)^2$의 일반항은 ${}_2C_r\, x^r$, $r=20$이면 $x^{20}(1+x)^2$에서 x^{22}의 계수는 ${}_2C_2=1$

따라서 x^{22}의 계수는 ${}_nC_r+{}_nC_{r-1}={}_{n+1}C_r$에 의하여

${}_{24}C_2+{}_{23}C_2+{}_{22}C_2+\cdots+{}_3C_2+{}_2C_2$

$={}_3C_3+{}_3C_2+{}_4C_2+\cdots+{}_{22}C_2+{}_{23}C_2+{}_{24}C_2$ ($\because {}_2C_2={}_3C_3$)

$={}_4C_3+{}_4C_2+\cdots+{}_{22}C_2+{}_{23}C_2+{}_{24}C_2$

⋮

$={}_{24}C_3+{}_{24}C_2$

$={}_{25}C_3=2300$

16 ①

$$\sum_{k=1}^{2n}(2k+1)\left(\frac{1}{k}+\frac{1}{k+1}+\frac{1}{k+2}+\cdots+\frac{1}{20}\right)=\sum_{k=1}^{2n}\left(\frac{2k+1}{k}+\frac{2k+1}{k+1}+\frac{2k+1}{k+2}+\cdots+\frac{2k+1}{20}\right)$$

$k=1$일 때, $\frac{3}{1}+\frac{3}{2}+\frac{3}{3}+\cdots+\frac{3}{20}$

$k=2$일 때, $\frac{5}{2}+\frac{5}{3}+\frac{5}{4}+\cdots+\frac{5}{20}$

⋮

$k=20$일 때, $\frac{21}{20}$

$$\sum_{k=1}^{20}\left(\frac{2k+1}{k}+\frac{2k+1}{k+1}+\frac{2k+1}{k+2}+\cdots+\frac{2k+1}{20}\right)$$

$$=\left(\frac{3}{1}+\frac{3}{2}+\cdots+\frac{3}{20}\right)+\left(\frac{5}{2}+\frac{5}{3}+\cdots+\frac{5}{20}\right)+\cdots+\frac{21}{20}$$

$$=3+\left(\frac{3}{2}+\frac{5}{2}\right)+\left(\frac{3}{3}+\frac{5}{3}+\frac{7}{3}\right)+\cdots+\left(\frac{3}{20}+\frac{5}{20}+\cdots+\frac{21}{20}\right)$$

$$=3+4+5+\cdots+22$$

$$=\sum_{k=1}^{20}(k+2)=\frac{20\times 21}{2}+40=250$$

17 ⑤

산술기하평균에 의하여

$$2x^2+y^2-2x+\frac{4}{x^2+y^2+1}$$

$$=x^2+y^2+1+\frac{4}{x^2+y^2+1}+x^2-2x-1$$

$$\geq 2\sqrt{4}+(x-1)^2-2$$

따라서 $x=1$일 때 최소가 되므로 $4-2=2$가 최솟값이 된다.

18 ③

① $k=1$이면 $A\cup B=A_3=\{1,\ 2,\ 3\}$

$n(A)=2$가 되려면 만족하는 집합 A의 개수는 $\frac{3\times 2}{2}$

집합 B는 집합 A의 원소 2개를 제외한 나머지 원소를 항상 포함하고 있어야 하므로 만족하는 집합 B의 개수는 $2^{3-1}=2^2=4$

순서쌍 $(A,\ B)$의 개수는 $\frac{3\times 2}{2}\times 4=(3\times 2)\times 2$

② $k=2$이면 $A\cup B=A_4=\{1,\ 2,\ 3,\ 4\}$

$n(A)=2$가 되려면 만족하는 집합 A의 개수는 $\frac{4\times 3}{2}$

집합 B는 집합 A의 원소 2개를 제외한 나머지 원소를 항상 포함하고 있어야 하므로

만족하는 집합 B의 개수는 $2^{4-2}=2^2=4$

순서쌍 $(A,\ B)$의 개수는 $\frac{4\times 3}{2}\times 4=(4\times 3)\times 2$

이런 식으로 계속해 나가면

$$\sum_{k=1}^{\infty}\frac{1}{a_k}=\lim_{n\to\infty}\sum_{k=1}^{n}\frac{1}{a_k}$$

$$=\lim_{n\to\infty}\sum_{k=1}^{n}\left(\frac{1}{(2\times 3)\times 2}+\frac{1}{(3\times 4)\times 2}+\cdots+\frac{1}{(n+1)(n+2)\times 2}\right)$$

$$=\lim_{n\to\infty}\sum_{k=1}^{n}\frac{1}{2}\left(\frac{1}{2\times 3}+\frac{1}{3\times 4}+\cdots+\frac{1}{(n+1)(n+2)}\right)$$

$$=\lim_{n\to\infty}\sum_{k=1}^{n}\frac{1}{2}\left\{\left(\frac{1}{2}-\frac{1}{3}\right)+\left(\frac{1}{3}-\frac{1}{4}\right)+\cdots+\left(\frac{1}{n+1}-\frac{1}{n+2}\right)\right\}$$

$$=\lim_{n\to\infty}\sum_{k=1}^{n}\frac{1}{2}\left(\frac{1}{2}-\frac{1}{n+2}\right)=\frac{1}{4}$$

19 ④

$y=x^3-x^2-3$ …………①

$y=ax$ ……………………②

① 위의 한 점을 $(t,\ t^3-t^2-3)$이라 하면

$y'=3x^2-2x$가 되므로 기울기는 $y'_{x=t}=3t^2-2t$

①과 ②가 접할 때 접선의 방정식은 $y-(t^3-t^2-3)=(3t^2-2t)(x-t)$

②는 원점을 지나므로 위의 식에 $(0,\ 0)$을 대입하면

$2t^3-t^2+3=0 \Rightarrow (t+1)(2t^2-3t+3)=0 \Rightarrow t=-1$

①과 ②가 접할 때 접점의 좌표는 $(-1,\ -5)$

접점의 좌표를 ②에 대입하면 $a=5$가 되므로

a가 5보다 클 때 ①과 ②는 서로 다른 세 점에서 만난다.

따라서 한 자리 자연수 a는 6, 7, 8, 9가 되므로 모두 4개이다.

20 ⑤

방정식의 양변이 정수이므로 $x[x]$, $[x^2]+[x]$는 모두 정수이다.

$x=n+\alpha$ (n은 정수, $0\le\alpha<1$)라 하면

$[x]=n,\ x[x]=(n+\alpha)n=n^2+n\alpha$

$n\alpha=m$(정수), $\alpha=\frac{m}{n}\ (0\le m<n)$

$x[x]+187=[x^2]+[x]$에서

$$\left(n+\frac{m}{n}\right)n+187=\left[n^2+2m+\frac{m^2}{n^2}\right]+\left[n+\frac{m}{n}\right]$$

$n^2+m+187=n^2+2m+n$

$n+m=187$

$n \le 187 < 2n\ (\because 0 \le m < n)$

$\frac{187}{2} < n \le 187$이므로 $n=94$

따라서 근의 개수는 94개이다.

21 ③

$f(0)=3$이라고 했으므로

$f(x+g(y))=(x+y^2-1)^2-1$ ··························①

$x+g(y)=0,\ x=-g(y)$ ··························②

$(x+y^2-1)^2-1=3$

이 식에 ②를 대입하면 $(-g(y)+y^2-1)^2=4$

- $-g(y)+y^2-1=2,\ g(y)=y^2-3,\ g(7)=46$ ······③
- $-g(y)+y^2-1=-2,\ g(y)=y^2+1(\times)$ ($\because y$는 실수)

①에 $x=7$을 대입하면

$f(7+g(y))=(7+y^2-1)^2-1$

$g(y)=0$

$y^2-3=0,\ y^2=3$

$f(7)=81-1=80$ ··························④

③과 ④에 의하여 $f(7)+g(7)=126$

22 ②

$$\begin{aligned}\lim_{n\to\infty}\sum_{k=1}^{2n}\frac{k^2(5k^2+3)}{n^3(n^2+1)} &= \lim_{n\to\infty}\left\{\frac{n^2}{n^2+1}\sum_{k=1}^{2n}5\left(\frac{k}{n}\right)^4\frac{1}{n}+\frac{1}{n^2+1}\sum_{k=1}^{2n}3\left(\frac{k}{n}\right)^2\frac{1}{n}\right\}\\ &= \lim_{n\to\infty}\frac{n^2}{n^2+1}\lim_{n\to\infty}\sum_{k=1}^{2n}5\left(\frac{2k}{2n}\right)^4\frac{2}{2n}+\lim_{n\to\infty}\frac{1}{n^2+1}\lim_{n\to\infty}\sum_{k=1}^{2n}3\left(\frac{2k}{2n}\right)^2\frac{2}{2n}\\ &= \int_0^2 5x^4dx+0\\ &= 2^5=32\end{aligned}$$

23 ③

점 $(a,\ a^3)$에서 곡선 $y=x^3$에 접하는 접선의 방정식은

$y=3a^2(x-a)+a^3=3a^2x-2a^3$ ······ ㉠

$x^3=3a^2x-2a^3$에서

$x^3-3a^2x+2a^3=0$

$(x-a)^2(x+2a)=0$

따라서 ㉠이 곡선 $y=x^3$과 만나는 점의 x좌표는 $-2a$이다.

위 원리에 의하여 점 B의 x좌표는 $-2a$이고 점 C의 x좌표는 $-2(-2a)=4a$이다.

$\int_{\alpha}^{\beta} a(x-\alpha)^2(x-\beta)dx = \frac{|a|}{12}(\beta-\alpha)^4$이므로 구하는 값은

$$\frac{\int_{-2a}^{4a}(x+2a)^2(x-4a)dx}{\int_{a}^{-2a}(x-a)^2(x+2a)dx} = \frac{\frac{1}{12}(6a)^4}{\frac{1}{12}(-3a)^4} = 16$$

24 ②

A의 (1, 1)성분 $x_1=0$

A^2의 (1, 1)성분 $x_2=20$

A^3의 (1, 1)성분 $x_3=20$

A^4의 (1, 1)성분 $x_4=420$

⋮

$$\lim_{n\to\infty}\frac{x_n}{5^n} = \lim_{n\to\infty}\frac{\frac{4}{25}\left(1-\left(\frac{16}{25}\right)^n\right)}{1-\frac{16}{25}} = \frac{\frac{4}{25}}{\frac{9}{25}} = \frac{4}{9}$$

25 ⑤

$x+y \le 3$의 영역에 (a, b)가 있으므로 $a+b \le 3$

$b=3-a$를 A의 (a, b)에 대입을 하면

$A=a^2(3-a)+(3-a)^2(3-a-3+a)+(3-a-3+a)^2a$

$A=a^2(3-a)$가 된다.

㉠ $2 < a \le 3$에서

$a=2$를 A에 대입하면 $A=4$

$a=3$을 A에 대입하면 $A=0$

$\Rightarrow 0 \le A < 4$가 되므로 (참)

㉡ $A=a^2(3-a)$를 식에 대입하면

$a^2(3-a)-A=a^2(3-a)-a^2(3-a)=0 \ge 0$

$a^2(3-a)-A \ge 0$ (참)

㉢ $A=4,\ a^2(3-a)=4,\ (a+1)(a-2)^2=0$

- $a=-1$이면 $b=3-a$에서 $b=4$

  $10a+b=-6$

- $a=2$이면 $b=3-a$에서 $b=1$

  $10a+b=21$

$10a+b$의 최댓값은 21 (참)

09 2014학년도 정답 및 해설

01 ④

$$\begin{pmatrix}1 & 4\\1 & 1\end{pmatrix}\begin{pmatrix}a\\b\end{pmatrix}=\begin{pmatrix}a+4b\\a+b\end{pmatrix}=\begin{pmatrix}ka\\kb\end{pmatrix}$$

$(1-k)a+4b=0$

$a+(1-k)b=0$

$a=\dfrac{4}{k-1}b \quad a=(k-1)b$

$4=k^2-2k+1$

$k^2-2k-3=0$

$(k-3)(k+1)=0$

$k=3$

02 ③

$V=\{2, 3, 4, 6, 12\}$

$E=\{A_iA_j | A_i$는 A_j의 약수이거나 배수, $A_i,\ A_j \in V,\ i=j\}$

$A_2A_4 \quad A_3A_6 \quad A_4A_2 \quad A_6A_3 \quad A_{12}A_2$

$A_2A_6 \quad A_3A_{12} \quad A_4A_{12} \quad A_6A_{12} \quad A_{12}A_3$

$A_2A_{12} \qquad A_{12}A_4$

$A_{12}A_6$

$$\begin{matrix}2\\3\\4\\6\\12\end{matrix}\begin{pmatrix}0 & 0 & 1 & 1 & 1\\0 & 0 & 0 & 1 & 1\\1 & 0 & 0 & 0 & 1\\1 & 1 & 0 & 0 & 1\\1 & 1 & 1 & 1 & 0\end{pmatrix} \quad 14$$

03 ④

$$\sum_{n=2}^{\infty}(1+c)^{-n}=2$$

$$=\sum_{n=2}^{\infty}\left(\frac{1}{1+c}\right)^n=\sum_{n=1}^{\infty}\left(\frac{1}{1+c}\right)^n-\frac{1}{1+c}$$

$$=\frac{\frac{1}{1-c}}{1-\frac{1}{1-c}}-\frac{1}{1+c}$$

$$=\frac{1}{c}-\frac{1}{1+c}=2$$

$$=c^2+c-\frac{1}{2}=0$$

$$c=\frac{1\pm\sqrt{1+4\frac{1}{2}}}{2}=\frac{-1+\sqrt{3}}{2}$$

$$2c+1=-1+\sqrt{3}+1=\sqrt{3}$$

04 ①

$\lim_{x\to1}\frac{f(x)}{(x-1)^2}=5$ $\lim_{x\to2}\frac{f(x)-k}{x-2}=13$

$f(1)=0$ $f'(1)=0$ $f'(2)=13$

$f''(1)=10$

이므로 $f'(x)=ax^2+bx+c$라 하면

$f'(1)=a+b+c=0\cdots$ ㉠

$f'(2)=4a+2b+c=13\cdots$ ㉡

㉡ − ㉠ $: 3a+b=13\cdots$ ㉢

$f''(1)=2a+b=10\cdots$ ㉣

㉣ − ㉢ $: a=3,\ b=4, c=-7$

$f'(x)=3x^2+4x-7$

$f(x)=x^3+2x^2-7x+d$

$f(1)=0, d=4$

$f(2)=k=8+8-14+4=6$

05 ①

$X\sim N(m,\ 1^2)$

$\overline{X}\sim N\left(m,\ \left(\frac{1}{7}\right)^2\right)$

$m=9$

신뢰구간의 길이는 $2k\frac{\sigma}{\sqrt{n}}$

$b-a=2\times2\times\frac{1}{7}=\frac{4}{7}$

06 ④

$a \cdot b \cdot c \cdot d \cdot e \cdot f \cdot g$

전체 경우의 수 세자리의 문자열에 각각 7개씩 경우의 수가 나온다. $7 \times 7 \times 7 = 343$

c를 포함하지 않는 경우의 수는 구하면 각 자리에 6개씩 경우의 수가 나온다. $6 \times 6 \times 6 = 216$

그러므로 $1 - \frac{216}{343} = \frac{127}{343}$

07 ①

$y = a(1 - \sin^2 x) + a\sin x + b$일 때

$-1 \leq \sin x = t \leq 1$이고

$y = -at^2 + at + a + b = -a\left(t - \frac{1}{2}\right)^2 + \frac{5}{4}a + b$

i) $a > 0$

M: $t = \frac{1}{2}$ 일 때 $\frac{5}{4}a + b = 10$ ······ ㉠

m : $t = -1$일 때 $-a + b = 1$ ······ ㉡

㉠-㉡ : $a = 4$, $b = 5$

$ab = 20 = p$

ii) $a < 0$

M: $t = -1$일 때 $-a + b = 10$ ······ ㉢

m : $t = \frac{1}{2}$ 일 때 $\frac{5}{4}a + b = 1$ ······ ㉣

㉢-㉣ : $a = -4$, $d = 6$

$\therefore p = q = 20 - 24 = -4$

08 ⑤

$x^2 - x - 1 = 0$

$\alpha + \beta = 1 \quad \alpha\beta = -1$

$\alpha^{11} + \beta^{11}$

$(\alpha + \beta)^2 - 2\alpha\beta = \alpha^2 + \beta^2 = 3$

$(\alpha + \beta)^3 - 3\alpha\beta(\alpha + \beta) = \alpha^3 + \beta^3 = 4$

$(\alpha^2 + \beta^2)^2 - 2\alpha^2\beta^2 = \alpha^4 + \beta^4 = 7$

$(\alpha^4 + \beta^4)(\alpha^2 + \beta^2) = \alpha^6 + \alpha^2\beta^2(\alpha^2 + \beta^2) + \beta^6 = 21$

$\therefore \alpha^6 + \beta^6 = 18$

$(\alpha^3 + \beta^3)(\alpha^2 + \beta^2) = \alpha^5 + \alpha^2\beta^2(\alpha + \beta) + \beta^5 = 12$

$\alpha^5 + \beta^5 = 11$

$(\alpha^6 + \beta^6)(\alpha^5 + \beta^5) = \alpha^{11} + \beta^{11} + \alpha^5\beta^5(\alpha + \beta) = 198$

$\alpha^{11} + \beta^{11} = 199$

09 ③

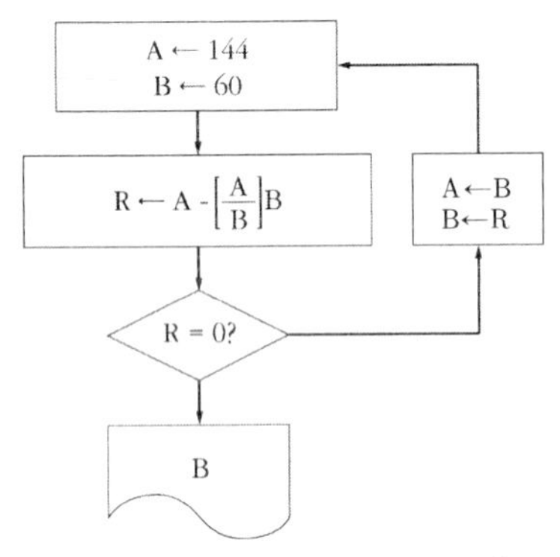

$A=144 \quad B=60 \quad R=144-\left[\dfrac{144}{60}\right]60=24$

$A=60 \quad B=24 \quad R=60-\left[\dfrac{60}{24}\right]24=12$

$A=24 \quad B=12 \quad R=24-\left[\dfrac{24}{12}\right]1=0$

$B=12$

10 ②

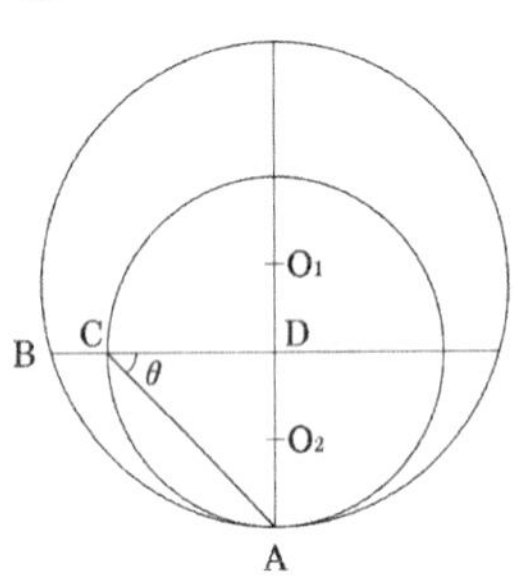

반지름이 5인 원의 중심 0_1, 3인 원의 중심 0_2

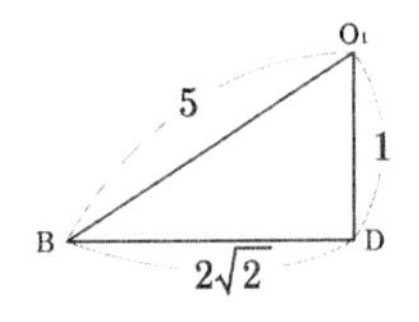

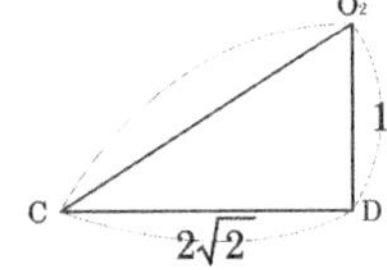

$\sin\theta = \dfrac{4}{2\sqrt{6}} = \dfrac{2}{\sqrt{6}}$

$\sin(\pi-\theta) = \dfrac{2}{\sqrt{6}}$

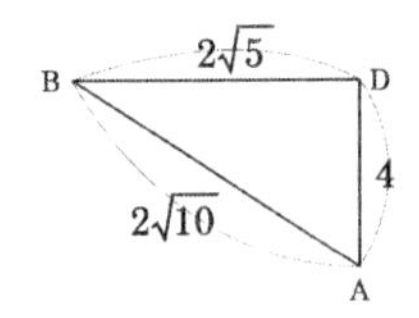

$\dfrac{2\sqrt{10}}{\dfrac{2}{\sqrt{6}}} = 2R$

$\sqrt{6} = 2\sqrt{15} = 2R$

$R = \sqrt{15}$

11 ⑤

$y=\frac{8x+8}{x^2+4}$ 최대 M 최소 m

$y'=\frac{8(x^2+4)-2x(8x+8)}{(x^2+4)^2}$

$=\frac{8x^2+32-16x^2-16x}{(x^2+4)^2}$

분자 $=-8x^2-16x+32$

$=-8(x^2+2x-4)=0$

$x=-1\pm\sqrt{5}$

$x=-1+\sqrt{5}$ 일 때 $M=\frac{-8+8\sqrt{5}+8}{6-2\sqrt{5}+4}=\frac{4\sqrt{5}}{5-\sqrt{5}}$,

$x=-1-\sqrt{5}$ 일 때 $m=\frac{-8-8\sqrt{5}+8}{6+2\sqrt{5}+4}=\frac{-4\sqrt{5}}{5+\sqrt{5}}$

$M-m=4\sqrt{5}\left(\frac{1}{5-\sqrt{5}}+\frac{1}{5+\sqrt{5}}\right)$

$=4\sqrt{5}\left(\frac{10}{25-5}\right)$

$=4\sqrt{5}\cdot\frac{1}{2}=2\sqrt{5}$

12 ③

1 3 13 31 ... a_n

2 10 13 ... b_n

$b_n=2+(n-1)8=8n-6$

$a_n=1+\sum_{k=1}^{n-1}(8k-6)$

$=1+2\sum_{k=1}^{n-1}(4k-3)$

$=1+2(n-1)(2n-3)$

$a_{17}=1+2\times16\times31=993$

$a_{16}=1+2\times15\times29=871$

1000, 999, ..., 993
877, 876, ..., 871

그러므로 이웃하는 수 중에 제일 작은 수는 876

13 ②

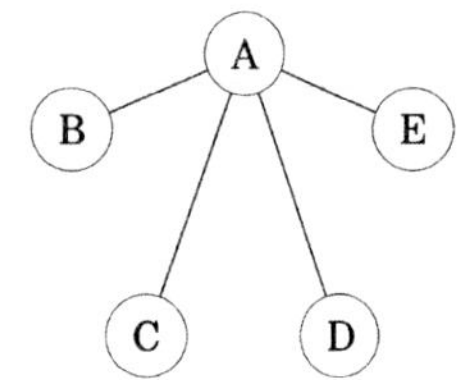

I) $A - B$ (C, D, E)　　$A - B$ (C, D, E)

$\therefore$ 2가지

ii) $A - B$ — C — $D-E$, $E-D$ / D / E

$B - A$ — C — $D-E$, $E-D$ / D / E

$(3\times2\times1)\times3\times2$: $\therefore$ 6가지

iii) $A - B$, $A - C$, $B - D$, $D - E$

${}_3P_2\times2=3\cdot2\cdot2=12$가지

$\therefore$ 총 $2+36+12=50$가지

14 ④

$y=x^2$과 $l,\ m$의 접선을 $Q,\ R$이라 할 때 $Q,\ R$을 지나는 직선을 n이라 하면

직선 n은 $\dfrac{y-2}{2}=\dfrac{1}{2}x \Leftrightarrow y=x+2$

또한 $S_1 : S_2=2 : 1$이므로

$x^2=x+2=x^2-x-2=0,\ x=2,\ -1$

$S_1=\dfrac{1}{6}(2+1)^3=\dfrac{9}{2},\ \therefore S_2=\dfrac{1}{2}S_1=\dfrac{9}{4}$

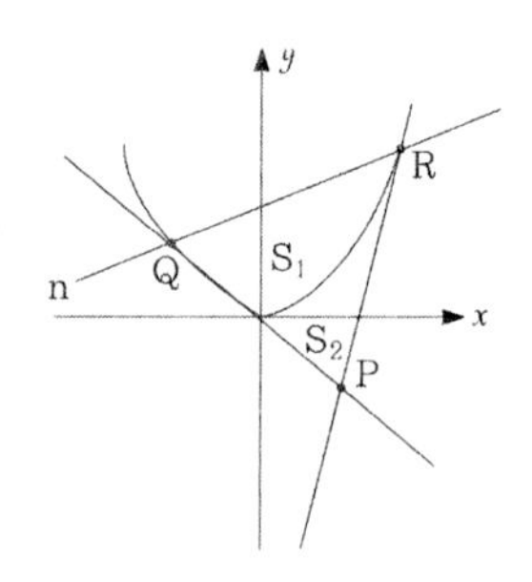

15 ⑤

$$f(x)=\begin{cases}1-|x| & (|x|\le 1)\\ 0 & (|x|>1)\end{cases}$$

$$\sum_{n=1}^{10}\int_{-n}^{n}\frac{\{f(x)\}^n}{n}dx$$

$$\int_{-n}^{n}\frac{\{1-|x|\}^n}{n}dx$$

$$=\frac{2}{n}\left[\frac{1}{n+1}(1-x)\right]_0^1$$

$$=\frac{2}{n(n+1)}$$

$$2\sum_{n=1}^{10}\left(\frac{1}{n}-\frac{1}{n+1}\right)=2\left(1-\frac{1}{11}\right)=\frac{20}{11}$$

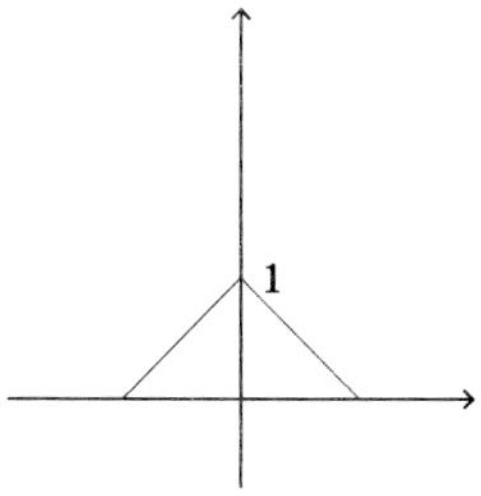

16 ②

$$a_1=3 \quad a_{10}-a_2=4$$

$$a+9d-a-d=4$$

$$d=\frac{1}{2}$$

$$a_n=3+(n-1)\times\frac{1}{2}$$

$$=\frac{1}{2}n+\frac{5}{2}$$

$$=\frac{1}{2}(n+5)$$

$$a_{n+1}=\frac{1}{2}(n+6)$$

$$a_{n+2}=\frac{1}{2}(n+7)$$

$$8\sum_{n=1}^{\infty}\frac{1}{a_n\cdot a_{n+1}\cdot a_{n+2}}$$

$$=8\sum_{n=1}^{\infty}\frac{1}{(n+5)(n+6)(n+7)}$$

$$=4\sum_{n=1}^{\infty}\left(\frac{1}{(n+5)(n+6)}-\frac{1}{(n+6)(n+7)}\right)$$

$$=4\left(\frac{1}{6\times7}-0\right)=\frac{2}{21}$$

17 ①

$$a_n=\left(\frac{1}{2}\right)^{n-1}\quad b_n=2\left(\frac{1}{2}\right)^{n-1}$$

$$\sum_{n=1}^{\infty}\left(\sum_{k=1}^{n}a_k b_{n-k+1}\right)$$

$$=\sum_{n=1}^{\infty}\left(\sum_{k=1}^{n}\left(\frac{1}{2}\right)^{k-1}\cdot 2\left(\frac{1}{3}\right)^{n-k+1-1}\right)$$

$$=6\sum_{n=1}^{\infty}\left(\sum_{k=1}^{n}\left(\frac{1}{3}\right)^{n}\left(\frac{3}{2}\right)^{k-1}\right)$$

$$=6\sum_{n=1}^{\infty}\left(\left(\frac{1}{3}\right)^{n}\frac{\left(\frac{3}{2}\right)^{n}-1}{\frac{3}{2}-1}\right)$$

$$=6\sum_{n=1}^{\infty}\left(2\left(\frac{1}{2}\right)^{n}-2\left(\frac{1}{3}\right)^{n}\right)$$

$$=12\left(\frac{\frac{1}{2}}{1-\frac{1}{2}}-\frac{\frac{1}{3}}{1-\frac{1}{3}}\right)$$

$$=12\left(1-\frac{1}{2}\right)=6$$

18 ②

$$2x-y=2$$

$$\sqrt{x^2+(y+1)^2}+\sqrt{x^2+(y-3)^2}$$

$$=\sqrt{x^2+(2x-1)^2}+\sqrt{x^2+(2x-5)^2}$$

$$f(x)=\sqrt{5x^2-4x+1}+\sqrt{5x^2-20x+25}$$

$$f'(x)=\frac{10x-4}{2\sqrt{5x^2-4x+1}}+\frac{10x-20}{2\sqrt{5x^2-203+25}}=0$$

$$4(5x-2)^2(5x^2-20x+25)=10^2(x-2)^2(5x^2-4x-1)$$

식을 정리하면

$$24x^2-16x=0$$

$$6x^2-4x=0$$

$$x=0,\ \frac{2}{3}$$

$$2x-y=2,\ \frac{4}{3}-y=2,\ y=-\frac{2}{3}$$

$$\sqrt{\frac{4}{9}+\frac{1}{9}}+\sqrt{\frac{4}{9}+\frac{121}{9}}=\frac{\sqrt{5}}{3}+\frac{5\sqrt{5}}{3}=2\sqrt{5}$$

19 ②

$S\left(\frac{1}{2}\right)=\log_2 2^c=c=1$

$P(A)={}_5C_4\left(\frac{1}{2}\right)^5=\frac{5}{32}$

$P(B)=x$

$S(P(A\cap B))=S(P(A)\cap P(B))$ $(A,B$는 각각 독립사건이므로$)$

$=\log_2\frac{1}{\frac{5}{32}x}=7$

$\frac{2^5}{5x}=2^7$

$\frac{1}{20}=x$

$\log_2 20=2+\log_2 5$

$=2+\frac{\log 5}{\log 2}$

$=2+\frac{1-\log_2 5}{\log 2}$

$2+\frac{\frac{7}{10}}{\frac{3}{10}}=2+\frac{7}{3}=\frac{13}{3}$

20 ④

A : 국어 합격한 사람, B : 영어 합격한 사람, C : 수학 합격한 사람

$n(U)=110,\ n(A)=92,\ n(B)=75,\ n(C)=63$

$n(A\cap B)=65\quad n(B\cap C)=48\quad n(A\cap C)=54$

$n(A\cap B\cap C)=x$

$n(A\cup B\cup C)=n(A)+n(B)+n(C)-n(A\cap B)-n(B\cap C)-n(C\cap A)+n(A\cap B\cap C)$

$=92+75+63-65-54-48+x$

$=63+x$

$n(A\cup B)=92+75-65=102$

$n(B\cup C)=75+63-48=90$

$n(C\cup A)=63+92-54=101$

세 과목을 모두 합격한 학생수의 범위는

$n(A\cup B)\le n(A\cup B\cup C)\le n(U)$

$102\le 63+x\le 110$

그러므로 $39\le x\le 47$이므로

최솟값은 39이다.

21 36

$6+\int_a^x \frac{f(t)}{t^2}dx = x$,$x=a$라하면 $6=a$

양변을 미분하면

$\frac{f(x)}{x^2}=1 \quad f(6)=36$

22 393

$Aooooo$ 5!
$Cooooo$ 5!
$Eooooo$ 5!
$1Aoooo$ 4!
$1CAooo$ 3!
$1CEAoo$ 2!
$1CEAMAN$ 1

$3\times 5!+4!+3!+2!+1=393$

23 130

$f(t)=t^3+3t^2-2t \quad 0\le t\le 10$

$f'(c)=3c^2+6c-2$

$\frac{f(10)-f(0)}{10-0}=100+30-2$

$=130-2$

$=128$

$3c^2+6c-2=128,\ 3c^2+6c=130$

24 19

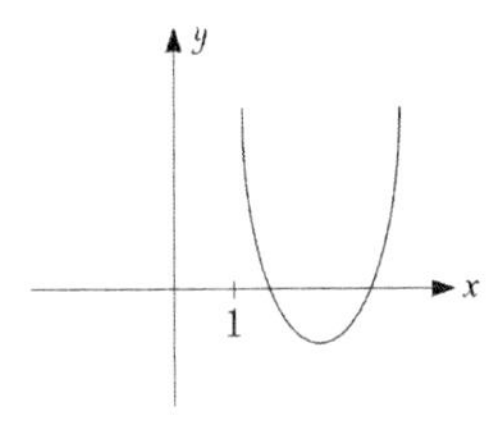

$x=\alpha, \beta>0$이므로

$3^x=t$로 치환하면 $t=3^\alpha,\ 3^\beta>1$

$f(t)=t^2-2(a+4)t-3a(a-8)=0$

i) $D/4=(a+4)^2+3a^2-24a>0$

$a^2-4a+4>0,\ (a-2)^2>0$

$\therefore a\neq 2$ 모든 실수

ii) $f(1)>0$: $1-2a-8-3a^2+24a>0$

$3a^2-22a+7<0$

$(3a-1)(a-7)<0$

$-\frac{1}{3}<a<7$

iii) 대칭축 : $a+4>1$

$a>-3$

$\therefore -\frac{1}{3}<a<7$, (단, $a \neq 2$)

$a=1,\ 3,\ 4,\ 5,\ 6$

$\therefore$ 합은 19

25 720

$$(\text{좌변})=\sum_{k=0}^{n} k(k-1)(k-2)\frac{n!}{(n-k)!k!}$$

$$=p^3\sum_{k=0}^{n} k(k-1)(k-2)\frac{n(n-1)(n-2)(n-3)!}{(n-k)!k(k-1)(k-2)(k-3)!}p^{k-3}(1-p)^{n-k}$$

$$=n(n-1)(n-2)p^3\sum_{k=0}^{n}\frac{(n-3)!}{(n-k)(k-3)!}p^{k-3}(1-p)^{n-k}$$

$$=n(n-1)(n-2)p^3\sum_{k=0}^{n}{}_{n-3}C_{k-3}p^{k-3}(1-p)^{n-k}$$

$$=n(n-1)(n-2)p^3$$

$\therefore f(n)=n(n-1)(n-2)$

$f(10)=10\times9\times8=720$

10 2015학년도 정답 및 해설

01 ④

행렬 $A=\begin{pmatrix}1 & 2\\0 & -1\end{pmatrix}$에 대하여 $A^2=\begin{pmatrix}1 & 0\\0 & 1\end{pmatrix}$이므로 $A^{2n-1}=A$, $A^{2n}=E$(n은 자연수)이다.

따라서 $\sum_{k=1}^{2n}A^k=\sum_{k=1}^{n}A^{2k-1}+\sum_{k=1}^{n}A^{2k}=nA+nE=n(A+E)=n\begin{pmatrix}2 & 2\\0 & 0\end{pmatrix}$이다.

그러므로 모든 성분의 합은 $a_n=4n$이다.

$$\therefore \sum_{n=1}^{\infty}\frac{4}{a_na_{n+1}}=\lim_{n\to\infty}\sum_{k=1}^{n}\frac{4}{a_ka_{k+1}}=\lim_{n\to\infty}\sum_{k=1}^{n}\frac{4}{(4k)(4k+4)}$$

$$=\frac{1}{4}\lim_{n\to\infty}\sum_{k=1}^{n}\frac{1}{k(k+1)}=\frac{1}{4}\lim_{n\to\infty}\sum_{k=1}^{n}\left(\frac{1}{k}-\frac{1}{k+1}\right)$$

$$=\frac{1}{4}\lim_{n\to\infty}\left[\left(\frac{1}{1}-\frac{1}{2}\right)+\left(\frac{1}{2}-\frac{1}{3}\right)+\left(\frac{1}{3}-\frac{1}{4}\right)+\cdots+\left(\frac{1}{n}-\frac{1}{n+1}\right)\right]$$

$$=\frac{1}{4}\lim_{n\to\infty}\left(1-\frac{1}{n+1}\right)=\frac{1}{4}$$

02 ③

다항식의 나머지정리에 의해 다항식 $f(x)=(x-1)^{2n}+(x+1)^n$를

$x-3$으로 나눈 나머지 $a_n=f(3)=2^{2n}+4^n=2^{2n+1}$이고,

$x-1$로 나눈 나머지 $b_n=f(1)=2^n$이 된다.

$$\therefore \lim_{n\to\infty}\frac{\log_2 a_n+\log_2 b_n}{n}=\lim_{n\to\infty}\frac{\log_2 2^{2n+1}+\log_2 2^n}{n}=\lim_{n\to\infty}\frac{3n+1}{n}=3$$

03 ②

$\log 5^{25}=25\log 5=25(1-\log 2)=17.475$에서 상용로그 $\log 5^{25}$의 지표는 17이므로

5^{25}은 18자리 정수이다.

그리고 $\log 5^{25}$의 가수 0.475는 $\log 2=0.3010<0.475<\log 3=0.4771$이므로

5^{25}의 최고 자리 숫자는 2이다.

따라서 $m+n=18+2=20$이다.

04 ④

꺼낸 공을 다시 주머니에 넣지 않고 주머니에서 임의로 3개를 순서대로 꺼내는 방법은
서로 다른 10개에서 3개를 뽑는 순열의 수와 같으므로 ${}_{10}P_3$가지이고,
공에 적혀 있는 숫자가 큰 순서대로 꺼내는 방법은
서로 다른 10개에서 3개를 꺼내는 조합의 수와 같으므로 ${}_{10}C_3$가지이다.

따라서 구하고자 하는 확률은 $\dfrac{{}_{10}C_3}{{}_{10}P_3}=\dfrac{1}{6}$ 이다.

05 ②

사각형 ABCD가 원에 내접하므로 $\angle A+\angle C=\pi$이다.
삼각형 ABD에서 $\overline{BD}^2=1^2+6^2-2\times1\times6\cos A=37-12\cos A$이고
삼각형 BCD에서 $\overline{BD}^2=3^2+4^2-2\times3\times4\cos C=25-24\cos C=25+24\cos A$ ($\because \angle C=\pi-\angle A$)

따라서 $37-12\cos A=25+24\cos A$에서 $\cos A=\dfrac{1}{3}$, $\sin A=\dfrac{2\sqrt{2}}{3}$ 이다.

그러므로 사각형 ABCD의 넓이는 삼각형 ABD의 넓이와 삼각형 BCD의 합과 같으므로

$\therefore \dfrac{1}{2}\times\overline{AB}\times\overline{AD}\times\sin A+\dfrac{1}{2}\times\overline{BC}\times\overline{CD}\times\sin C=\dfrac{1}{2}\times6\times\dfrac{2\sqrt{2}}{3}+\dfrac{1}{2}\times12\times\dfrac{2\sqrt{2}}{3}=6\sqrt{2}$

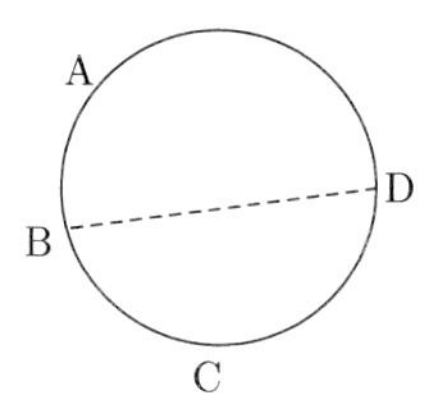

06 ⑤

함수 $g(x)=x^n+3x$라 하면 $g(1)=4$이므로

$$f(n)=\lim_{x\to1}\frac{x^n+3x-4}{x-1}=\lim_{x\to1}\frac{g(x)-g(1)}{x-1}=g'(1)=n+3$$

$\therefore \displaystyle\sum_{n=1}^{10}f(n)=\sum_{n=1}^{10}(n+3)=\frac{10\times11}{2}+10\times3=85$이다.

07 ①

방정식 $x^3+1=(x+1)(x^2-x+1)=0$에서 한 허근을 α라 하면 $\alpha^3=-1$, $\alpha^2-\alpha+1=0$이다.

$$\sum_{k=1}^{\infty}\frac{1}{(k-\alpha)(k-\alpha^2)}=\sum_{k=1}^{\infty}\frac{1}{(k-\alpha)(k-(\alpha-1))}\quad(\because \alpha^2=\alpha-1)$$

$$=\lim_{n\to\infty}\sum_{k=1}^{n}\frac{1}{(k-\alpha)(k-(\alpha-1))}=\lim_{n\to\infty}\sum_{k=1}^{n}\left(\frac{1}{k-\alpha}-\frac{1}{k-(\alpha-1)}\right)$$

$$=\lim_{n\to\infty}\left[\left(\frac{1}{1-\alpha}-\frac{1}{2-\alpha}\right)+\left(\frac{1}{2-\alpha}-\frac{1}{3-\alpha}\right)+\cdots+\left(\frac{1}{n-\alpha}-\frac{1}{n+1-\alpha}\right)\right]$$

$$=\lim_{n\to\infty}\left(\frac{1}{1-\alpha}-\frac{1}{n+1-\alpha}\right)=\frac{1}{1-\alpha}$$

따라서 $1-\alpha=-\alpha^2=\frac{1}{\alpha}$ $(\because \alpha^3=\alpha\alpha^2=-1)$이므로 주어진 식의 값은 $\frac{1}{1-\alpha}=\alpha$이다.

08 ⑤

㉠ (거짓) 반례 : $A+B=\begin{pmatrix}0&1\\0&0\end{pmatrix}$이면 $(A+B)^2=O$이다. 하지만 $A+B\neq O$

㉡ (참) $A+E=(B+E)^2=B^2+2B+E$이므로 $A=B^2+2B$이다.

이 등식의 양변에 B를 곱하면 $AB=B^3+2B^2$, $BA=B^3+2B^2$이므로 $AB=BA$이다.

㉢ (참) $(A+2E)(A^2+E)=A^3+2A^2+A+2E=2E \Rightarrow (A+2E)^{-1}=\frac{1}{2}(A^2+E)$이므로

$A+2E$의 역행렬이 존재한다.

따라서 옳은 것은 ㉡, ㉢이다.

09 ③

연립일차방정식의 해가 존재하지 않으므로 $\frac{a}{b}=\frac{-b}{a-2n}\neq\frac{1}{1}$이고 a, b가 동시에 0은 아니다.

이때 실수 a, b의 순서쌍 전체의 집합 $A_n=\{(a,\ b)\,|\,(a-n)^2+b^2=n^2,\ b\neq a,\ b\neq -a+2n\}$이고

이는 아래 그림에서와 같이 중심이 $(n,\ 0)$이고 반지름이 n인 원 위의 점 중에서

$(0,\ 0)$, $(n,\ n)$, $(2n,\ 0)$을 제외한 점들에 해당된다.

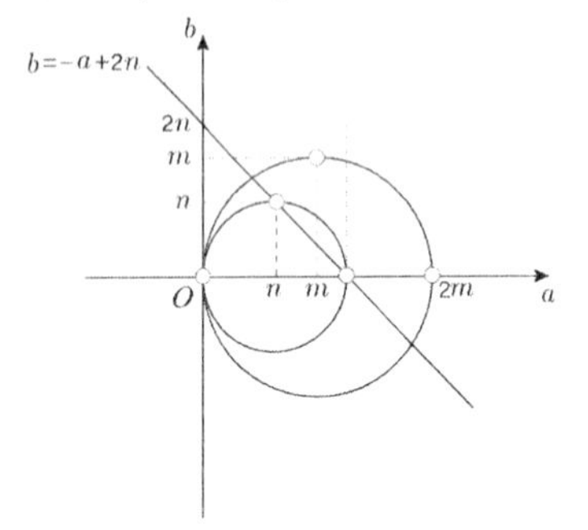

㉠ (참)

㉡ (거짓) $(a,\ b)\in A_n$이면 $\sqrt{a^2+b^2}$은 원 위의 점과 원점과의 거리이므로 $\sqrt{a^2+b^2}<2n$이다.

㉢ (참) 그림에서처럼 서로 다른 자연수 m, n에 대하여

두 원의 교점은 원점뿐이지만 원점은 포함하지 않으므로 $A_m\cap A_n=\varnothing$이다.

10 ⑤

함수 $f(x)=4x^2$의 그래프 위의 점 $B_n(x_n,\ 4x_n^2)$에서의 접선의 방정식은

$y-4x_n^2=f'(x_n)(x-x_n) \Rightarrow y=8x_nx-4x_n^2$

따라서 x축과 만나는 점 A_{n+1}의 x좌표는 $x_{n+1}=\frac{1}{2}x_n$이다.

삼각형 $A_nB_nA_{n+1}$의 넓이 $S_n=\frac{1}{2}\left(x_n-\frac{1}{2}x_n\right)4x_n^2=x_n^3$이고,

수열 $\{x_n\}$은 첫 항 $x_1=1$, 공비가 $\frac{1}{2}$인 등비수열로 일반항 $x_n=\left(\frac{1}{2}\right)^{n-1}$이므로 $S_n=\left(\frac{1}{8}\right)^{n-1}$이다.

따라서 $\sum_{n=1}^{\infty}S_n$은 첫 항이 1, 공비가 $\frac{1}{8}$인 무한등비급수의 합이므로 그 값은 $\frac{1}{1-\frac{1}{8}}=\frac{8}{7}$이다.

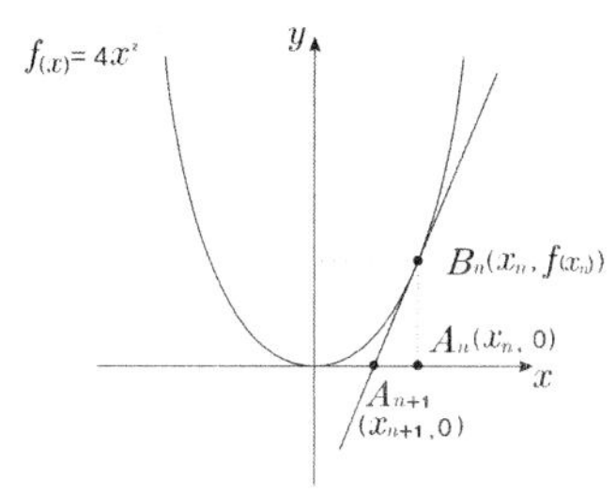

11 ③

양의 실수 a, b, c에 대하여 $D=b^2-4ac$라 하면

$D\le 0$일 때 $P=\varnothing$,

$D>0$일 때 방정식 $ax^2-bx+c=0$의 서로 다른 두 근이 α, $\beta\,(\alpha<\beta)$라면 $P=\{x|\alpha<x<\beta\}$

부등식 $\frac{a}{x^2}-\frac{b}{x}+c<0 \Rightarrow \frac{cx^2-bx+a}{x^2}<0 \Rightarrow cx^2-bx+a<0$, $x\ne 0$에 대해

$D\le 0$이면 $Q=\varnothing$이고,

$D>0$이면 $\alpha+\beta=\frac{b}{a}$, $\alpha\beta=\frac{c}{a}$로부터 방정식 $cx^2-bx+a=0$의 해는

$cx^2-bx+a=a\alpha\beta x^2-a(\alpha+\beta)x+a=a\left(\alpha\beta x^2-(\alpha+\beta)x+1\right)=a(\alpha x-1)(\beta x-1)=0$

$x=\frac{1}{\alpha}$, $\frac{1}{\beta}$이므로 $Q=\left\{x\,|\,\frac{1}{\beta}<x<\frac{1}{\alpha}\right\}$이고, $R=\{1\}$이다.

㉠ (참) $R\subset P$이면 $1\in P$이므로 $a-b+c<0$이다.

이때 $\frac{a}{1^2}-\frac{b}{1}+c=a-b+c<0$이므로 $R\subset Q$가 된다.

㉡ (거짓) $D\le 0$인 경우 $P=Q=\varnothing$이기 때문에 $R\subset P$ 또는 $R\subset Q$는 성립하지 않는다.

㉢ (참) $P\cap Q\ne\varnothing$이면 $D>0$인 경우이고 만약 $1<\alpha$, 또는 $\beta<1$이면 $P\cap Q=\varnothing$이므로 $\alpha<1<\beta$이어야 한다(아래그림). 이때 $1\in P\cap Q$이다. 따라서 $R\subset P\cap Q$이다.

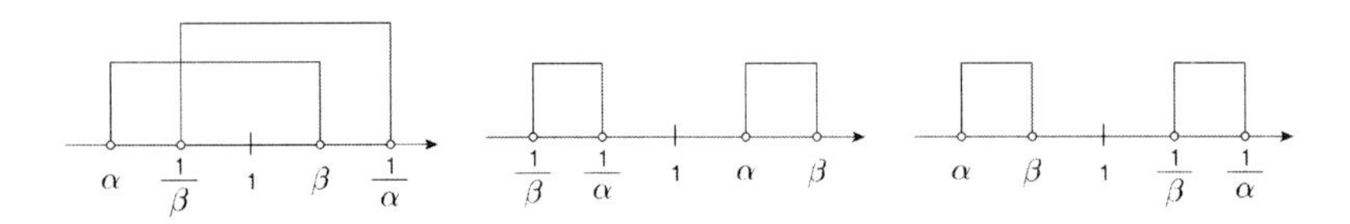

12 ③

$f(x)=\sqrt{x}$ 에 대해 주어진 식의 값은

$$\lim_{n\to\infty}\sum_{k=1}^{n}\frac{k}{n}\left\{f\left(\frac{k}{n}\right)-f\left(\frac{k-1}{n}\right)\right\}$$

$$=\lim_{n\to\infty}\sum_{k=1}^{n}k\left\{f\left(\frac{k}{n}\right)-f\left(\frac{k-1}{n}\right)\right\}\frac{1}{n}$$

$$=\lim_{n\to\infty}\left\{\left(f\left(\frac{1}{n}\right)-f\left(\frac{0}{n}\right)\right)+2\left(f\left(\frac{2}{n}\right)-f\left(\frac{1}{n}\right)\right)+3\left(f\left(\frac{3}{n}\right)-f\left(\frac{2}{n}\right)\right)+\cdots+n\left(f\left(\frac{n}{n}\right)-f\left(\frac{n-1}{n}\right)\right)\right\}\frac{1}{n}$$

$$=\lim_{n\to\infty}\left\{-f(0)-\sum_{k=1}^{n-1}f\left(\frac{k}{n}\right)+nf\left(\frac{n}{n}\right)\right\}\frac{1}{n}$$

$$=\lim_{n\to\infty}\left\{-\sum_{k=1}^{n}f\left(\frac{k}{n}\right)+(n+1)f\left(\frac{n}{n}\right)\right\}\frac{1}{n}\quad(\because f(0)=0)$$

$$=\lim_{n\to\infty}\left\{\frac{n+1}{n}-\sum_{k=1}^{n}f\left(\frac{k}{n}\right)\frac{1}{n}\right\}\ (\because f(1)=1)$$

$$=1-\int_0^1 f(x)dx$$

$$=1-\int_0^1\sqrt{x}\,dx$$

이 적분은 아래 그림에서처럼 $x=y^2$, $x=0$, $y=1$로 둘러싸인 도형의 넓이와 같다.

$$\therefore\ 1-\int_0^1\sqrt{x}\,dx=\int_0^1 y^2dy=\frac{1}{3}$$

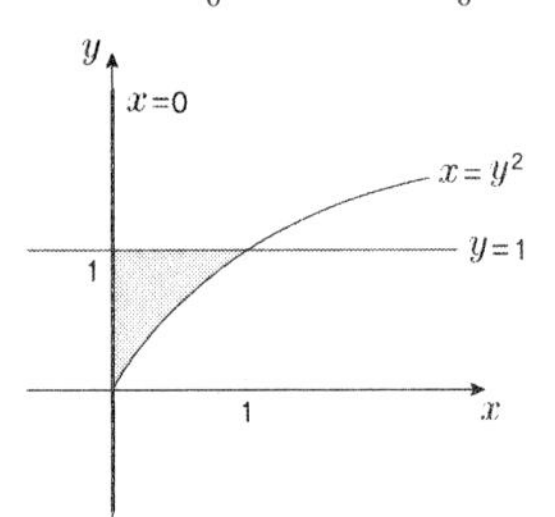

13 ③

서로 다른 4개의 수를 작은 순서대로 a, b, c, d라 하면 $a\ge 1$, $b\ge 4$, $c\ge 7$, $d\ge 10$이어야 한다.
이제 음이 아닌 정수 x, y, z, w를 $x=a-1$, $y=b-4$, $z=c-7$, $w=d-10$라고 한다면,
x, y, z, w는 0, 1, 2, 3, 4, 5에서 $x\le y\le z\le w$가 되도록 4개의 수를 뽑는 중복조합과 같다.
예를 들면 $x=1$, $y=2$, $z=2$, $w=5$이면 $a=2$, $b=6$, $c=9$, $d=15$가 되어 조건을 충족한다.
그러므로 구하고자 하는 방법의 수는 ${}_6H_4={}_9C_4=126$가지이다.

14 ④

㉠ (거짓) $m=1$, $n=2$, $x=8$에 대해 $f_1(8)=4>f_2(8)=f_1(4)=3$이다.

즉, $x>2$에 대해 $m<n$이면 $f_m(x)>f_n(x)$이다.

㉡ (참) 그래프와 같이 $x \geq \frac{3}{2}$일 때, $\lim_{n\to\infty} f_n(x)$는 $f(x)$와 $y=x$의 교점의 x좌표인 2에 수렴한다.

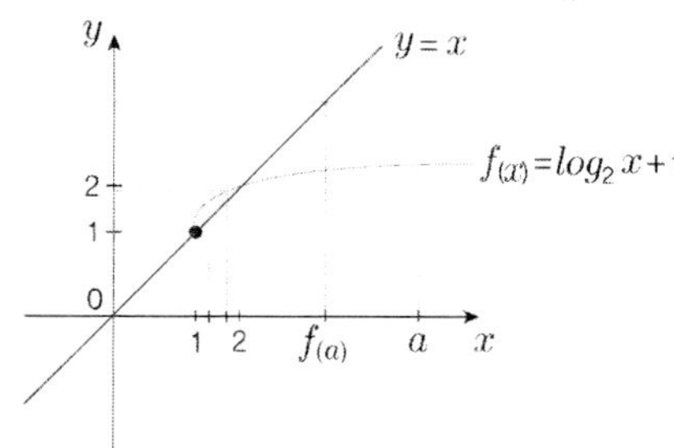

㉢ (참) $1<x<2$에 대해 $f_n(x)$는 $n<m$이면 $f_n(x)<f_m(x)$이고,

$2<x$에 대해 $n<m$이면 $f_n(x)>f_m(x)$이다.

따라서 임의의 자연수 m, n에 대해 $f_m(x)=f_n(x)$인 경우는 $x=1$ 또는 $x=2$뿐이다.

따라서 옳은 것은 ㉡, ㉢이다.

15 ④

두 함수 $y=\log_2 x$, $y=\log_3 x$가 $y=n$, $y=n-1$과 만나는 교점의 좌표는

각각 $A_n(2^n,\ n)$, $B_n(3^n,\ n)$, $A_{n-1}(2^{n-1},\ n-1)$, $B_{n-1}(3^{n-1},\ n-1)$이다.

따라서 삼각형 $A_nB_{n-1}B_n$의 넓이 $S_n=\frac{1}{2}(3^n-2^n)$이고,

삼각형 $A_nA_{n-1}B_{n-1}$의 넓이 $T_n=\frac{1}{2}(3^{n-1}-2^{n-1})$이다.

그러므로 $\lim_{n\to\infty}\frac{S_n}{T_n}=\lim_{n\to\infty}\frac{3^n-2^n}{3^{n-1}-2^{n-1}}=3$이다.

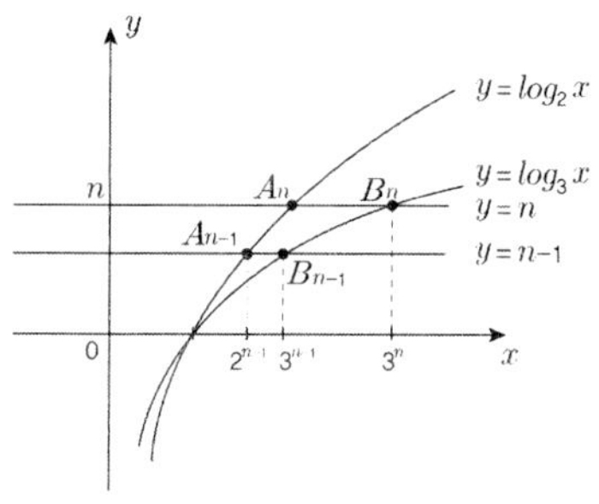

16 ①

$A\cap B=\{(x,\ y)\,|\,x^2+y^2\le 2,\ y\ge x^2\}$에 대해 $x+2y=k$하면 $y=-\frac{1}{2}x+\frac{k}{2}$가 되어

이 직선이 원 $x^2+y^2=2$와 접할 때 k가 최대가 되고, 포물선 $y=x^2$과 접할 때 최소가 된다.

원과 접하는 경우, $(k-2y)^2+y^2-2=0$

$$5y^2-4ky+k^2-2=0$$

$$\frac{D}{4}=4k^2-5k^2+10=0$$

$$\therefore\ k=\sqrt{10}$$

포물선과 접하는 경우, $y=(2y-k)^2$

$$4y^2-(4k+1)y+k^2=0$$

$$D=(4k+1)^2-16k^2=8k+1=0$$

$$\therefore\ k=-\frac{1}{8}$$

그러므로 $x+2y$의 최댓값과 최솟값은 $M=\sqrt{10}$, $m=-\frac{1}{8}$이고 $M^2-m=10+\frac{1}{8}=\frac{81}{8}$이다.

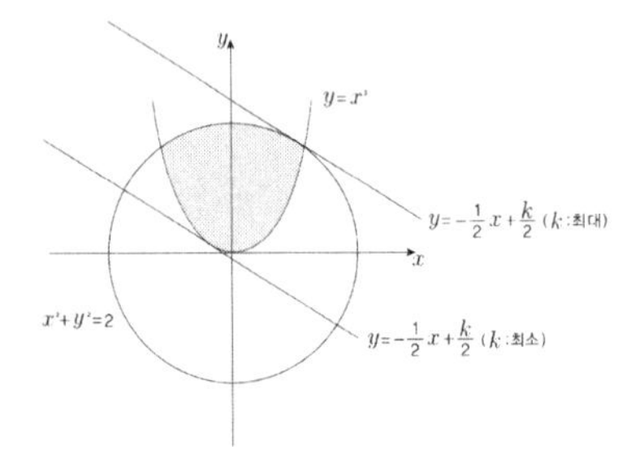

17 ①

52명의 예약자 중 취소하는 사람의 수를 X라 하면 확률변수 X는 이항분포 $B\left(52,\ \frac{1}{10}\right)$를 따른다.

이때, 좌석이 부족하게 될 확률은 $P(X=0$ 또는 $X=1)$이다.

$$P(X=0\ \text{또는}\ X=1)=P(X=0)+P(X=1)={}_{52}C_0\left(\frac{1}{10}\right)^0\left(\frac{9}{10}\right)^{52}+{}_{52}C_1\left(\frac{1}{10}\right)^1\left(\frac{9}{10}\right)^{51}$$

$$=\left(\frac{9}{10}\right)^{51}\left(\frac{9}{10}+\frac{52}{10}\right)=\frac{61}{9}\times\left(\frac{9}{10}\right)^{52}$$

따라서 p의 값은 $\frac{61}{9}$이다.

18 ②

미분가능한 함수 $f(x)$는 $x=1$에서 연속이므로 $a+b+c+1=1=-p+q-r+5$

$$\Rightarrow\begin{cases}a+b+c=0 & \cdots\ (1)\\ p-q+r=4 & \cdots\ (2)\end{cases}$$

또한 함수 $f(x)$는 $x=1$에서 미분계수가 존재해야 하므로

$$f'(x)=\begin{cases}3ax^2+2bx+c & (x\le 1)\\ 3p(x-2)^2+2q(x-2)+r & (x>1)\end{cases}$$

$3a+2b+c=3p-2q+r \cdots (3)$

함수 $g(x)=f'(x)$가 $x=1$에서 미분가능하므로 $g'(x)=\begin{cases} 6ax+2b & (x \le 1) \\ 6p(x-2)+2q & (x>1) \end{cases}$

$6a+2b=-6p+2q \cdots (4)$

또한 $g'(0)=2b=0$, $g'(2)=2q=0$으로부터 $b=0$, $q=0 \cdots (5)$

연립방정식 (1), (2), (3), (4)를 풀면 $a=1$, $b=0$, $c=-1$이 되므로

$\therefore \int_0^1 f(x)dx=\int_0^1 (x^3-x+1)dx=\frac{3}{4}$

19 ④

$0<t\le 1$인 경우 아래 그림과 같이 점 P는 $\overline{\mathrm{BC}}$ 위에, 점 Q는 $\overline{\mathrm{CD}}$ 위에 있다.

이때, 삼각형 APQ의 넓이는

사각형 ABCQ 넓이에서 삼각형 ABP와 삼각형 PCQ의 넓이를 뺀 것과 같다.

즉, $0<t\le 1$일 때, $f(t)=\frac{1}{2}\left(1+\frac{2}{3}t\right)-\frac{1}{2}t-\frac{1}{2}(1-t)\frac{2}{3}t=\frac{1}{3}t^2-\frac{1}{2}t+\frac{1}{2}$이다.

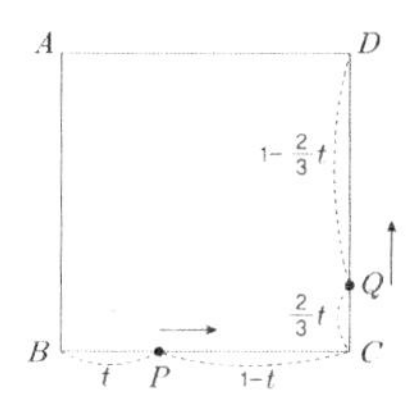

그리고 $1<t\le\frac{3}{2}$일 때, 점 P는 $\overline{\mathrm{CD}}$ 위에 있고, 이때 $\overline{\mathrm{CP}}=t-1$이다.

따라서 삼각형 APQ의 넓이 $f(t)=\frac{1}{2}\left(\frac{2}{3}t-(t-1)\right)=-\frac{1}{6}t+\frac{1}{2}$이다.

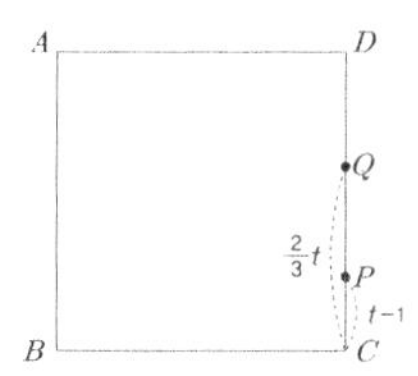

$$f(t)=\begin{cases} \frac{1}{3}t^2-\frac{1}{2}t+\frac{1}{2} & (0<t\le 1) \\ -\frac{1}{6}t+\frac{1}{2} & \left(1<t\le\frac{3}{2}\right) \end{cases} \Rightarrow f'(t)=\begin{cases} \frac{2}{3}t-\frac{1}{2} & (0<t<1) \\ -\frac{1}{6} & \left(1<t\le\frac{3}{2}\right) \end{cases}$$

㉠ (거짓) $t=1$에서 $f(t)$는 미분 불가능하다.

㉡ (참) $f'\left(\frac{3}{4}\right)=0$이고, $t<\frac{3}{4}$이면 $f'(t)<0$, $t>\frac{3}{4}$이면 $f'(t)>0$이므로

$f(t)$는 $t=\frac{3}{4}$에서 극솟값을 갖는다.

㉢ (참) 그림과 같이 $t=1$에서 극댓값을 갖는다.

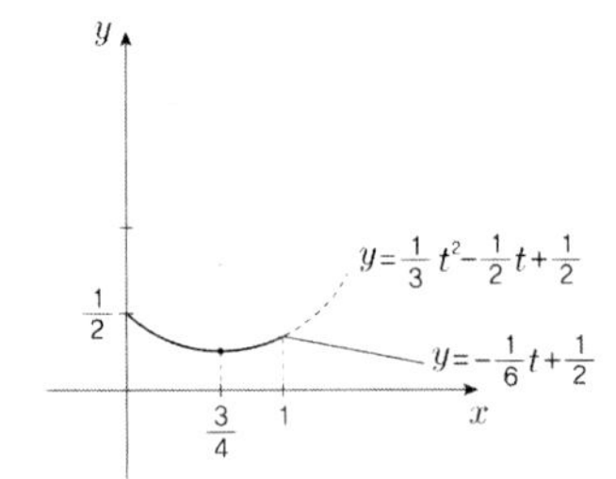

따라서 옳은 것은 ㉡, ㉢이다.

20 ②

한 변의 길이가 a인 정삼각형의 한 꼭짓점을 원점으로 하는 좌표평면을 생각할 때,

세 꼭짓점의 좌표를 각각 $\mathrm{A}(0,\ 0)$, $\mathrm{B}(a,\ 0)$, $\mathrm{C}\left(\frac{a}{2},\ \frac{\sqrt{3}}{2}a\right)$라 하자.

그러면 내부의 점 $\mathrm{P}(x,\ y)$에 대해

$x^2+y^2=16\ \cdots\ (1)$

$(x-a)^2+y^2=4\ \cdots\ (2)$

$\left(x-\frac{a}{2}\right)^2+\left(y-\frac{\sqrt{3}}{2}a\right)^2=12\ \cdots\ (3)$

$(1)-(2)$에서 $2ax-a^2=12 \Rightarrow x=\frac{a^2+12}{2a}=\frac{a}{2}+\frac{6}{a}$

$(2)-(3)$에서 $-ax+\sqrt{3}ay=-8 \Rightarrow y=\frac{ax-8}{\sqrt{3}a}=\frac{a}{2\sqrt{3}}-\frac{2}{\sqrt{3}a}$

다시 (1)에서

$$\left(\frac{a}{2}-\frac{6}{a}\right)^2+\left(\frac{a}{2\sqrt{3}}-\frac{2}{\sqrt{3}a}\right)^2=16 \Rightarrow \frac{a^2}{3}+\frac{112}{3a^2}-\frac{20}{3}=16 \Rightarrow a^2+\frac{112}{a^2}-58=0$$

$$\Rightarrow a^4-58a^2+112=0 \Rightarrow (a^2-28)(a^2-4)=0$$

$$\Rightarrow a=2\sqrt{7},\ 2$$

따라서 $a>2$이므로 한 변의 길이는 $2\sqrt{7}$ 이다.

21 753

방정식 $4x^3+1003x+1004=0$의 세 근을 α, β, γ라 하면 $\alpha+\beta+\gamma=0$, $\alpha\beta\gamma=-\frac{1004}{4}=-251$

$\alpha^3+\beta^3+\gamma^3-3\alpha\beta\gamma=(\alpha+\beta+\gamma)(\alpha^2+\beta^2+\gamma^2-(\alpha\beta+\beta\gamma+\gamma\alpha))=0$

$(\alpha+\beta)^3+(\beta+\gamma)^3+(\gamma+\alpha)^3=(-\gamma)^3+(-\alpha)^3+(-\beta)^3=-(\alpha^3+\beta^3+\gamma^3)=-3\alpha\beta\gamma=753$

22 48

아래 그림과 같이 정96각형의 꼭짓점은 원을 96등분한 점 A_n이라 할 수 있다.

$$a_n=\cos\left(\frac{2\pi}{96}\times(n-1)\right)\ (n=1,\ 2,\ 3,\ \cdots,\ 96)$$

$a_1=1,\ a_{25}=0,\ a_{49}=-1$이고 $a_2^2=a_{48}^2=a_{96}^2,\ a_3^2=a_{47}^2=a_{95}^2,\ \cdots$

$$\sum_{n=1}^{96}a_n^2=a_1^2+a_{49}^2+4\sum_{n=2}^{24}a_n^2$$

$$\cos\left(\frac{23\pi}{48}\right)=\cos\left(\frac{\pi}{2}-\frac{\pi}{48}\right)=\sin\left(\frac{\pi}{48}\right)$$

$$\cos\left(\frac{22\pi}{48}\right)=\cos\left(\frac{\pi}{2}-\frac{2\pi}{48}\right)=\sin\left(\frac{2\pi}{48}\right)$$

$$\vdots \qquad\qquad \vdots \qquad\qquad \vdots$$

$$\cos\left(\frac{13\pi}{48}\right)=\cos\left(\frac{\pi}{2}-\frac{11\pi}{48}\right)=\sin\left(\frac{11\pi}{48}\right)$$

$$\sum_{n=2}^{24}a_n^2$$

$$=\sum_{n=2}^{24}\cos^2\left(\frac{\pi}{48}\times(n-1)\right)=\cos^2\left(\frac{\pi}{48}\right)+\cos^2\left(\frac{2\pi}{48}\right)+\cdots+\cos^2\left(\frac{22\pi}{48}\right)+\cos^2\left(\frac{23}{48}n\right)$$

$$=\cos^2\left(\frac{\pi}{48}\right)+\sin^2\left(\frac{23}{48}n\right)+\cos^2\left(\frac{2\pi}{48}\right)+\sin^2\left(\frac{22\pi}{48}\right)+\cdots+\cos^2\left(\frac{11\pi}{48}\right)+\sin^2\left(\frac{11\pi}{48}\right)+\cos^2\left(\frac{12\pi}{48}\right)$$

$$=11+\frac{1}{2}$$

따라서 주어진 식의 값은 $\sum_{n=1}^{96}a_n^2=1+1+4\left(11+\frac{1}{2}\right)=48$이다.

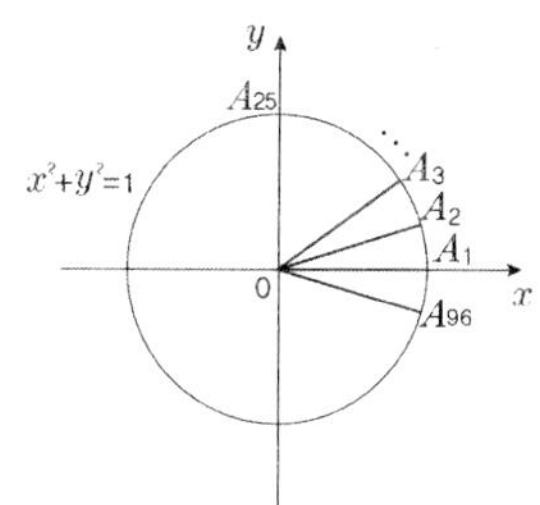

23 45

공차를 d라고 할 때, $d=0$인 경우 가능한 세 자리 자연수는 111, 222, $\cdots$, 999로 9가지이다.
$|d|=1$인 경우는 012, 123, 234, $\cdots$, 789와 이들의 역순인 210, 321, 432, $\cdots$, 987에서 012를 제외한 경우의 수다. 이는 백의 자리의 수가 0, 1, 2, $\cdots$, 7에 해당하는 8가지 경우의 수의 2배에서 1가지 경우의 수를 뺀 것과 같다. 즉, $2\times8-1=15$
마찬가지 방법으로 하면
$|d|=2$인 경우의 수는 백의 자리에 0, 1, $\cdots$, 5인 경우이므로 $2\times6-1=11$
$|d|=3$인 경우의 수는 백의 자리에 0, 1, $\cdots$, 3인 경우이므로 $2\times4-1=7$

$|d|=4$인 경우의 수는 백의 자리에 0, 1인 경우이므로 $2\times2-1=3$
따라서 전체 경우의 수는 $9+15+11+7+3=45$가지이다.

24 167

확률변수 X가 k인 경우의 수는 1, 2, ⋯, k에서 중복해서 2개를 뽑는 순열의 경우의 수에서 1, 2, ⋯, $k-1$에서 중복해서 2개를 뽑는 순열의 경우의 수를 뺀 것과 같다.

따라서 $P(X=k)=\dfrac{k^2-(k-1)^2}{36}=\dfrac{2k-1}{36}\ (k=1,\ 2,\ \cdots,\ 6)$

$E(X)=\sum_{k=1}^{6}kP(X=k)=\sum_{k=1}^{6}k\dfrac{2k-1}{36}=\dfrac{1}{36}\sum_{k=1}^{6}(2k^2-k)=\dfrac{1}{36}\left(2\times\dfrac{6\times7\times13}{6}-\dfrac{6\times7}{2}\right)=\dfrac{161}{36}$

$E(6X)=6E(X)=\dfrac{161}{6}$

$\therefore\ p+q=167$

25 32

함수 $f(x)$와 직선 $l:y=mx+n$이 서로 다른 두 점에서 접하므로 접점의 x좌표를 α, β라 하면
$x^4-2x^2-(2+m)x+3-n=0$의 방정식은 두 중근 α, $\beta\ (\alpha<\beta)$를 갖는다.
따라서 네 근의 합은 $2(\alpha+\beta)=0 \Rightarrow \beta=-\alpha$ ⋯ (1)
또한 함수 $f(x)$의 그래프 위의 점 $(\alpha,\ f(\alpha))$, $(\beta,\ f(\beta))$에서의 접선의 기울기가 둘 다 m이므로
$f'(x)=4x^3-4x-2$
$4\alpha^3-4\alpha-2=4\beta^3-4\beta-2$
$(\alpha-\beta)(\alpha^2+\alpha\beta+\beta^2-1)=0$
$\alpha^2+\alpha\beta+\beta^2-1=0\ (\because\alpha\neq\beta)$ ⋯ (2)
두 식 (1), (2)에서 $\alpha=-1$, $\beta=1$이다.
이때, 직선 l은 함수 $f(x)$의 그래프 위의 점 $(1,\ f(1))$에서의 접선이므로 접선의 방정식 l은
$y-f(1)=f'(1)(x-1)$
$\Rightarrow y=-2x+2$
$\Rightarrow m=-2,\ n=2$
따라서 구하고자 하는 영역의 넓이 A는

$A=\int_{-1}^{1}\{x^4-2x^2-2x+3-(-2x+2)\}dx=\int_{-1}^{1}(x^4-2x^2+1)dx=\dfrac{16}{15}$

$\therefore\ 30A=32$

11 2016학년도 정답 및 해설

01 ①

행렬 $A=\begin{pmatrix}1 & -3\\ 0 & 1\end{pmatrix}$에 대해 $A^n=\begin{pmatrix}1 & -3n\\ 0 & 1\end{pmatrix}$ (n은 자연수)이므로 $A+A^2+\cdots+A^n$의 $(1,\ 2)$성분은

$\sum_{k=1}^{n}(-3k)=-3\times\frac{n(n+1)}{2}=-1448$이다. 따라서 $n=31$이다.

02 ③

$$\begin{aligned}(2+\sqrt{3})^{101}&=(2+\sqrt{3})^{100}(2+\sqrt{3})\\&=(a+b\sqrt{3})(2+\sqrt{3})\\&=(2a+3b)+(a+2b)\sqrt{3}\end{aligned}$$ 이므로 $\begin{cases}x=2a+3b\\ y=a+2b\end{cases}$ 이고

이를 행렬로 표현하면 $\begin{pmatrix}x\\ y\end{pmatrix}=\begin{pmatrix}2 & 3\\ 1 & 2\end{pmatrix}\begin{pmatrix}a\\ b\end{pmatrix}$이다.

따라서 행렬 A는 $A=\begin{pmatrix}2 & 3\\ 1 & 2\end{pmatrix}$이다.

03 ②

교통법규 위반 건수를 변수 X라 하면 확률변수 X는 정규분포 $N(5,1^2)$을 따르고,

임의 추출한 100명의 위반건수 평균을 $\overline{X}$라 하면 $\overline{X}$는 정규분포 $N\left(5,\left(\frac{1}{10}\right)^2\right)$을 따른다.

이 때, 표준화 $Z=\dfrac{\overline{X}-5}{\frac{1}{10}}=10(\overline{X}-5)$을 이용해 확률을 구하면

$$\begin{aligned}P(4.85\le\overline{X}\le5.2)&=P(-1.5\le Z\le2)\\&=P(0\le Z\le1.5)+P(0\le Z\le2)\\&=0.9104\end{aligned}$$

04 ②

이차방정식 $f(x)=0$의 두 근이 α, β이므로 $f(x)=a(x-\alpha)(x-\beta)$라 하면,
$f(x-1)=a(x-1-\alpha)(x-1-\beta)=0$의 두 근은 $\gamma=\alpha+1$, $\delta=\beta+1$이 된다.

$$\begin{aligned}\gamma^2+\delta^2&=(\alpha+1)^2+(\beta+1)^2\\&=\alpha^2+\beta^2+2(\alpha+\beta)+2\\&=(\alpha+\beta)^2-2\alpha\beta+2(\alpha+\beta)+2\\&=(\alpha+\beta)^2+2 \quad (\because \alpha+\beta=\alpha\beta)\\&\geq 2\end{aligned}$$

그러므로 $\gamma^2+\delta^2$의 최솟값은 2이다.

05 ①

방정식 $x^2+x+1=0$의 한 허근이 ω이므로 $\omega^2+\omega+1=0$이고, 더불어 $\omega^3=1$, $\omega+\dfrac{1}{\omega}=-1$을 만족한다.

한편, $\omega^{2^2}=\omega^{2^4}=\cdots=\omega^{2^{2n}}=\omega$, $\omega^{2^3}=\omega^{2^5}=\cdots=\omega^{2^{2n-1}}=\omega^2$이고

$f(\omega)=\omega+\dfrac{1}{\omega}=-1$, $f(\omega^2)=\omega^2+\dfrac{1}{\omega^2}=\dfrac{\omega^4+1}{\omega^2}=\dfrac{\omega+1}{\omega^2}=-1$이므로

$f(\omega)f(\omega^2)f(\omega^{2^2})\cdots f(\omega^{2^{2016}})=(-1)^{2017}=-1$

06 ③

주어진 방정식의 양변에 $\log_{2016}$을 취하면

$(\log_{2016}x)^2-2\log_{2016}x+\dfrac{1}{2}=0 \quad \cdots (1)$

$\log_{2016}x=t$라 치환하면 방정식 $t^2-2t+\dfrac{1}{2}=0$

$2t^2-4t+1=0 \quad \cdots (2)$

(1)의 두 근을 α, β라 하면 (2)의 두 근이 $\log_{2016}\alpha$, $\log_{2016}\beta$이고

따라서 $\log_{2016}\alpha+\log_{2016}\beta=2$이므로 $\alpha\beta=N=2016^2$이다.
그러므로 N의 마지막 두 자리는 56이다.

07 ④

프로파일러가 100명의 집단에서 임의로 한 명을 선택하여 면담하였을 때,
이 사람이 범행을 저지른 사람인 사건을 A, 프로파일러가 범인으로 판단하는 사건을 E라 하면

$P(A)=0.2$, $P(A^c)=0.8$, $P(E|A)=0.99$, $P(E|A^c)=0.04$

구하고자 하는 확률 $P(E)$는

$$\begin{aligned}P(E)&=P(A\cap E)+P(A^c\cap E)\\&=P(A)\,P(E|A)+P(A^c)\,P(E|A^c)\\&=0.2\times 0.99+0.8\times 0.04\\&=0.23\end{aligned}$$

08 ①

확률변수 X가 이항분포 $B(n, p)$을 따를 때,

$E(X)=np$, $V(X)=E(X^2)-\{E(X)\}^2=np(1-p)$

한편 $E(3X+1)=3E(X)+1=19$이므로 $E(X)=np=6$이다.

$E(X^2)=40$이므로 $np(1-p)=40-36=4$이다. 그러므로 $p=\frac{1}{3}$, $n=18$이다.

$$\frac{P(X=1)}{P(X=2)}=\frac{{}_{18}C_1\left(\frac{1}{3}\right)^1\left(\frac{2}{3}\right)^{17}}{{}_{18}C_2\left(\frac{1}{3}\right)^2\left(\frac{2}{3}\right)^{16}}=\frac{4}{17}$$

09 ④

수열 $\{a_n\}$이 $a_{n+1}=\frac{1}{2}|a_n|-1$을 만족하므로

$a_1=1$, $a_2=-\frac{1}{2}$, $a_3=-\frac{3}{4}$, $a_4=-\frac{5}{8}$, $\cdots$

따라서 $n \geq 2$에 대해 $a_n<0$이다. 한편 $n \geq 2$에 대해 $a_{n+1}=-\frac{1}{2}a_n-1$ $(\because a_n<0)$이므로

수열 $\{a_n\}$의 극한은 존재한다. $\lim_{n\to\infty}a_n=\alpha$라고 하면 $\lim_{n\to\infty}a_n=\lim_{n\to\infty}a_{n+1}=\alpha$이므로

$$\alpha=-\frac{1}{2}\alpha-1$$
$$\therefore \alpha=-\frac{2}{3}$$

수열 $\{b_n\}$은 $b_n=a_{n+1}+\frac{2}{3}(n=1,\ 2,\ 3\cdots)$으로부터

$$b_1=a_2+\frac{2}{3}=\frac{1}{6},$$
$$b_2=a_3+\frac{2}{3}=-\frac{1}{12}$$
$$b_3=a_4+\frac{2}{3}=\frac{1}{24}$$
$$\vdots \qquad \vdots$$

이므로 수열 $\{b_n\}$ 공비가 $-\frac{1}{2}$인 등비수열이다. 일반항이 $b_n=\frac{1}{6}\left(-\frac{1}{2}\right)^{n-1}$이므로

$$\sum_{n=1}^{\infty}b_n=\frac{\frac{1}{6}}{1-\left(-\frac{1}{2}\right)}=\frac{1}{9}$$

그러므로 옳은 것은 ㉠, ㉢이다.

10 ⑤

함수 $f(x)$는 $f(x+2)=f(x)$로부터 주기가 2인 주기함수이고 그래프는 아래 그림과 같다.

함수 $y=\log_n x$는 $(n, 1)$, $(n^2, 2)$을 지나면서 함수 $f(x)$와 한주기에 서로 다른 두 교점이 생긴다.

$x=n$에서 $x=n^2$까지는 $\dfrac{n^2-n}{2}$ 주기가 있고 따라서 교점의 개수는

$$a_n = \frac{n^2-n}{2}\times 2 = n^2-n$$

그러므로 $\displaystyle\sum_{n=2}^{10} a_n = \sum_{n=2}^{10}(n^2-n) = \sum_{n=1}^{10}(n^2-n) = 330$이다.

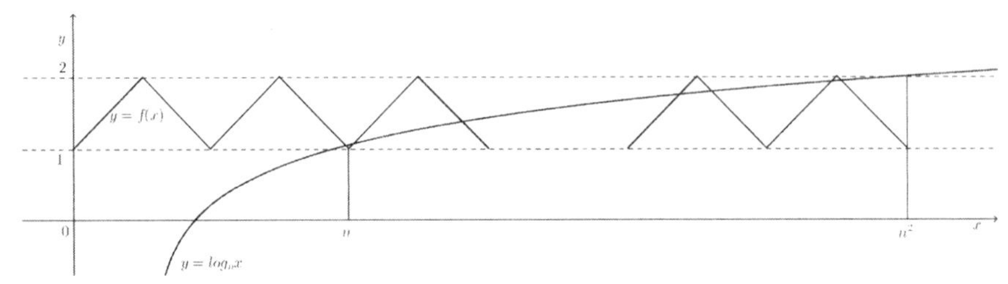

11 ①

다항함수 $f(x)$가 $f(-x)=-f(x)$이므로

$$\lim_{x\to -1}\frac{f(1)-f(-x)}{x^2-1} = \lim_{x\to -1}\frac{-f(-1)+f(x)}{x^2-1}$$

$$= \lim_{x\to -1}\frac{f(x)-f(-1)}{(x+1)}\frac{1}{x-1}$$

$$= -\frac{1}{2}f'(-1) = 3$$

$\therefore f'(-1) = -6$

$\{f(x)\}^2 = g(x)$라 하면 $g(-1) = \{f(-1)\}^2 = 4$

$$\lim_{x\to -1}\frac{\{f(x)\}^2-4}{x+1} = \lim_{x\to -1}\frac{g(x)-g(-1)}{x-(-1)} = g'(-1)$$

$g'(x) = 2f(x)f'(x)$이므로 $g'(-1) = 2\times 2\times(-6) = -24$이다.

12 ③

삼차함수 $f(x)$가 극값을 갖지 않을 조건은 이차방정식 $f'(x)=0$의 판별식이 $D \le 0$이다.

$f'(x)=3(a-4)x^2+6(b-2)x-3a$이고 따라서

$\frac{D}{4}=9(b-2)^2+9a(a-4) \le 0$

$\therefore (a-2)^2+(b-2)^2 \le 4$

이므로 영역 A는 중심이 $(2, 2)$이고 반지름이 2인 원의 내부이다.

직선 $mx-y+m=0$은 $(x+1)m-y=0$이므로 실수 m에 상관없이 정점 $(-1, 0)$을 지난다.

이 때, $A \cap B \neq \varnothing$이기 위해서는 원과 직선이 만나야 한다. 원과 직선이 접할 때는 원의 중심에서 직선에 이르는 거리가 반지름과 같을 때이므로

$\frac{|2m-2+m|}{\sqrt{m^2+1}}=2$

$\therefore m=0,\ \frac{12}{5} \Rightarrow 0 \le m \le \frac{12}{5}$

그러므로 m의 최댓값과 최솟값의 합은 $\frac{12}{5}$이다.

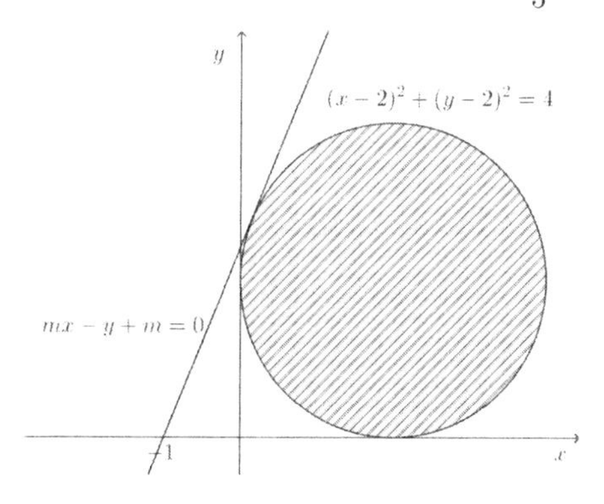

13 ⑤

두 조건 $\left[\frac{x}{n}\right]=2,\ \left[\frac{x}{n+1}\right]=1$로부터 $2 \le \frac{x}{n} < 3,\ 1 \le \frac{x}{n+1} < 2$이므로

$2n \le x < 3n,\quad n+1 \le x < 2(n+1)$

$n=1$인 경우 $2 \le x < 3$이므로 $a_1=2$,

$n \ge 2$인 경우 $2n \le x < 2n+2$이므로 $a_n=2n+1$이다.

$\sum_{n=1}^{30} a_n = a_1 + \sum_{n=2}^{30}(2n+1) = 2 + \frac{29 \times (5+61)}{2} = 959$

14 ②

세 구역을 각각 A, B, C라 하고 각 구역의 순찰 인원을 각각 a, b, c라 하면 구하고자 하는 경우의 수는 $a+b+c=10$ $(1 \le a,\ b,\ c \le 5)$를 만족하는 자연수 a, b, c의 순서쌍의 개수와 같다.

이는 $a+b+c=7$ $(0 \le a,\ b,\ c \le 4)$를 만족하는 순서쌍의 개수와 같으므로,

음이 아닌 정수해의 순서쌍의 개수 ${}_3H_7$에서 a, b, c중 하나가 5, 6, 7인 경우를 뺀 경우의 수이다.

예를 들어 a에 대해서만 살펴보면

$a=5$이면 $b+c=2$이므로 경우의 수는 ${}_2H_2$,

$a=6$이면 $b+c=1$이므로 경우의 수는 ${}_2H_1$,

$a=7$이면 $b+c=0$이므로 경우의 수는 ${}_2H_0$이다. 따라서 구하고자 하는 경우의 수는

${}_3H_7-3\times({}_2H_2+{}_2H_1+{}_2H_0)=18$

15 ⑤

주어진 무한급수를 정적분으로 바꾸면

$$\lim_{n\to\infty}\sum_{k=1}^{n}\frac{36}{n}\left\{f\left(2+\frac{4k}{n}\right)\right\}^2=\frac{36}{4}\lim_{n\to\infty}\sum_{k=1}^{n}\left\{f\left(2+\frac{(6-2)k}{n}\right)\right\}^2\frac{6-2}{n}$$

$$=9\int_2^6\{f(x)\}^2dx$$

임의의 실수 x, y에 대해 $f(xy)=f(x)f(y)-x-y$이므로 $x=y=1$인 경우

$f(1)=\{f(1)\}^2-2$

$\therefore f(1)=2$ $(\because f(1)>0)$

또한 $y=1$인 경우

$f(x)=f(x)f(1)-x-1$

$\therefore f(x)=x+1$

그러므로 $9\int_2^6\{f(x)\}^2dx=9\int_2^6(x+1)^2dx=948$이다.

16 ③

제1행부터 제50행까지 놓인 바둑돌의 총 개수는

$1+2+3+\cdots+50=\frac{50\times51}{2}=1275$

바둑돌 3개당 검은 바둑돌이 2개이므로 총 검은 바둑돌의 개수는 $\frac{1275}{3}\times2=850$이다.

17 ⑤

주사위 눈의 수가 1 또는 6이 나오는 사건을 A라 하면 $P(A)=\frac{1}{3}$이다. 그리고 중지할 때가지 주사위를

던진 횟수를 X라 하면 $P(X=n)=\left(\frac{2}{3}\right)^{n-1}\frac{1}{3}$이므로 확률변수 X의 기댓값 $E(X)$는

$$E(X)=\sum_{n=1}^{\infty}n\left(\frac{2}{3}\right)^{n-1}\frac{1}{3}=\frac{1}{3}\sum_{n=1}^{\infty}n\left(\frac{2}{3}\right)^{n-1}$$

이때 $S_n=\sum_{k=1}^{n}n\left(\frac{2}{3}\right)^{n-1}$이라 하면

$$S_n=1+2\left(\frac{2}{3}\right)+3\left(\frac{2}{3}\right)^2+\cdots+n\left(\frac{2}{3}\right)^{n-1}$$

$$\left(\frac{2}{3}\right)S_n=\left(\frac{2}{3}\right)+2\left(\frac{2}{3}\right)^2+\cdots+(n-1)\left(\frac{2}{3}\right)^{n-1}+n\left(\frac{2}{3}\right)^n$$

두 식을 빼면

$$\frac{1}{3}S_n=1+\left(\frac{2}{3}\right)+\left(\frac{2}{3}\right)^2+\cdots+\left(\frac{2}{3}\right)^{n-1}-n\left(\frac{2}{3}\right)^n$$

$$=\frac{\left(1-\left(\frac{2}{3}\right)^n\right)}{1-\frac{2}{3}}-n\left(\frac{2}{3}\right)^n$$

$\lim_{n\to\infty}n\left(\frac{2}{3}\right)^n=0$이므로 $\lim_{n\to\infty}S_n=9$이다.

그러므로 $E(X)=\frac{1}{3}\sum_{n=1}^{\infty}n\left(\frac{2}{3}\right)^{n-1}=\frac{1}{3}\lim_{n\to\infty}S_n=3$

따라서 받는 돈의 기댓값은 $3\times1000=3000$원이다.

18 ①

한 꼭짓점을 $A(a,\ b)$라 하고, $y=2x$ 위의 점을 P, x축 위의 점을 Q하 하면, 삼각형APQ의 둘레의 길이는 $\overline{AP}+\overline{PQ}+\overline{QA}$이다. 직선 $y=2x$에 대한 점 A의 대칭점을 A', x축에 대한 점 A의 대칭점을 A''이라 한다면 $\overline{AP}=\overline{A'P}$, $\overline{QA}=\overline{QA''}$이므로

$\overline{AP}+\overline{PQ}+\overline{QA}=\overline{A'P}+\overline{PQ}+\overline{QA''}\geq\overline{A'A''}$이어서 둘레 길이의 최솟값은 $\overline{A'A''}$이다.

점 $A'(a',b')$라 하면, 선분 $\overline{AA'}$의 중점이 직선위의 점이므로

$$\frac{b+b'}{2}=2\times\frac{a+a'}{2}$$

직선 $\overline{AA'}$과 직선 $y=2x$가 수직이므로

$$\frac{b-b'}{a-a'}=-\frac{1}{2}$$

연립해서 풀면 $a' = \dfrac{-3a+4b}{5}$, $b' = \dfrac{4a+3b}{5}$ 이다. 그러므로 점 $A''(a, -b)$에 대해

$$\overline{A'A''} = \sqrt{\left(\frac{-8a+4b}{5}\right)^2 + \left(\frac{4a+8b}{5}\right)^2}$$
$$= \frac{4\sqrt{5}}{5}\sqrt{a^2+b^2}$$

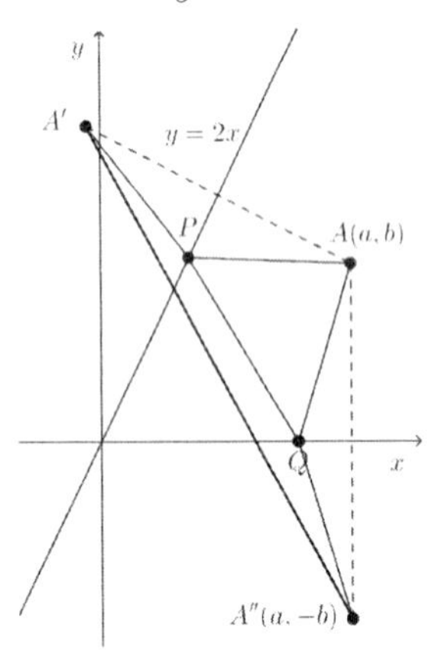

19 ③

$\angle B$의 이등분선과 변 $\overline{AC}$와의 교점을 D라 하면 삼각형 ABC와 삼각형 ADB는 닮음이기 때문에

$\overline{AB}$: $\overline{AD}$= $\overline{AC}$: $\overline{AB}$ $\cdots(1)$

또한 $\angle B$의 이등분선 정리로부터

$\overline{AB}$: $\overline{BC}$= $\overline{AD}$: $\overline{DC}$

$\overline{AD}= (x+2) \times \dfrac{x}{2x+1}$

따라서 (1)에서

$x^2 = (x+2)\dfrac{x}{2x+1} \times (x+2)$

$\therefore x = 4$

삼각형 ABC에서 코사인법칙을 적용하면 $\cos\theta = \dfrac{5^2+6^2-4^2}{2\times5\times6} = \dfrac{3}{4}$

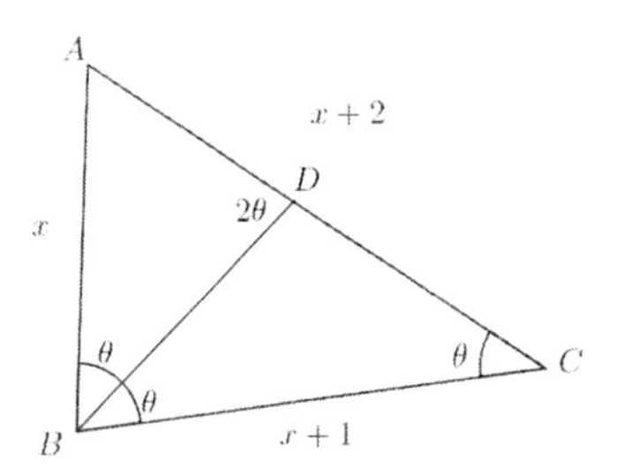

20 ③

㉠ ㈎의 초기 세대에서 다음 세대로 넘어간 후 살아남은 정삭각형들은 아래 그림과 같아서 살아남은 정사각형의 개수는 18개이다.(참)

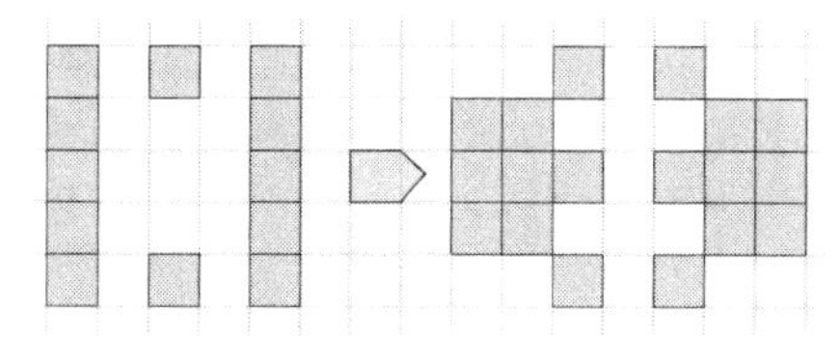

㈎의 0세대와 1세대에서의 살아남은 정사각형들

㉡ 아래 그림에서 보듯이 3세대후면 모든 정사각형이 죽는다.(참)

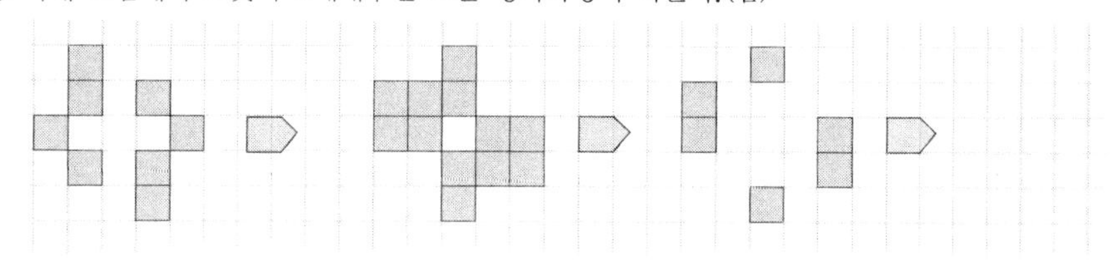

㈏의 0, 1, 2, 3세대후의 살아남은 정사각형들

㉢ 아래 그림에서 보듯이 형태는 주기가 4인 반복적인 형태가 되면서 위치는 한 주기에 한 칸씩 아래에서 살아남는다. 따라서 고정되는 것이 아니라 변화한다.(거짓)

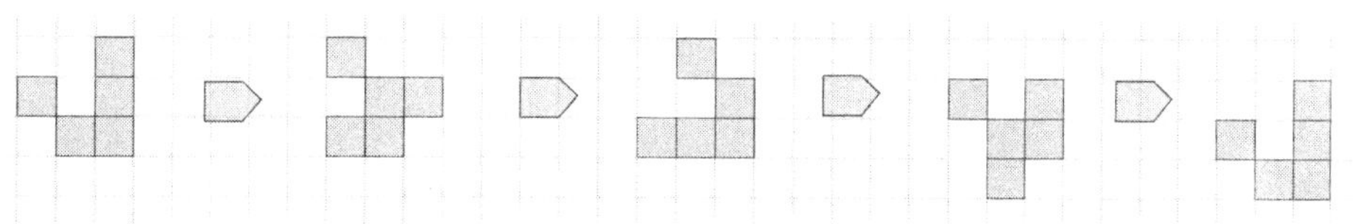

㈐의 0, 1, 2, 3, 4, 5세대후의 살아남은 정사각형들

21 270

등차수열 $\{a_n\}$의 공차를 d라 하면

$a_1+a_3+a_{13}+a_{15}=4a_1+28d=72$

$\therefore a_1+7d=18$

이때, $\sum_{n=1}^{15} a_n = \dfrac{15(2a_1+14d)}{2} = 15(a_1+7d) = 15\times 18 = 270$이다.

22 19

함수 $f(x)=x^2-2|x-t|$에 대해

$$f(x)=\begin{cases} f_1(x)=x^2+2(x-t) & x\le t \\ f_2(x)=x^2-2(x-t) & x\ge t \end{cases}$$

라고 하면 $0\le t\le 1$인 경우 함수 $f(x)$는 아래 그래프와 같고

이때 $-1\le x\le 1$에서의 $f(x)$의 최댓값은 $g(t)=f(t)=t^2$이다.

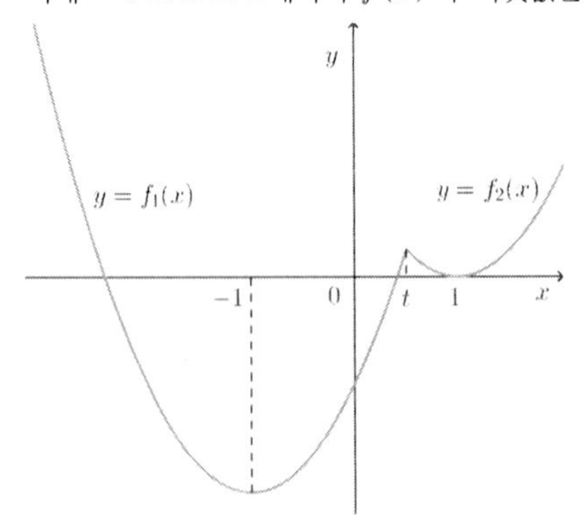

$t>1$인 경우 $-1\le x\le 1$에서의 $f(x)$의 최댓값은 $g(t)=f_1(1)=3-2t$

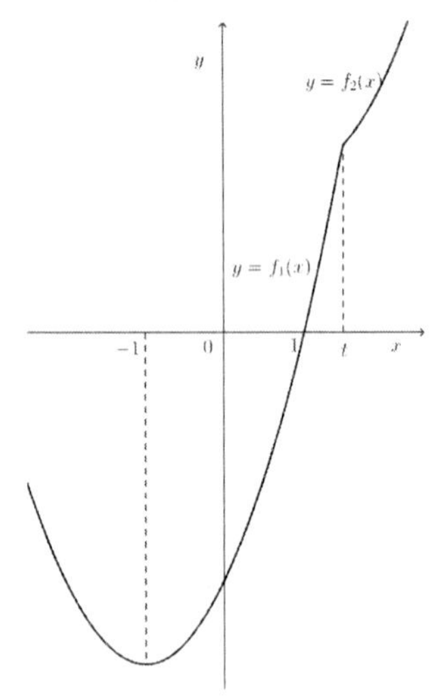

즉, $g(t)=\begin{cases} t^2 & 0\le t\le 1 \\ 3-2t & t\ge 1 \end{cases}$이다. 그러므로 $\int_0^{\frac{3}{2}} g(t)\,dt=\int_0^1 t^2dt+\int_1^{\frac{3}{2}}(3-2t)\,dt=\frac{7}{12}$이고

따라서 $\frac{q}{p}=\frac{7}{12}$이고 $p+q=19$이다.

23 55

$m \geq 15$인 경우 $\log_3 \frac{m}{15} \geq 0$이고

따라서 $\log_3 \frac{m}{15} + \log_3 \frac{n}{3} \leq 0$

$\therefore mn \leq 45$

$n=1$이면 $m=15, 16, \cdots, 45$이므로 순서쌍은 31개이고

$n=2$이면 $m=15, 16, \cdots, 22$이므로 순서쌍은 8개이고

$n=3$이면 $m=15$이므로 순서쌍은 1개다.

$1 \leq m < 15$인 경우 $\log_3 \frac{m}{15} \leq 0$이고

따라서 $-\log_3 \frac{m}{15} + \log_3 \frac{n}{3} \leq 0$

$\therefore 5n \leq m$

$n=1$이면 $m=5, 6, 7 \cdots, 14$이므로 순서쌍은 10개이고

$n=2$이면 $m=10, 11, \cdots, 14$이므로 순서쌍은 5개다.

따라서 전체 순서쌍의 개수는 $31+8+1+10+5=55$개다.

24 37

다항함수 $f(x)$에 대해 $x^3=t$라 하면

$$
\begin{aligned}
y &= t(t+1)(t+2)(t+3) \\
&= (t^2+3t)(t^2+3t+2) \\
&= t^4+6t^3+11t^2+6t
\end{aligned}
$$

$f(x)=x^{12}+6x^9+11x^6+6x^3$

$f'(x)=12x^{11}+54x^8+66x^5+18x^2$이므로 $f'(-1)=-6$이다.

함수 $f(x)$의 최솟값은

$y=(t^2+3t)(t^2+3t+2)=t^4+6t^3+11t^2+6t$의 최솟값과 같다.

$y'=4t^3+18t^2+22t+6=2(2t+3)(t^2+3t+1)$에서

극댓값은 $t=-\frac{3}{2}$일 때, 극솟값은 t가 $t^2+3t+1=0$의 근 일 때, 즉 $t^2+3t=-1$일 때이다.

그러므로 $y=(t^2+3t)(t^2+3t+2)$에서 최솟값은 $(-1)(-1+2)=-1$이다.

따라서 $a=-6, b=-1$ $\therefore a^2+b^2=37$이다.

25 125

삼각형 ABC에서 a_5을 아래 그림을 이용하여 직접 구한다.

선분 $\overline{BC}$을 한 변으로 하는 삼각형의 개수는 꼭짓점 B, C을 제외한 전 꼭짓점 개수와 같으므로 5×5이다.

그리고 변 $\overline{BC_i}(i=1, 2, 3, 4, 5)$중 두 변과 변 $\overline{CA_j}(j=0, 1, 2, 3, 4)$중 한 변을 삼각형의 세변으로 하는 삼각형의 개수를 구해보면 ${}_5C_2\times{}_5C_1=50$이다.

마찬가지로 변 $\overline{CA_j}(j=0, 1, 2, 3, 4)$중 두 변과 $\overline{BC_i}(i=1, 2, 3, 4, 5)$중 한 변을 삼각형의 세 변으로 하는 삼각형의 개수는 ${}_5C_2\times{}_5C_1=50$이다. 따라서 $a_5=25+50+50=125$이다.

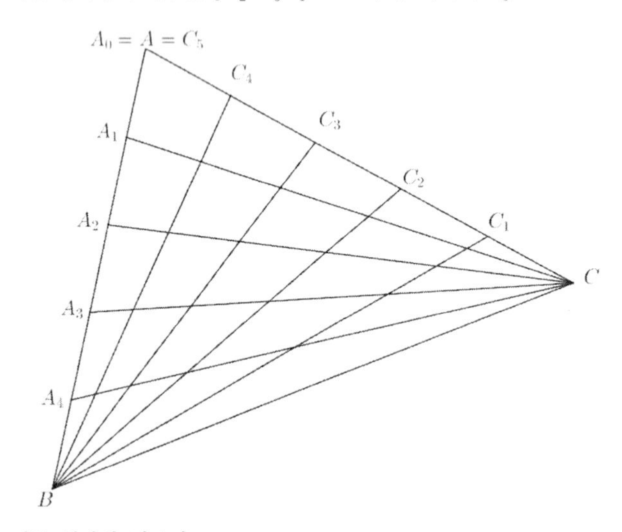

이를 일반화 해보면,

먼저 선분 $\overline{BC}$을 한 변으로 하는 삼각형의 개수는 $n\times n=n^2$이고

변 $\overline{BC_i}(i=1, 2, \cdots, n)$중 두 변과 변 $\overline{CA_j}(j=0, 1, \cdots, n-1)$중 한 변을 삼각형의 세변으로 하는 삼각형의 개수는 ${}_nC_2\times{}_nC_1$이다. 따라서

$$\begin{aligned} a_n &= n^2+2\times{}_nC_2\times{}_nC_1 \\ &= n^2+2\frac{n(n-1)}{2}\times n \\ &= n^3 \end{aligned}$$

12 2017학년도 정답 및 해설

01 ④

$\log a = 3 - \log(a+b)$에서 $a(a+b) = 1000 = 2^3 \times 5^3$(단, a, b는 정수)

따라서 a는 1000의 양의 약수이므로 개수는 $(3+1) \times (3+1) = 16$

02 ③

$\triangle OAB$의 넓이는 $\frac{1}{2}$이고, 직선 AB의 방정식은 $x+y=1$이므로, $P(x,\ 1-x)$라 하면

$G(\frac{x+1}{3},\ \frac{1-x}{3})$ $\therefore$ $\triangle OAG$의 넓이는 $\frac{1}{2} \times 1 \times \frac{1-x}{3} = \frac{1-x}{6}$

$\therefore$ $\frac{1-x}{6} = \frac{1}{4} \times \frac{1}{2}$이므로 $x = \frac{1}{4}$

03 ②

3의 배수의 눈이 나오는 횟수를 확률변수 X라 하면 X는 이항분포 $B(72,\ \frac{1}{3})$을 따른다.

그런데 시행회수 72는 충분히 크다고 할 수 있으므로 X는 정규분포 $N(24,\ 4^2)$에 근사한다.

여기서 $Z = \frac{X-24}{4}$라 하면

$$P(30 \le X \le 36) = P(1.5 \le Z \le 3) = P(0 \le Z \le 3) - P(0 \le Z \le 1.5)$$
$$= 0.4987 - 0.4332 = 0.0655$$

04 ③

$z = a + 2bi$에서 $z + \frac{z}{i} = z - iz = (a+2b) + (2b-a)i$가 실수이므로 허수부 $2b - a = 0$

$\therefore$ $a = 2b$ 즉 순서쌍 $(a,\ b)$는 $(2,\ 1)$, $(4,\ 2)$, $(6,\ 3)$의 3가지이다.

그런데 전체 경우의 수는 $6 \times 6 = 36$가지이므로,

구하는 확률은 $\frac{3}{36} = \frac{1}{12}$

05 ②

$A\cup B=B$일 조건은 $A\subset B$

$A\subset B$일 조건은 $x+y=k$와 $y=kx$의 교점 $(\frac{k}{k+1},\ \frac{k^2}{k+1})$이 원 내부의 점(경계선 포함)이면 된다.

$\therefore\ (\frac{k}{k+1})^2+(\frac{k^2}{k+1}-k)^2\le k^2$ 즉 $2k^2\le k^4+2k^3+k^2$ 정리하면 $k^2(k^2+2k-1)\ge 0$

그런데 $k>0$이므로 $k\ge-1+\sqrt{2}$

따라서 k의 최솟값은 $\sqrt{2}-1$

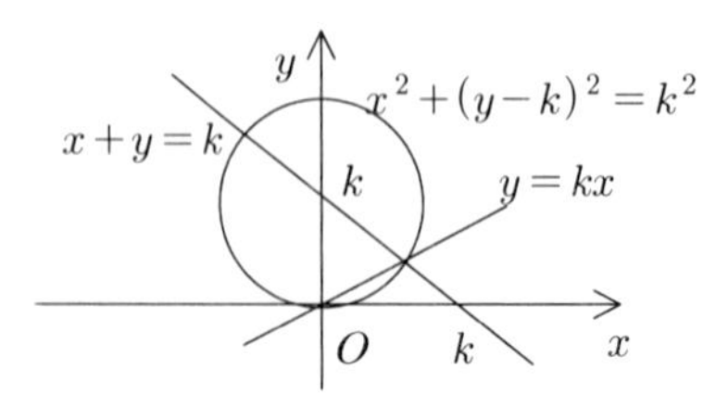

06 ①

$f(x)$는 $x=c$에서 연속이므로 $\lim\limits_{x\to c}f(x)=f(c)=4c$

그런데 $\lim\limits_{x\to c}f(x)=\lim\limits_{x\to c}\frac{x^2-a}{\sqrt{x^2+b}-\sqrt{c^2+b}}$에서

$\lim\limits_{x\to c}(\sqrt{x^2+b}-\sqrt{c^2+b})=0$이므로 $\lim\limits_{x\to c}(x^2-a)=c^2-a=0$ 즉 $a=c^2$

$$\therefore\ \lim_{x\to c}\frac{x^2-a}{\sqrt{x^2+b}-\sqrt{c^2+b}}=\lim_{x\to c}\frac{x^2-c^2}{\sqrt{x^2+b}-\sqrt{c^2+b}}$$
$$=\lim_{x\to c}(\sqrt{x^2+b}+\sqrt{c^2+b})=2\sqrt{c^2+b}=4c\ge 0$$

$\therefore\ b=3c^2$

$\therefore a+b+c=4c^2+c=4(c+\frac{1}{8})^2-\frac{1}{16}(c\ge 0)$

따라서 $c=0$에서 최솟값 0

07 ④

$g\circ f: A\to C$가 역함수를 갖기 위한 조건은 $g\circ f: A\to C$가 일대일대응이어야 한다.
$g\circ f: A\to C$가 일대일대응이기 위해서는 $f: A\to B$가 일대일 함수이고, $f(A)$에서 B로의 함수는 일대일대응이어야 한다.
$f: A\to B$가 일대일 함수의 개수는 ${}_4P_3=24$이고,
$f(A)$에서 B로의 함수는 일대일대응의 개수는 $3!=6$,
나머지 한 원소를 대응시키는 방법이 3가지이므로 g의 개수는 $6\times 3=18$
따라서 구하는 $(f,\ g)$의 개수는 $24\times 18=432$

08 ②

적힌 수가 홀수이고 5의 배수가 아니므로 끝자리 수는 1, 3, 7, 9이다.

끝자리 수는 1, 3, 7, 9인 전체 수는 $10\times10\times4=400$개이고,

끝자리 수가 1, 3, 7, 9일 때, 각 자리의 수의 합이 3의 배수인 경우는

(i) 끝자리 수가 1, 7일 때, 앞의 두 자리 수는 (0, 2), (0, 5), (0, 8), (1, 1), (1, 4), (1, 7), (2, 3), (2, 6), (2, 9), (3, 5), (3, 8), (4, 4), (4, 7), (5, 6), (5, 9), (6, 8), (7, 7), (8, 9)의 18가지

(ii) 끝자리 수가 3, 9일 때, 앞의 두 자리 수는 (0, 0), (0, 3), (0, 6), (0, 9), (1, 2), (1, 5), (1, 8), (2, 4), (2, 7), (3, 3), (3, 6), (3, 9), (4, 5), (4, 8), (5, 7), (6, 6), (6, 9), (7, 8) (9, 9)의 19가지

(1, 1), (4, 4), (0, 0), (3, 3), (6, 6), (7, 7), (9, 9)의 경우는 1가지이므로 $2\times7=14$가지

나머지 30가지의 경우는 2가지이므로 $2\times2\times30=120$가지

즉 3의 배수인 경우는 $14+120=134$

따라서 세 조건을 만족하는 경우의 수는 $400-134=266$

09 ④

A에서 B로 가는 방법은 $\frac{13!}{5!8!}=1287$

$A\to P\to B$의 경우 $\frac{5!}{2!3!}\times\frac{8!}{2!6!}=280$

P에서는 좌회전을 할 수 없으므로

$A\to H\to P\to J\to B$의 경우는 $\frac{4!}{1!3!}\times\frac{7!}{5!2!}=4\times21=84$

$A\to K\to P\to B$의 경우는 $\frac{4!}{2!2!}\times\frac{8!}{6!2!}=6\times28=168$

Q를 지나는 경우의 수는 $\frac{7!}{5!2!}\times\frac{6!}{3!3!}=21\times20=420$

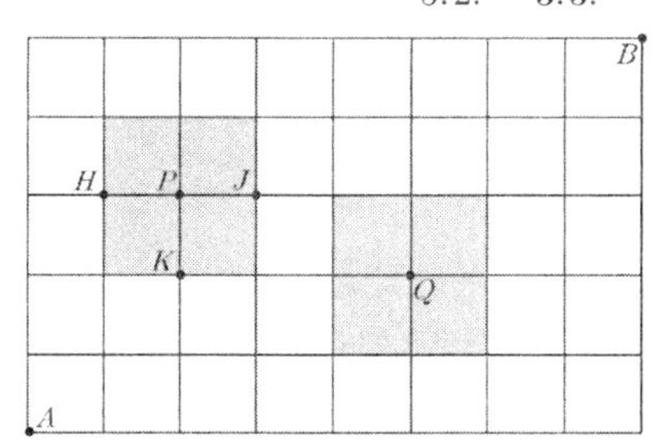

따라서 A에서 B로 가는 모든 경우에서 P를 지나는 경우를 뺀 다음 좌회전하는 경우를 더하고, 다시 Q를 지나는 경우를 빼면 되므로 $1287-280+(84+168)-420=839$

[별해]

전체의 경우에서 H점까지 와서 좌회전하는 경우, Q를 지나는 경우를 빼면

$$\frac{13!}{8!\times5!}-\left(\frac{4!}{3!}\times\frac{7!}{6!}+\frac{7!}{5!\times2!}\times\frac{6!}{3!\times3!}\right)$$
$$=1287-(28+420)$$
$$=839$$

10 ③

A_n의 x좌표가 양수인 경우, A_n의 좌표는 $A_n(\frac{1}{\sqrt{n^2+1}}, \frac{n}{\sqrt{n^2+1}})$,

$\overline{A_nP_n} = \overline{OP_n} = \overline{Q_nB_n} = \frac{1}{2}$이므로 $Q_n(-\frac{3}{2\sqrt{n^2+1}}, -\frac{3n}{2\sqrt{n^2+1}})$

$\therefore a_n = -\frac{3}{2\sqrt{n^2+1}}, b_n = -\frac{3n}{2\sqrt{n^2+1}}$

$\therefore \lim_{n\to\infty} |na_n + b_n| = \lim_{n\to\infty} \frac{3n}{\sqrt{n^2+1}} = 3$

마찬가지로, A_n의 x좌표가 음수인 경우도

$\lim_{n\to\infty} |na_n + b_n| = \lim_{n\to\infty} \frac{3n}{\sqrt{n^2+1}} = 3$

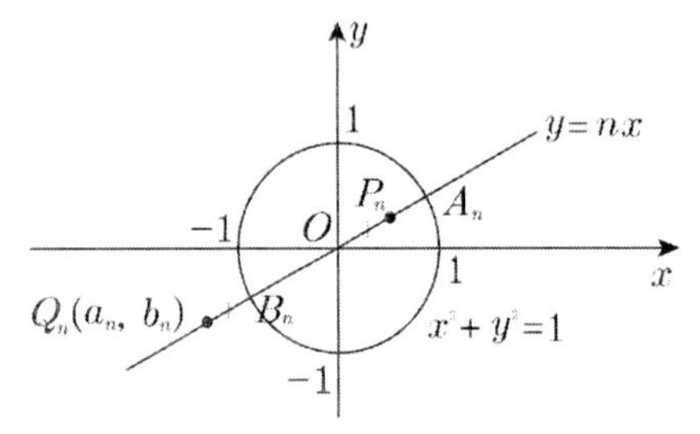

11 ②

$f(x) = ax^2 + bx + c(a > 0)$에 대하여 $g(x) = \int_0^x |f(t) - 2t| dt$이므로

$g'(x) = |f(x) - 2x|$가 실수 전체의 집합에서 미분가능하고,

$a > 0$이므로 $f(x) - 2x \geq 0$ 즉 $ax^2 + (b-2)x + c \geq 0$

$\therefore D = (b-2)^2 - 4ac \leq 0$에서 $(b-2)^2 \leq 4ac$, $c \geq 0$

$f(1) = a + b + c \geq 2\sqrt{ac} + b \geq |b-2| + b = \begin{cases} 2b-2 & (b \geq 2) \\ 2 & (b < 2) \end{cases}$

따라서 $f(1)$의 최솟값은 $b \leq 2$일 때 2이다.

12 ⑤

함수 $f(x)=x+(x-1)(x-2)(x-3)(x-4)$에 대하여

$f(1)=1,\ f(2)=2,\ f(3)=3,\ f(4)=4$이고

$\{f(x)\}^2-x^2f(x)$를 $f(x)-x$로 나눈 몫을 $Q(x)$,

나머지를 $r(x)=ax^3+bx^2+cx+d$라 하면

$$\begin{aligned}\{f(x)\}^2-x^2f(x)&=\{f(x)-x\}Q(x)+r(x)\\&=(x-1)(x-2)(x-3)(x-4)Q(x)+ax^3+bx^2+cx+d\end{aligned}$$

$\therefore \begin{cases}x=1\Rightarrow a+b+c+d=0\\x=2\Rightarrow 8a+4b+2c+d=-4\\x=3\Rightarrow 27a+9b+3c+d=-18\\x=4\Rightarrow 64a+16b+4c+d=-48\end{cases}$ 에서 $a=-1,\ b=1,\ c=0,\ d=0$

$\therefore\ r(x)=-x^3+x^2$

$r'(x)=-3x^2+2x$

여기서 $r'(x)=0$의 두 근을 $\alpha,\ \beta$라 하면 $\alpha+\beta=\frac{2}{3},\ \alpha\beta=0$

$\therefore\ \alpha^2+\beta^2=(\alpha+\beta)^2-2\alpha\beta=\frac{4}{9}$

$\alpha^3+\beta^3=(\alpha+\beta)^3-3\alpha\beta(\alpha+\beta)=\frac{8}{27}$

따라서 극댓값과 극솟값의 합은 $r(\alpha)+r(\beta)=-(\alpha^3+\beta^3)+(\alpha^2+\beta^2)=-\frac{8}{27}+\frac{4}{9}=\frac{4}{27}$

13 ③

서로 다른 6개의 물건을 서로 다른 3개의 상자에 분배하는 방법은 ${}_3\Pi_6=3^6$

빈 상자가 없도록 분배하는 방법은 3상자에 담는 물건의 개수가 각각

1개, 1개, 4개의 경우는 ${}_6C_1\times{}_5C_1\times{}_4C_4=30$

1개, 2개, 3개의 경우는 ${}_6C_1\times{}_5C_2\times{}_3C_3=60$

1개, 3개, 2개의 경우는 ${}_6C_1\times{}_5C_3\times{}_2C_2=60$

1개, 4개, 1개의 경우는 ${}_6C_1\times{}_5C_4\times{}_1C_1=30$

2개, 1개, 3개의 경우는 ${}_6C_2\times{}_4C_1\times{}_3C_3=60$

2개, 2개, 2개의 경우는 ${}_6C_2\times{}_4C_2\times{}_2C_2=90$

2개, 3개, 1개의 경우는 ${}_6C_2\times{}_4C_3\times{}_1C_1=60$

3개, 1개, 2개의 경우는 ${}_6C_3\times{}_3C_1\times{}_2C_2=60$

3개, 2개, 1개의 경우는 ${}_6C_3\times{}_3C_2\times{}_1C_1=60$

4개, 1개, 1개의 경우는 ${}_6C_4\times{}_2C_1\times{}_1C_1=30$

즉 모든 경우의 수는 $30\times3+60\times6+90=540$

따라서 확률은 $\frac{540}{3^6}=\frac{20}{27}$

14 ⑤

점 P, Q를 $P(t,\ 2t^2+6)$, $Q(s,\ -s^2)$라 하자.

$P(t,\ 2t^2+6)$에서 접선의 방정식은 $y-(2t^2+6)=4t(x-t)$ 즉 $y=4tx-2t^2+6$

$Q(s,\ -s^2)$에서 접선의 방정식은 $y-(-s^2)=-2s(x-s)$ 즉 $y=-2sx+s^2$

그런데 두 접선이 공통접선이므로 $\begin{cases} 4t=-2s \Rightarrow s=-2t \\ -2t^2+6=s^2 \Rightarrow s^2+2t^2=6 \end{cases}$

$\begin{cases} t=1 \\ s=-2 \end{cases}$, $\begin{cases} t=-1 \\ s=2 \end{cases}$ 그런데 기울기가 양수이므로 $s=-2,\ t=1$ $\therefore$ $P(1,\ 8)$, $Q(-2,\ -4)$

따라서 $\overline{PQ}=\sqrt{3^2+12^2}=\sqrt{153}=3\sqrt{17}$

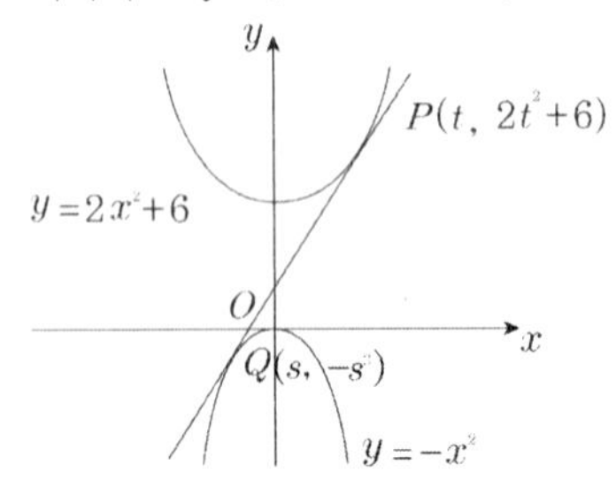

15 ②

그림에서 방정식 $|x^2-2x-6|=|x-k|+2$가 서로 다른 세 실근을 갖기 위한 조건은 $P(k,\ 2)$가 곡선 $y=-x^2+2x+6$ 위의 점이어야 한다.

$\therefore$ $-k^2+2k+6=2$ 즉 $k^2-2k-4=0$

따라서 만족하는 k 값들의 합은 2

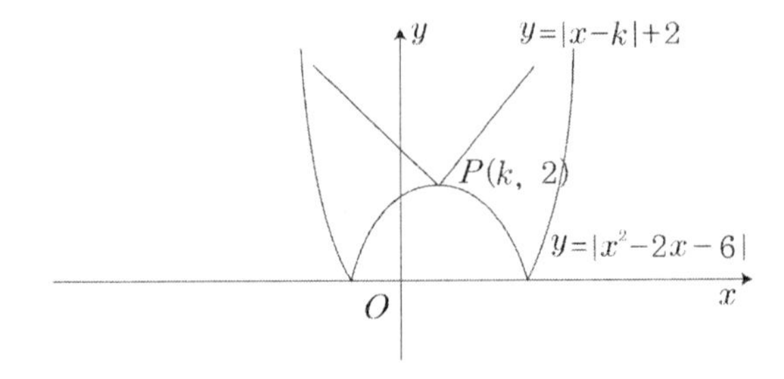

16 ③

$\triangle ABC$, $\triangle ABP$의 넓이가 같으므로 밑변을 $\overline{AB}$로 생각하면 높이 즉 점 C, P의 y좌표가 같다.

$$\therefore \text{ 그림에서 } f(t)=\begin{cases} 4\ (-1<t<-\frac{1}{2},\ -\frac{1}{2}<t<0) \\ 3\ (t=-1,\ t=0) \\ 2\ (0<t<1,\ -2\le t<-1) \\ 1\ (t=1) \\ 0\ (t<-2,\ t>1) \end{cases}$$

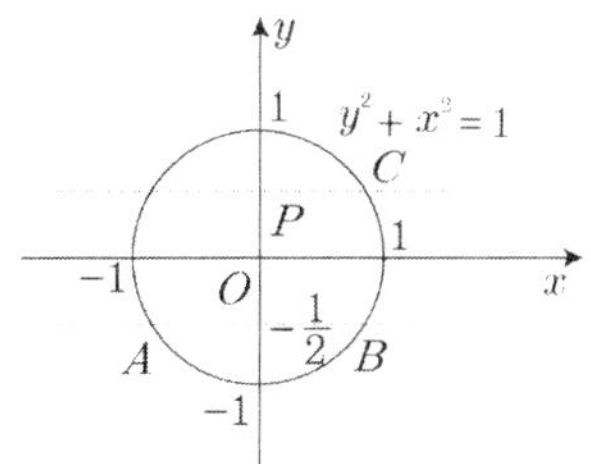

$f(a)+\lim\limits_{t\to a-}f(t)=5$이면 $\begin{cases} f(a)=4 \\ \lim\limits_{t\to a-}f(t)=1 \end{cases}$, $\begin{cases} f(a)=0 \\ \lim\limits_{t\to a-}f(t)=5 \end{cases}$, $\begin{cases} f(a)=2 \\ \lim\limits_{t\to a-}f(t)=3 \end{cases}$, $\begin{cases} f(a)=1 \\ \lim\limits_{t\to a-}f(t)=4 \end{cases}$는 없으므로

$\begin{cases} f(a)=3 \\ \lim\limits_{t\to a-}f(t)=2 \end{cases}$일 때 $a=-1$

$b=\lim\limits_{t\to 0-}f(t)=4$ 따라서 $a=-1$, $b=4$ 즉 $a+b=3$

17 ①

$$a_1=\frac{9}{8},\ a_{n+1}=\frac{9}{8}\left(\frac{9}{8}+9\right)\left(\frac{9}{8}+9+9^2\right)\cdots\left(\frac{9}{8}+9+9^2+\cdots+9^n\right)$$

$$=\left(1+\frac{1}{8}\right)\times\left(\frac{9^2-1}{9-1}+\frac{1}{8}\right)\times\left(\frac{9^3-1}{9-1}+\frac{1}{8}\right)\times\cdots\times\left(\frac{9^{n+1}-1}{9-1}+\frac{1}{8}\right)$$

$$=\frac{9}{8}\times\frac{9^2}{8}\times\frac{9^3}{8}\times\cdots\times\frac{9^{n+1}}{8}=\frac{9^{\frac{(n+1)(n+2)}{2}}}{8^{n+1}}$$

즉 $a_n=\dfrac{9^{\frac{n(n+1)}{2}}}{8^n}$ $\quad\therefore \log a_n=n(n+1)\log 3-3n\log 2$

$$\therefore \sum_{k=1}^{10}\frac{\log a_k}{k}=\sum_{k=1}^{10}\{(k+1)\log 3-3\log 2\}=\sum_{k=1}^{10}\{k\log 3+(\log 3-3\log 2)\}$$

$$=\frac{10\times 11}{2}\log 3+10(\log 3-3\log 2)=\log 3^{55}+\log 3^{10}-\log 2^{30}=\log\frac{3^{65}}{2^{30}}$$

따라서 $A=\dfrac{3^{65}}{2^{30}}$

18 ④

$\sqrt{4+y^2}$는 점 $(x,\ y)$에서 $(x\pm2,\ 0)$까지 거리, $\sqrt{x^2+y^2-4x-4y+8}$는 점 $(x,\ y)$에서 $(2,\ 2)$까지 거리, $\sqrt{x^2-10x+29}$는 점 $(x,\ y)$에서 $(5,\ y\pm2)$까지 거리를 나타낸다.

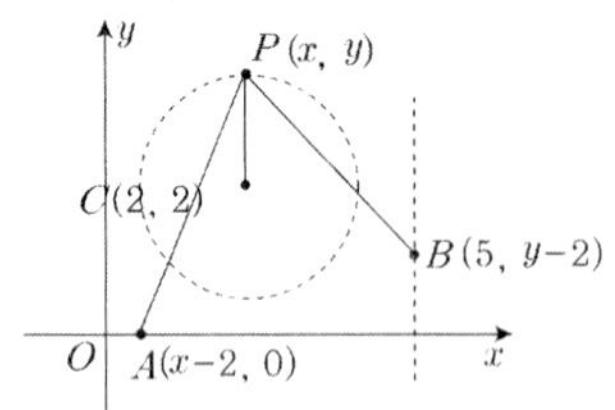

그런데 $\sqrt{y^2+4}+\sqrt{x^2-10x+29}$이 최소가 되는 경우 세 점

$A(x-2,\ 0)$, $B(5,\ y+2)$, P가 일직선 위에 있어야 하므로, $\dfrac{y}{2}=\dfrac{-2}{x-5}=\dfrac{-y-2}{x-7}$

마찬가지로 $B'(5,\ y-2)$, $C(2,\ 2)$, P가 일직선 위에 있어야 하므로 $\dfrac{y-2}{x-2}=\dfrac{2}{x-5}=\dfrac{y-4}{3}$

$\therefore x=\dfrac{5}{2},\ y=\dfrac{8}{5}$이므로 $A(\dfrac{1}{2},0)$, $B(5,\ \dfrac{18}{5})$, $C(2,\ 2)$

$\therefore\ \overline{AP}=\sqrt{4+\dfrac{64}{25}}=\dfrac{2\sqrt{41}}{5}$, $\overline{BP}=\sqrt{\dfrac{25}{4}+4}=\dfrac{\sqrt{41}}{2}$, $\overline{CP}=\sqrt{\dfrac{1}{4}+\dfrac{4}{25}}=\dfrac{\sqrt{41}}{10}$

따라서 $\overline{AP}+\overline{BP}+\overline{CP}=\dfrac{2\sqrt{41}}{5}+\dfrac{\sqrt{41}}{2}+\dfrac{\sqrt{41}}{10}=\sqrt{41}$

19 ⑤

$f(x)=x^4-6x^3+12x^2-8x+1,\ g(x)=ax^2+bx+c$라 하면

$f(x)-g(x)=x^4-6x^3+(a+12)x^2-(8-b)x+(c+1)$

$f(\alpha)-g(\alpha)=0,\ f(\alpha+1)-g(\alpha+1)=0,$

$f'(\alpha)-g'(\alpha)=0,\ f'(\alpha+1)-g'(\alpha+1)=0$이므로

$f(x)-g(x)$는 $(x-\alpha)^2$, $(x-\alpha-1)^2$을 인수로 갖는다.

즉 $f(x)-g(x)=(x-\alpha)^2(x-\alpha-1)^2=\{x^2-(2\alpha+1)x+(\alpha^2+\alpha)\}^2$

여기서 $f(x)-g(x)$의 3차항의 계수를 비교하면 $-2(2\alpha+1)=-6$ 즉 $\alpha=1$

$\therefore\ f(x)-g(x)=(x^2-3x+2)^2=x^4-6x^3+13x^2-12x+4$

$\therefore\ g(x)=x^2-4x+3$

$\therefore\ S_1=\displaystyle\int_1^2(x^4-6x^3+13x^2-12x+4)dx=\left[\dfrac{x^5}{5}-\dfrac{3}{2}x^4+\dfrac{13}{3}x^3-6x^2+4x\right]_1^2=\dfrac{1}{30}$

$S_2=-\displaystyle\int_1^3(x^2-4x+3)dx=\dfrac{4}{3}$

따라서 $\dfrac{S_2}{S_1}=\dfrac{\frac{4}{3}}{\frac{1}{30}}=40$

20 ①

$$a=\sum_{k=1}^{100}\frac{1}{2k(2k-1)}=\sum_{k=1}^{100}(\frac{1}{2k-1}-\frac{1}{2k})$$
$$=(\frac{1}{1}-\frac{1}{2})+(\frac{1}{3}-\frac{1}{4})+(\frac{1}{5}-\frac{1}{6})+\cdots+(\frac{1}{199}-\frac{1}{200})$$
$$=(1+\frac{1}{3}+\frac{1}{5}+\cdots+\frac{1}{199})-(\frac{1}{2}+\frac{1}{4}+\cdots+\frac{1}{100})$$
$$=(1+\frac{1}{2}+\frac{1}{3}+\cdots+\frac{1}{200})-2(\frac{1}{2}+\frac{1}{4}+\cdots+\frac{1}{100})$$
$$=(1+\frac{1}{2}+\frac{1}{3}+\cdots+\frac{1}{200})-(1+\frac{1}{2}+\frac{1}{3}+\cdots+\frac{1}{100})$$
$$=\frac{1}{101}+\frac{1}{102}+\frac{1}{103}\cdots+\frac{1}{200}$$

$$b=\sum_{k=1}^{100}\frac{1}{(100+k)(201-k)}=\frac{1}{301}\sum_{k=1}^{100}(\frac{1}{k+100}+\frac{1}{201-k})$$
$$=\frac{2}{301}(\frac{1}{101}+\frac{1}{102}+\frac{1}{103}+\cdots+\frac{1}{200})=\frac{2a}{301}$$

따라서 $[\frac{a}{b}]=[\frac{301}{2}]=150$

21 150

$60^a=5$에서 $a=\log_{60}5$

$60^b=6$에서 $b=\log_{60}6$

$\therefore\ \frac{2a+b}{1-a}=\frac{2\log_{60}5+\log_{60}6}{1-\log_{60}5}=\frac{\log_{60}150}{\log_{60}12}=\log_{12}150$

따라서 $12^{\frac{2a+b}{1-a}}=12^{\log_{12}150}=150$

22 325

$(x+y+z)^2=x^2+y^2+z^2+2(xy+yz+zx)$에서 $xy+yz+zx=5$

$\therefore x^3+y^3+z^3=(x+y+z)\{(x+y+z)^2-3(xy+yz+zx)+3xyz=41$

또 $(xy+yz+zx)^2=x^2y^2+y^2z^2+z^2x^2+2xyz(x+y+z)$에서

$x^2y^2+y^2z^2+z^2x^2=55$

$(x^2+y^2+z^2)(x^3+y^3+z^3)$
$=x^5+y^5+z^5+(x^2y^2+x^2z^2+y^2z^2)(x+y+z)-xyz(xy+xz+yz)$

즉 $15\times41=x^5+y^5+z^5+55\times5+3\times5$

따라서 $x^5+y^5+z^5=325$

23 510

초대하는 횟수가 6회이고 3회 이하로만 초대하므로

(ⅰ) 3회, 2회, 1회인 경우 : $3! \times ({}_6C_3 \times {}_3C_2 \times {}_1C_1) = 360$

(ⅱ) 2회, 2회, 2회인 경우 : ${}_6C_2 \times {}_4C_2 \times {}_2C_2 = 90$

(ⅲ) 3회, 3회인 경우 : ${}_3C_2 \times {}_6C_3 \times {}_3C_3 = 60$

따라서 초대하는 경우의 수는 $360 + 90 + 60 = 510$

24 15

점 $A(0,\ 1)$의 x축에 대한 대칭점 D는 $D(0,\ -1)$, $2x+y=k$에 대한 대칭점 B는 $B(\frac{4k-4}{5},\ \frac{2k+3}{5})$

그런데, 빛이 이동한 거리 $\overline{AP}+\overline{PC}+\overline{CA}=\overline{BD}=\sqrt{5}$ 이므로

$\overline{BD}^2 = (\frac{4k-4}{5})^2 + (\frac{2k+3}{5}+1)^2 = \frac{1}{25}(20k^2+80) = 5$

그런데 $k>0$이므로 $k=\frac{3}{2}$

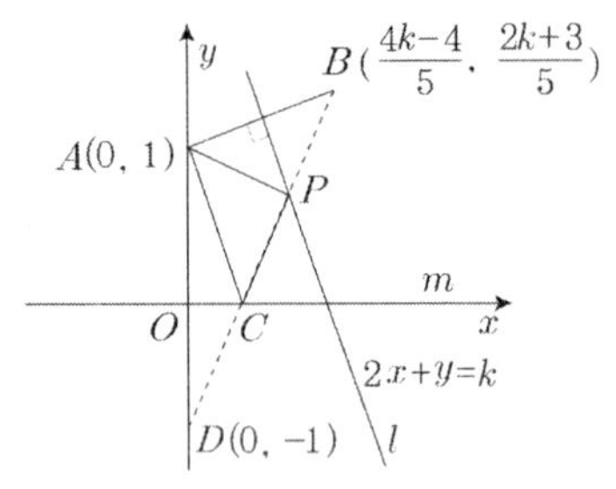

따라서 $10k = 10 \times \frac{3}{2} = 15$

25 120

수열 $\{a_n\}$은 첫째 항 $a=-2016$, 공차 d(d는 정수)인 등차수열이므로

$a_n = -2016 + (n-1)d$

$\therefore \sum_{k=n}^{2n} a_k = \{a+(n-1)d\} + \{a+nd\} + \cdots + \{a+(2n-1)d\}$

$= \frac{n+1}{2}\{2a+(3n-2)d\} = \frac{n+1}{2}\{-4032+(3n-2)d\} = 0$

그런데 $n+1 \neq 0$이므로 $(3n-2)d = 4032 = 2^6 \times 3^2 \times 7 = (3-1)^6 \times 3^2 \times (3 \times 2 + 1)$

그런데 $3n-2$는 3으로 나누어 나머지가 1인 수이므로

$1,\ 7,\ 2^2,\ 2^4,\ 2^6,\ 2^2 \times 7,\ 2^4 \times 7,\ 2^6 \times 7$이 될 수 있다.

즉 d는 $2^6 \times 3^2 \times 7 = 4032$, $2^6 \times 3^2 = 576$, $2^4 \times 3^2 \times 7 = 1008$, $2^2 \times 3^2 \times 7 = 252$,
$3^2 \times 7 = 63$, $2^4 \times 3^2 = 144$, $2^2 \times 3^2 = 36$, $3^2 = 9$

$\therefore k = 4032 + 576 + 1008 + 252 + 63 + 144 + 36 + 9 = 6120$

따라서 k를 1000으로 나눈 나머지는 120

13 2018학년도 정답 및 해설

01 ②

$$\frac{1}{(n+1)\sqrt{n}+n\sqrt{n+1}}=\frac{(n+1)\sqrt{n}-n\sqrt{n+1}}{n(n+1)}=\frac{\sqrt{n}}{n}-\frac{\sqrt{n+1}}{n+1}$$ 이므로

$$\frac{1}{2\sqrt{1}+\sqrt{2}}+\frac{1}{3\sqrt{2}+2\sqrt{3}}+\cdots+\frac{1}{121\sqrt{120}+120\sqrt{121}}$$

$$=\left(\frac{\sqrt{1}}{1}-\frac{\sqrt{2}}{2}\right)+\left(\frac{\sqrt{2}}{2}-\frac{\sqrt{3}}{3}\right)+\cdots+\left(\frac{\sqrt{120}}{120}-\frac{\sqrt{121}}{121}\right)$$

$$=1-\frac{11}{121}$$

$$=\frac{10}{11}$$

02 ①

$z=a+bi$에 대하여 $\frac{i}{z-1}=\frac{i}{a-1+bi}=\frac{b+(a-1)i}{(a-1)^2+b^2}$ 이 양의 실수 이므로

$b>0,\ a-1=0 \quad \therefore a=1$이다.

그리고 $a^2+b^2=4$ 에서 $a=1$ 을 대입하면 $b=\sqrt{3}$ $(\because b>0)$이다.

따라서 $z=1+\sqrt{3}\,i$이고, $z^2=(1+\sqrt{3}\,i)^2=-2+2\sqrt{3}\,i$이다.

03 ④

수험생의 성적을 확률변수 X라 하면 X는 정규분포 $N(500,\ 30^2)$을 따른다.

지원한 수험생이 500일 때, 입학 정원이 35 명이므로 합격하기 위한 최저 점수를 a 라 하면

$P(X\geq a)=\frac{35}{500}=0.07$이어야 한다. $Z=\frac{X-500}{30}$을 이용하여 변형하면

$P(X\geq a)=P\left(Z\geq\frac{a-500}{30}\right)=0.5-P\left(0\leq Z\leq\frac{a-500}{30}\right)=0.07$에서

$P\left(0\leq Z\leq\frac{a-500}{30}\right)=0.43$이고 따라서 $\frac{a-500}{30}=1.5 \quad \therefore a=545$이다.

04 ③

그림에서처럼 점 $P\left(t,\ \frac{t+1}{2}\right)$을 지나고 직선 $y=\frac{1}{2}(x+1)$에 수직인 직선의 방정식은 $y=-2x+\frac{5t+1}{2}$ 이므로 점 Q의 좌표는 $\left(0,\ \frac{5t+1}{2}\right)$이다. $\overline{AP}=\sqrt{(t+1)^2+\frac{(t+1)^2}{4}}=\sqrt{\frac{5(t+1)^2}{4}}$,

$\overline{AQ}=\sqrt{1+\frac{(5t+1)^2}{4}}=\sqrt{\frac{25t^2+10t+5}{4}}$ 이므로 $\lim_{t\to\infty}\frac{\overline{AQ}}{\overline{AP}}=\lim_{t\to\infty}\frac{\sqrt{\frac{25t^2+10t+5}{4}}}{\sqrt{\frac{5(t+1)^2}{4}}}=\sqrt{5}$ 이다.

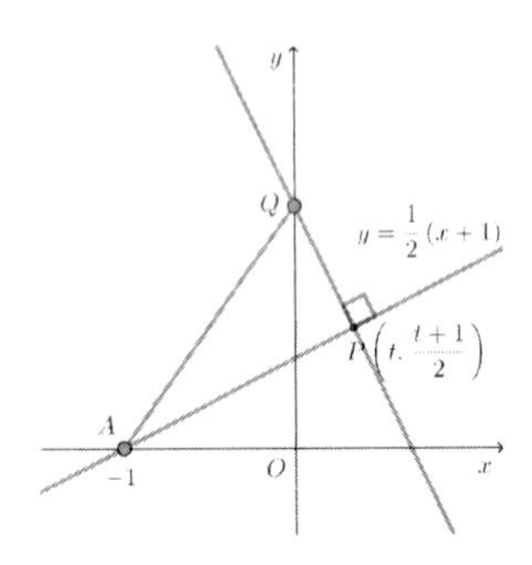

05 ②

$\lim_{n\to\infty}\frac{c^n+b^n}{(a^2)^n+(b^2)^n}=1$ 이 되기 위해서는

(i) $c=a^2>b^2$ 일 때, $(a,b,c)=(2,1,4),(3,1,9),(3,2,9)$ 로 3 가지이고,

(ii) $c=b^2>a^2$ 일 때, $(a,b,c)=(1,2,4),(1,3,9),(2,3,9)$ 로 3 가지이고,

(iii) $c=a^2=b^2=b$, 즉 $(a,b,c)=(1,1,1)$ 이다.

따라서 순서쌍 (a,b,c) 의 개수는 7 이다.

06 ④

양수 $a,\ b$ 에 대하여 $ab+a+2b=7$ 이므로 $b=\frac{-a+7}{a+2}$ 이다.

$ab=a\times\frac{-a+7}{a+2}=\frac{-a^2+7a}{a+2}=-a+9-\frac{18}{a+2}=9+2-\left(a+2+\frac{18}{a+2}\right)$ 에 대하여

$a+2+\frac{18}{a+2}\geq 2\sqrt{(a+2)\left(\frac{18}{a+2}\right)}=6\sqrt{2}$ 이므로 $ab=11-\left(a+2+\frac{18}{a+2}\right)\leq 11-6\sqrt{2}$ 이다.

따라서 ab 의 최댓값은 $11-6\sqrt{2}$ 이다.

07 ①

다항식 $f(x)=x^{10}+x^5+3$ 을 x^2+x+1 로 나눈 나머지를 $r_1(x)=a_1x+b_1$ (a_1, b_1 은 실수) 라고 하면 $f(x)=(x^2+x+1)Q_1(x)+a_1x+b_1 \cdots$ ①

$x^2+x+1=0$ 의 한 허근을 ω_1이라 하면 $\omega_1^3=1$, $\omega_1^2+\omega_1+1=0$이다.

ω_1 을 ①에 대입하면 $\omega_1^{10}+\omega_1^5+3=a_1\omega_1+b_1$

$$\omega_1+\omega_1^2+1+2=a_1\omega_1+b_1$$
$$2=a_1\omega_1+b_1$$

이므로 $a_1=0$, $b_1=2$ $\therefore r_1(x)=2$이다.

다항식 $f(x)=x^{10}+x^5+3$ 을 x^2-x+1로 나눈 나머지를 $r_2(x)=a_2x+b_2$(a_2, b_2 은 실수)라고 하면

$f(x)=(x^2-x+1)Q_2(x)+a_2x+b_2 \cdots$ ②

$x^2-x+1=0$ 의 한 허근을 ω_2 이라 하면 $\omega_2^3=-1$, $\omega_2^2-\omega_2+1=0$이다.

ω_2 을 ②에 대입하면 $\omega_2^{10}+\omega_2^5+3=a_2\omega_2+b_2$

$$-\omega_2-\omega_2^2+3=a_2\omega_2+b_2$$
$$-\omega_2-(\omega_2-1)+3=a_2\omega_2+b_2 \quad (\because \omega_2^2=\omega_2-1)$$
$$-2\omega_2+4=a_2\omega_2+b_2$$

이므로 $a_2=-2$, $b_2=4$ $\therefore r_2(x)=-2x+4$이다.

다항식 $f(x)=x^{10}+x^5+3$ 을 $(x^2+x+1)(x^2-x+1)$로 나눈 나머지를

$r_3(x)=a_3x^3+b_3x^2+c_3x+d_3$ (a_3, b_3, c_3, d_3 은 실수)라고 하면

$f(x)=(x^2+x+1)(x^2-x+1)Q_3(x)+a_3x^3+b_3x^2+c_3x+d_3 \cdots$ ③

ω_1 을 ③에 대입하면 $2=a_3\omega_1^3+b_3\omega_1^2+c_3\omega_1+d_3$

$$2=a_3-b_3+d_3+(-b_3+c_3)\omega_1$$

이므로 $a_3-b_3+d_3=2$, $-b_3+c_3=0 \cdots$ ④

ω_2 을 ③에 대입하면 $-2\omega_2+4=a_3\omega_2^3+b_3\omega_2^2+c_3\omega_2+d_3$

$$-2\omega_2+4=-a_3-b_3+d_3+(b_3+c_3)\omega_2$$

이므로 $-a_3-b_3+d_3=4$, $b_3+c_3=-2 \cdots$ ⑤

④와 ⑤을 연립해서 풀면 $a_3=-1$, $b_3=-1$, $c_3=-1$, $d_3=2$ 이고

따라서 $r_3(x)=-x^3-x^2-x+2$ 이다.

이때, $r_1(x)r_2(x)r_3(x)$ 를 $x-1$ 로 나눈 나머지는 $r_1(1)r_2(1)r_3(1)=2\times2\times(-1)=-4$ 이다.

08 ①

그림에서처럼 삼각형 OAP 에 대하여 변 OA의 중점을 $M\left(\frac{3}{2},\ 0\right)$이라 하면

$\overline{OP}^2+\overline{AP}^2=2(\overline{PM}^2+\overline{OM}^2)$이 성립한다. 선분 OM 의 길이는 $\frac{3}{2}$ 이므로 $\overline{OP}^2+\overline{AP}^2$ 의 최솟값은

선분 PM의 길이가 최소일 때이다. 곡선 $y=2x^2$ 위의 점 P의 좌표를 $(a,\ 2a^2)$이라 하면

$\overline{PM}^2 = \left(a-\frac{3}{2}\right)^2 + 4a^4 = 4a^4 + a^2 - 3a + \frac{9}{4}$ 이고 $f(a) = 4a^4 + a^2 - 3a + \frac{9}{4}$ 라 하면

$f'(a) = (2a-1)(8a^2+4a+3)$ 이고 따라서 함수 $f(a)$는 $a = \frac{1}{2}$ 에서 극소이면서 최솟값을 가진다.

그러므로 $\overline{PM}^2$의 최솟값은 $f\left(\frac{1}{2}\right) = \frac{5}{4}$ 이고 따라서 $\overline{OP}^2 + \overline{AP}^2$의 최솟값은 $2\times\left(\frac{9}{4}+\frac{5}{4}\right) = 7$ 이다.

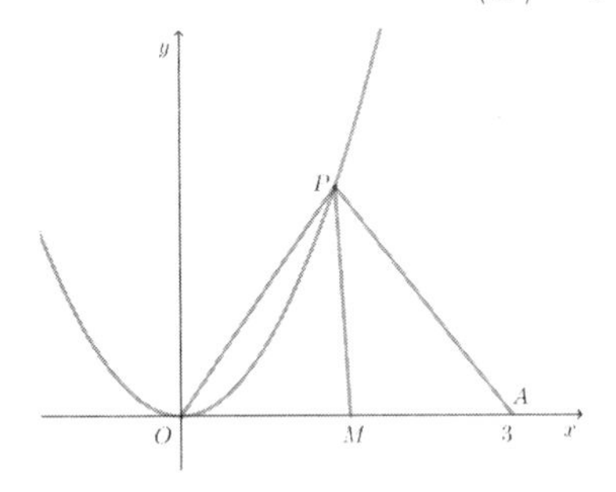

09 ②

함수 $y = \frac{1}{x+1}$ 의 그래프와 직선 $y = mx+n$이 한 점에서 만나므로

$\frac{1}{x+1} = mx+n$, $mx^2+(m+n)x+n-1=0$에서 $D = m^2+n^2-2mn+4m = 0 \cdots$ ①

이다. 직선의 x 축과 만나는 점 A의 좌표는 $\left(-\frac{n}{m}, 0\right)$, y축과 만나는 점 B의 좌표는 $(0, n)$이므로 삼각형 OAB의 넓이는 $\frac{1}{2}\left(-\frac{n}{m}\right)n = 1$에서 $m = -\frac{1}{2}n^2 \cdots$ ②

이다. ②식을 ①의 식에 대입하면 $n^2(n^2+4n-4)=0$ $\quad\therefore n = -2+2\sqrt{2}$ $(\because n>0)$이다.
이를 ②식에 대입하면 $m = -6+4\sqrt{2}$ 이므로 $m+n = -8+6\sqrt{2} = 2(3\sqrt{2}-4)$이다.

10 ⑤

이차방정식 $x^2-2px+p-1=0$의 두 근은 $x = p\pm\sqrt{p^2-p+1}$ 이므로
$\alpha < p < \beta$ 이고, $\alpha+\beta = 2p$, $\alpha\beta = p-1$이다. $\alpha^2+\beta^2 = (\alpha+\beta)^2 - 2\alpha\beta = 4p^2-2p+2$이므로

$$\begin{aligned}\int_\alpha^\beta |x-p|dx &= \int_\alpha^p(-x+p)dx + \int_p^\beta(x-p)dx \\ &= p^2 + \frac{1}{2}(\alpha^2+\beta^2) - p(\alpha+\beta) \\ &= p^2-p+1 \\ &= \left(p-\frac{1}{2}\right)^2 + \frac{3}{4}\end{aligned}$$

에서 정적분의 최솟값은 $\frac{3}{4}$ 이다.

11 ③

연립부등식의 영역을 나타내면 그림과 같다. 두 점 A, B를 지나는 직선을 l이라 할 때, 영역에 속하는 점 P에 대하여 삼각형 ABP는 밑변이 $\overline{AB}$이고, 높이는 점 P에서 직선 l에 이르는 거리라 할 수 있다. 이때 삼각형 ABP의 최댓값은 직선 l과 평행하면서 곡선 $y=1-x^2$에 접할 때의 접점 Q가 P일 때, 최솟값은 직선 l에 평행하면서 곡선 $y=x^2-1$에 접할 때의 접점 R이 P일 때이다.

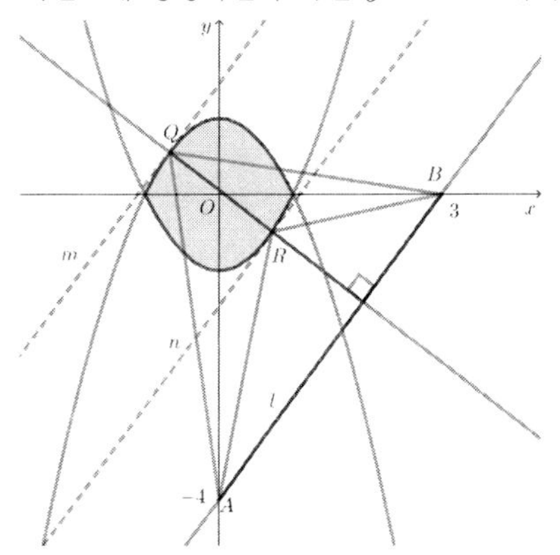

직선 l의 기울기는 $\frac{4}{3}$이므로 곡선 $y=1-x^2$에 접하는 직선 m의 방정식을 $y=\frac{4}{3}x+k_1$이라 하면

$1-x^2=\frac{4}{3}x+k_1$, $3x^2+4x+3k_1-3=0$에서 $\frac{D}{4}=13-9k_1=0$ $\quad\therefore k_1=\frac{13}{9}$이고 이때 직선 m의 방정식은 $y=\frac{4}{3}x+\frac{13}{9}$, 즉 $4x-3y+\frac{13}{3}=0$이다.

곡선 $y=x^2-1$에 접하는 직선 n의 방정식을 $y=\frac{4}{3}x+k_2$이라 하면

$x^2-1=\frac{4}{3}x+k_2$, $3x^2-4x-3k_2-3=0$에서 $\frac{D}{4}=13+9k_2=0$ $\quad\therefore k_2=-\frac{13}{9}$이고

이때 직선 n의 방정식은 $y=\frac{4}{3}x-\frac{13}{9}$, 즉 $4x-3y-\frac{13}{3}=0$이다.

선분 AB의 길이는 5이고 삼각형 ABQ의 높이는 B에서 직선 m에 이르는 거리와 같으므로

$\frac{\left|12+\frac{13}{3}\right|}{5}=\frac{49}{15}$이다. 따라서 삼각형 ABP의 넓이의 최댓값은 삼각형 ABQ의 넓이

$M=\frac{1}{2}\times5\times\frac{49}{15}=\frac{49}{6}$이다.

삼각형 ABR의 높이는 점 B에서 직선 n에 이르는 거리와 같으므로 $\frac{\left|12-\frac{13}{3}\right|}{5}=\frac{23}{15}$이다.

따라서 삼각형 ABP의 넓이의 최솟값은 삼각형 ABR의 넓이 $m=\frac{1}{2}\times5\times\frac{23}{15}=\frac{23}{6}$이다.

그러므로 $M-m=\frac{49}{6}-\frac{23}{6}=\frac{13}{3}$이다.

12 ②

$720 = 2^4 \times 3^2 \times 5$ 에서 양의 약수의 개수는 30 이고 $\begin{matrix} 1 \times 720 = 720 \\ 2 \times 360 = 720 \\ \vdots \quad\quad \vdots \end{matrix}$ 이므로 $a_1 \times a_2 \times \cdots \times a_{30} = (720)^{15}$ 이다.

$$\begin{aligned} \sum_{k=1}^{30} \log_2 a_k &= \log_2 (a_1 \times a_2 \times \cdots \times a_{30}) \\ &= \log_2 (720)^{15} \\ &= 15 \log_2 (2^4 \times 3^2 \times 5) \\ &= 15\{4 + 2\log_2 3 + \log_2 5\} \\ &= 15\left\{4 + 2\frac{\log 3}{\log 2} + \frac{\log 5}{\log 2}\right\} \\ &= 15\left\{4 + 2\frac{\log 3}{\log 2} + \frac{1}{\log 2} - 1\right\} \left(\because \log 5 = \log \frac{10}{2} = 1 - \log 2\right) \\ &= 143 \end{aligned}$$

13 ⑤

1, 2, 3, 4, 5의 숫자가 적힌 5개의 공을 A, B, C 세 상자에 넣는 경우의 수는 ${}_3\Pi_5 = 3^5 = 243$ 이다. 각 상자에 넣어진 공에 적힌 수의 합이 11 이하인 사건의 여사건은 합이 12, 13, 14, 15 인 경우이다.

합이 12 인 경우는 각 상자에 들어가는 수의 모임이 3, 4, 5 / 1, 2 / 0 또는 3, 4, 5 / 1 / 2 또는 1, 2, 4, 5 / 3 / 0 으로 이 경우 각각 $3! \times 3 = 18$ 가지이다.

합이 13 인 경우는 1, 3, 4, 5/2/0 으로 $3! = 6$ 가지이다.

합이 14 인 경우는 2, 3, 4, 5/1/0 으로 $3! = 6$ 가지이다.

합이 15 인 경우는 1, 2, 3, 4, 5/0/0 으로 3가지이다.

따라서 구하고자 하는 경우의 수는 $243 - (18 + 6 + 6 + 3) = 210$ 이다.

14 ④

한 번 주사위를 던지는 시행에서 홀수의 눈이 나오는 사건의 확률은 $\frac{1}{2}$ 이고 1 의 눈이 나오는 사건의 확률은 $\frac{1}{6}$ 이다.

1 회 시행에서 1 의 눈이 나올 확률은 $\frac{1}{6}$ 이다.

2 회 시행에서 1 의 눈이 나와 시행을 멈출 확률은 1 회 시행에서 짝수의 눈이 나오고 2 회 째 시행에서 1 의 눈이 나오는 경우로 확률은 $\frac{1}{2} \times \frac{1}{6}$ 이다.

3 회 시행에서 1 의 눈이 나와 시행을 멈출 확률은 1 회, 2 회 시행에서 짝수의 눈이 나오고 3 회 째 시행에서 1 의 눈이 나오는 경우로 확률은 $\left(\frac{1}{2}\right)^2 \times \frac{1}{6}$ 이다.

따라서 10 회 이하에서 1 의 눈이 나와 시행을 멈출 확률은

$$\frac{1}{6} + \frac{1}{2} \times \frac{1}{6} + \left(\frac{1}{2}\right)^2 \times \frac{1}{6} + \cdots + \left(\frac{1}{2}\right)^9 \times \frac{1}{6} = \frac{1}{6} \times \frac{\left(1 - \left(\frac{1}{2}\right)^{10}\right)}{1 - \frac{1}{2}} = \frac{341}{1024}$$ 이다.

15 ⑤

방정식 $2x^2=x+3[x]$의 실근은 $y=\dfrac{2x^2-x}{3}$의 그래프와 $y=[x]$의 그래프의 교점의 x좌표와 같다.

그림에서와 같이 두 곡선의 교점의 개수는 4개이고 이때 교점의 x 좌표는 $0, \dfrac{1}{2}, \dfrac{3}{2}, 2$이므로

$p=4,\ \ q=0+\dfrac{1}{2}+\dfrac{3}{2}+2=4$이므로 $pq=16$이다.

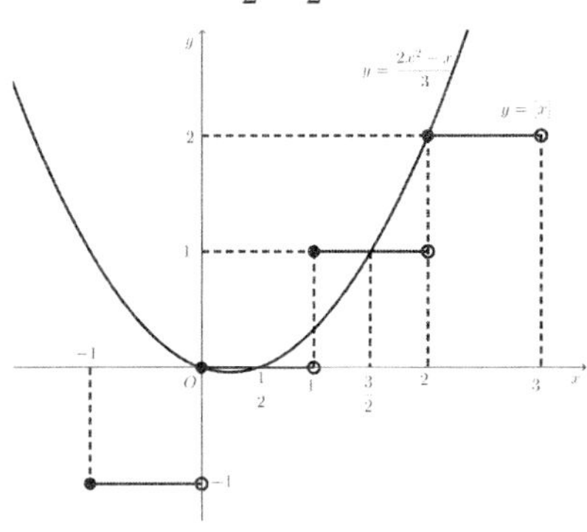

16 ④

도형 R_n에서의 한 변의 길이가 $\left(\dfrac{1}{2}\right)^n$인 정사각형의 개수는 4^n이고, 이 때 흰 색의 정사각형의 개수를 a_n, 검은 사각형의 개수를 b_n이라 하면, 도형 R_{n+1}에서의 검은 사각형의 개수는 R_n에서의 흰 사각형의 개수마다 한 개씩, 검은 사각형의 개수마다 3개씩 생겨나므로 $\begin{cases} a_n+b_n=4^n \\ b_{n+1}=3b_n+a_n \end{cases}$ 이다. 따라서 $b_{n+1}=2b_n+4^n$

이다. 양변을 4^{n+1}로 나누면 $\dfrac{b_{n+1}}{4^{n+1}}=\dfrac{1}{2}\dfrac{b_n}{4^n}+\dfrac{1}{4}$이고,

$c_n=\dfrac{b_n}{4^n}$으로 치환하면 $c_{n+1}=2c_n+\dfrac{1}{4}$이다. $c_1=\dfrac{b_1}{4}=\dfrac{1}{4},\ \ c_2=\dfrac{b_2}{16}=\dfrac{3}{8}$일 때, 일반항 $\{c_n\}$은

$c_n=c_1+\displaystyle\sum_{k=1}^{n-1}(c_2-c_1)2^{k-1}=\dfrac{1}{2}-\left(\dfrac{1}{2}\right)^{n+1}$이므로 $b_n=4^n\left(\dfrac{1}{2}-\left(\dfrac{1}{2}\right)^{n+1}\right)$이다.

따라서 $b_{10}=2^{19}-2^9$이고 이때 $S_{10}=\left(\dfrac{1}{4}\right)^{10}\times b_{10}=\dfrac{1023}{2048}$이다.

17 ①

$P_0(x)=1,\ P_1(x)=x$에 대하여 $P_2(x)=x^2+ax+b$라 하면

$\displaystyle\int_{-1}^{1}P_0(x)P_2(x)dx=\int_{-1}^{1}(x^2+ax+b)dx=2\int_0^1(x^2+b)dx=2\left\{\frac{1}{3}+b\right\}=0$ 에서 $b=-\dfrac{1}{3}$,

$\displaystyle\int_{-1}^{1}P_1(x)P_2(x)dx=\int_{-1}^{1}(x^3+ax^2+bx)dx=2\int_0^1 ax^2dx=\frac{2a}{3}=0$에서 $a=0$

따라서 $P_2(x)=x^2-\frac{1}{3}$ 이다.

$P_3(x)=x^3+cx^2+dx+e$ 라 하면

$\int_{-1}^{1}P_0(x)P_3(x)\,dx=\int_{-1}^{1}\{x^3+cx^2+dx+e\}dx=2\int_{0}^{1}\{cx^2+e\}dx=\frac{2c}{3}+2e=0$ 에서 $c=-3e$

$\int_{-1}^{1}P_1(x)P_3(x)dx=\int_{-1}^{1}\{x^4+cx^3+dx^2+ex\}dx=2\int_{-1}^{1}\{x^4+dx^2\}dx=2\left\{\frac{1}{5}+\frac{d}{3}\right\}=0$ 에서

$d=-\frac{3}{5}$

$$\begin{aligned}\int_{-1}^{1}P_2(x)P_3(x)dx&=\int_{-1}^{1}\left\{x^5+cx^4+\left(d-\frac{1}{3}\right)x^3+\left(e-\frac{c}{3}\right)x^2-\frac{d}{3}x-\frac{e}{3}\right\}dx\\&=2\int_{0}^{1}\left\{cx^4+\left(e-\frac{c}{3}\right)x^2-\frac{e}{3}\right\}dx\\&=2\left\{\frac{c}{5}+\frac{3e-c}{9}-\frac{e}{3}\right\}=0\end{aligned}$$

에서 $c=0$ 이다. 따라서 $c=0,\ d=-\frac{3}{5},\ e=0$ 이므로 $P_3(x)=x^3-\frac{3}{5}x$ 이고

$\int_{0}^{1}P_3(x)dx=\int_{0}^{1}\left\{x^3-\frac{3}{5}x\right\}dx=\frac{1}{4}-\frac{3}{10}=-\frac{1}{20}$ 이다.

18 ③

㉠ $\frac{4}{3}+\frac{66}{100}=\frac{598}{300},\ \frac{4}{3}+\frac{67}{100}=\frac{601}{300}$ 이므로 $0\le k\le 66$ 일 때 $\left[\frac{4}{3}+\frac{k}{100}\right]=1$,

$67\le k\le 99$일 때, $\left[\frac{4}{3}+\frac{k}{100}\right]=2$ 이다.

따라서 $f\left(\frac{4}{3}\right)=67\times1+33\times2=133$ 이므로 참

㉡ n 이 짝수일 때, 즉 $n=2m$ (m은 자연수) 에 대하여

$$\begin{aligned}f\left(x+\frac{n}{2}\right)=f(x+m)&=[x+m]+\left[x+m+\frac{1}{100}\right]+\cdots+\left[x+m+\frac{99}{100}\right]\\&=100m+[x]+\left[x+\frac{1}{100}\right]+\cdots+\left[x+\frac{99}{100}\right]\\&=f(x)+50n\end{aligned}$$

n 이 홀수일 때, 즉 $n=2m-1$(m 은 자연수) 에 대하여

$$\begin{aligned}f\left(x+\frac{n}{2}\right)=f\left(x+m-\frac{1}{2}\right)&=\left[x+m-\frac{1}{2}\right]+\left[x+m-\frac{1}{2}+\frac{1}{100}\right]+\cdots+\left[x+m-\frac{1}{2}+\frac{99}{100}\right]\\&=100m+\left[x-\frac{1}{2}\right]+\left[x-\frac{1}{2}+\frac{1}{100}\right]+\cdots+\left[x-\frac{1}{2}+\frac{99}{100}\right]\\&=f\left(x-\frac{1}{2}\right)+50+50n\end{aligned}$$

한편, $f\left(x-\frac{1}{2}\right)=f\left(x-\frac{50}{100}\right)=\left[x-\frac{50}{100}\right]+\left[x-\frac{49}{100}\right]+\cdots+\left[x-\frac{1}{100}\right]$
$+[x]+\left[x+\frac{1}{100}\right]+\left[x+\frac{2}{100}\right]+\cdots+\left[x+\frac{49}{100}\right]$

이고 $\left[x-\frac{1}{100}\right]=\left[x+\frac{99}{100}\right]-1$ 이므로

$$\left[x-\frac{2}{100}\right]=\left[x+\frac{98}{100}\right]-1$$

$$\vdots$$

$$\left[x-\frac{50}{100}\right]=\left[x+\frac{50}{100}\right]-1$$

$$\begin{aligned}f\left(x-\frac{1}{2}\right)&=[x]+\left[x+\frac{1}{100}\right]+\left[x+\frac{2}{100}\right]+\cdots+\left[x+\frac{49}{100}\right]\\&\quad+\left[x+\frac{50}{100}\right]+\left[x+\frac{51}{100}\right]+\cdots+\left[x+\frac{99}{100}\right]-50\\&=f(x)-50\end{aligned}$$

이므로 $f\left(x+\frac{n}{2}\right)=f\left(x-\frac{1}{2}\right)+50+50n=f(x)-50+50+50n=f(x)+50n$ 이므로 참

ⓒ 자연수 n 에 대하여 $\frac{n}{100}\le x<\frac{n+1}{100}$ 에 대하여 $f(x)=k$라 하면 $n=100-k$이다.

$f(f(x)-1)=f(k-1)=100(k-1)$이고, $nf(x)-1=(100-k)k-1=-k^2+100k-1$이므로

$100(k-1)=-k^2+100k-1$에서 $k^2=99$이므로 이를 만족하는 자연수 k는 존재하지 않는다.

따라서 자연수 n도 존재하지 않는다. 그러므로 거짓

19 ①

공비 $r\ (r>0)$에 대하여 $a_n>0$이고, 함수 $f(x)=\sum_{n=1}^{17}|x-a_n|$의 그래프는 $r>1$인 경우 그림과 같다.

즉 함수 $f(x)$는 $x=a_9$에서 최솟값을 가진다.

따라서 $a_9=16$이고, $a_9=a_1r^8=r^8$에서 $r^8=16,\ \ r^4=4,\ \ r^2=2$이다.

이때 함수 $f(x)$의 최솟값은

$$\begin{aligned}f(a_9)&=(a_9-a_1)+(a_9-a_2)+\cdots+(a_9-a_8)+(a_{10}-a_9)+(a_{11}-a_9)+\cdots+(a_{17}-a_9)\\&=(a_{10}+a_{11}+\cdots+a_{17})-(a_1+a_2+\cdots+a_8)\\&=\frac{a_{10}(r^8-1)}{r-1}-\frac{a_1(r^8-1)}{r-1}\\&=\frac{(r^9-1)(r^8-1)}{r-1}\\&=15(31+15\sqrt{2})\end{aligned}$$

그러므로 $rm=\sqrt{2}\times15(31+15\sqrt{2})=15(30+31\sqrt{2})$이다.

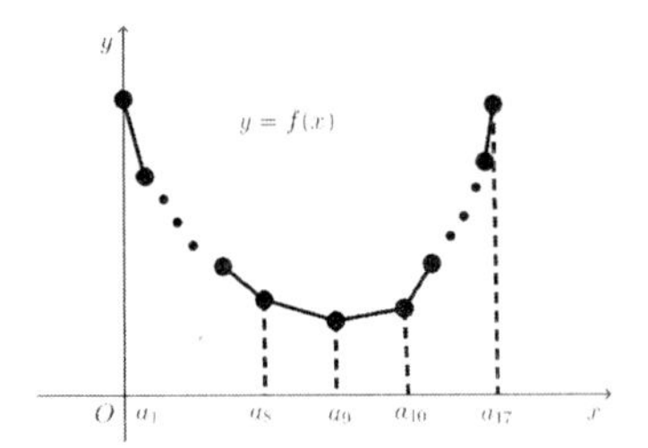

20 ⑤

$\lim\limits_{x \to 0}\dfrac{g(x)-1}{x}=0$ 에서 $g(0)=1$, $g'(0)=0$

$f(x+y)=f(x)g(y)+f(y)g(x)$에 $x=y=0$을 대입하면 $f(0)=0$

㉠ $f'(x)=\lim\limits_{h\to 0}\dfrac{f(x+h)-f(x)}{h}$

$=\lim\limits_{h\to 0}\dfrac{f(x)g(h)+f(h)g(x)-f(x)}{h}$

$=\lim\limits_{h\to 0}\left\{f(x)\dfrac{g(h)-1}{h}+g(x)\dfrac{f(h)}{h}\right\}$

$=\lim\limits_{h\to 0}\left\{f(x)\dfrac{g(0+h)-g(0)}{h}+g(x)\dfrac{f(0+h)-f(0)}{h}\right\}$

$=f'(x)g'(0)+g(x)f'(0)$

$=f'(0)g(x)$

따라서 참

㉡ $g'(x)=\lim\limits_{h\to 0}\dfrac{g(x+h)-g(x)}{h}$

$=\lim\limits_{h\to 0}\dfrac{g(x)g(h)+f(x)f(h)-g(x)}{h}$

$=\lim\limits_{h\to 0}\left\{g(x)\dfrac{g(h)-1}{h}+f(x)\dfrac{f(h)}{h}\right\}$

$=\lim\limits_{h\to 0}\left\{g(x)\dfrac{g(0+h)-g(0)}{h}+f(x)\dfrac{f(0+h)-f(0)}{h}\right\}$

$=g(x)g'(0)+f(x)f'(0)$

$=f'(0)f(x)$

에서 $g'(x)=f'(0)f(x)$이고 $g'(0)=0$이다.

$f'(0)>0$이면 $f(0)=0$ 이므로 $x>0$ 에서 $f(x)>0$, $x<0$ 에서 $f(x)<0$ 이다.

$f'(0)<$ 이면 $x>0$에서 $f(x)<0$, $x<0$ 에서 $f(x)>0$ 이다.

따라서 $x>0$에서 $g'(x)>0$, $x<0$에서 $g'(x)<0$이므로 $g(x)$ 는 $x=0$에서 극소이고 이때 극솟값은 $g(0)=1$ 이다. 그러므로 참

㉢ $f'(x)=f'(0)g(x)$, $g'(x)=f'(0)f(x)$에서 $\dfrac{f'(x)}{g'(x)}=\dfrac{g(x)}{f(x)}$, 즉

$f(x)f'(x)=g(x)g'(x)$ 또는 $(\{f(x)\}^2)'=(\{g(x)\}^2)'$이다.

부정적분하면 $\{f(x)\}^2=\{g(x)\}^2+C$ 인데, $f(0)=0$, $g(0)=1$이므로 $C=-1$이다.

따라서 $\{g(x)\}^2-\{f(x)\}^2=1$이다. 그러므로 참

21 9

$\log_m 2 = \dfrac{n}{100}$ 에서 $2 = m^{\frac{n}{100}}$ 이다. $m = 2^k$(k는 자연수)라고 하면 $2 = 2^{\frac{k \times n}{100}}$ 에서 $k \times n = 100$이어야 한다. 이때 k, n은 $100 = 2^2 \times 5^2$의 양의 약수이므로 순서쌍 (k, n)의 개수는 양의 약수의 개수 $(2+1) \times (2+1) = 9$와 같다. 자연수 순서쌍 (m, n)의 개수는 (k, n)의 순서쌍의 개수와 같으므로 9이다.

22 297

$a_{n+1} = \dfrac{a_n}{a_n + 1}$ 에 대하여 $\dfrac{1}{a_{n+1}} = \dfrac{a_n + 1}{a_n} = \dfrac{1}{a_n} + 1$ 이다.

$b_n = \dfrac{1}{a_n}$ 이라 하면, $b_{n+1} = b_n + 1$ 이고, $b_1 = \dfrac{1}{a_1} = 1$ 에서 $b_n = n$ 이다.

그러므로 $a_n = \dfrac{1}{b_n} = \dfrac{1}{n}$ 이다.

$$A = \sum_{k=1}^{9} a_k a_{k+1} = \sum_{k=1}^{9} \frac{1}{k(k+1)} = \sum_{k=1}^{9}\left(\frac{1}{k} - \frac{1}{k+1}\right) = 1 - \frac{1}{10} = \frac{9}{10}$$

$$B = \sum_{k=1}^{9} \frac{1}{a_k a_{k+1}} = \sum_{k=1}^{9} k(k+1) = \sum_{k=1}^{9} (k^2 + k) = \frac{9 \times 10 \times 19}{6} + \frac{9 \times 10}{2} = 330$$

따라서 $AB = \dfrac{9}{10} \times 330 = 297$ 이다.

23 81

집합 X에서 X로의 함수 $f(x)$가 $(f \circ f \circ f)(x) = f(x)$를 만족시키는 경우는 그림과 같다.

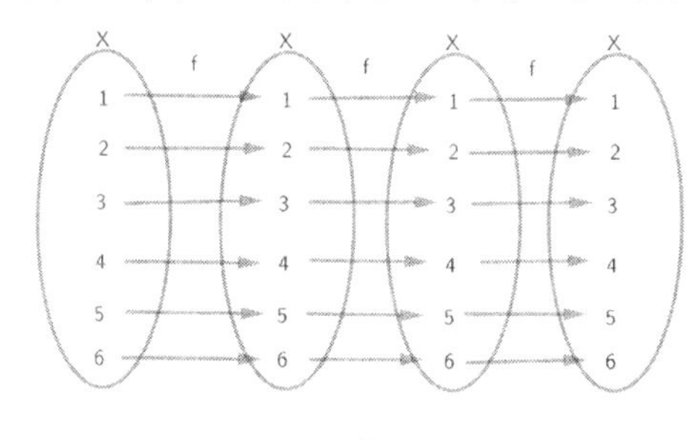

[그림 1]

[그림 1]과 같은 경우 함수의 개수는 1이다.

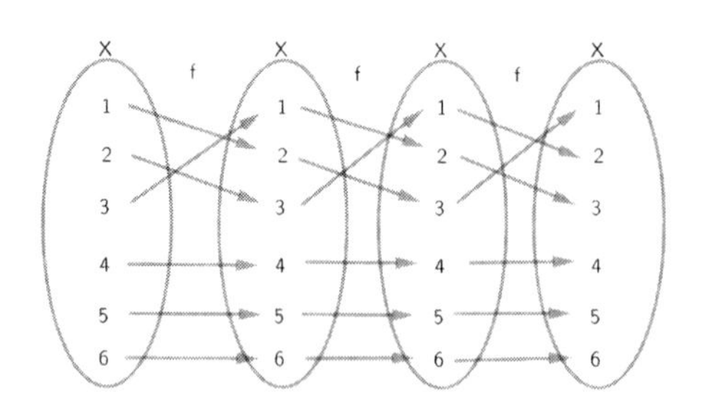

[그림 2]

[그림 2]와 같은 경우, 먼저 집합 X의 원소 6개에서 3개를 선택하고 선택한 원소들에 대하여 그림처럼 $f(1)=2$, $f(2)=3$, $f(3)=1$또는 $f(1)=3$, $f(2)=1$, $f(3)=2$로 대응시키고 나머지 3개의 원소는 $f(4)=4$, $f(5)=5$, $f(6)=6$으로 대응시키면 되므로 함수의 개수는 ${}_6C_3\times 2=40$이다.

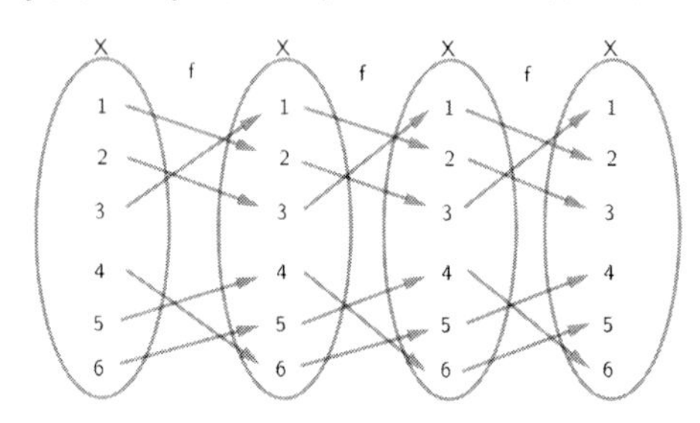

[그림 3]

[그림 3]과 같은 경우, 6개의 원소를 3개, 3개로 분할 한 후 각각에 대해 그림처럼 대응시키면 되므로 함수의 개수는 $\dfrac{{}_6C_3\times{}_3C_3}{2!}\times 2\times 2=40$이다.

따라서 함수의 개수는 $1+40+40=81$이다.

24 20

함수 $f(x)$ 가 $x=0$에서 극댓값을 가지기 위해서는 $f'(0)=0$ 이고 $-1<x<0$에서는 $f'(x)>0$, $0<x<1$에서는 $f'(x)<0$이어야 한다.

$-1<x<0$ 일 때, $(x+1)^l>0$ 이며 또한 x^l의 부호는 $(-1)^l$ 의 부호와 같고 $(x-1)^m$ 의 부호는 $(-1)^m$ 의 부호와 같다.

$0<x<1$ 일 때, $(x+1)^l>0$, $x^l>0$이며 $(x-1)^m$ 의 부호는 $(-1)^m$의 부호와 같다.

그러므로 $(-1)^l(-1)^m>0$이고 $(-1)^m<0$일 때는 m은 홀수이고 l또한 홀수인 경우이다.

$1\le k<l<m\le 10$ 에 대하여

$l=3$ 일 때, $m=5,7,9$, $k=1, 2$

$l=5$ 일 때, $m=7, 9$, $k=1, 2, 3, 4$

$l=7$ 일 때, $m=9$, $k=1, 2, 3, 4, 5, 6$

이다. 따라서 순서쌍 (k, l, m) 의 개수는 $3\times 2+2\times 4+1\times 6=20$ 이다.

25 57

함수 $f(x)=(x-1)^4(x+1)$일 때, $f(x)=g(x)+\int_0^x (x-t)^2 h(t)\,dt$에 대하여 $f(0)=g(0)=1$이고

$f(x)=g(x)+x^2\int_0^x h(t)\,dt-2x\int_0^x th(t)\,dt+\int_0^x t^2h(t)\,dt$ ⋯① 이다. ①식을 미분하면

$f'(x)=g'(x)+2x\int_0^x h(t)\,dt-2\int_0^x th(t)\,dt$ ⋯②

이고 다시 미분하면 $f''(x)=g''(x)+2\int_0^x h(t)\,dt$ ⋯ ③

이고 다시 미분하면 $f'''(x)=g'''(x)+2h(x)$ ⋯④

이다. $f'(x)=(x-1)^3(5x+3)$,
$f''(x)=(x-1)^2(20x+4)$, ⋯(*)
$f'''(x)=(x-1)(60x-12)$,
$g'''(x)=0$

이므로 ④식에서 $h(x)=(x-1)(30x-6)$이다.

②식에서 $f'(0)=g'(0)$이고 (*)에서 $f'(0)=-3$ 이므로 $g'(0)=-3$

③식에서 $f''(0)=g''(0)$ 이고 (*)에서 $f''(0)=4$ 이므로 $g''(0)=4$

$g(x)=ax^2+bx+c$ 라고 하면 $g(0)=1$, $g'(0)=-3$, $g''(0)=4$ 로부터 $g(x)=2x^2-3x+1$ 이다. 그러므로 $g(2)+h(2)=3+54=57$ 이다.

14 2019학년도 정답 및 해설

01 ②

등차수열 $\{a_n\}$ 의 공차를 d 라 하면

$a_1 + a_3 = 2a_1 + 2d = 10 \quad \therefore a_1 + d = 5 \quad \cdots ㉠$

$a_6 + a_8 = 2a_1 + 12d = 40 \quad \therefore a_1 + 6d = 20 \quad \cdots ㉡$

두 식 ㉠, ㉡을 연립해서 풀면 $a_1 = 2,\ d = 3$ 이고 $a_{10} + a_{12} + a_{14} + a_{16} = 4a_1 + 48d = 152$ 이다.

02 ④

$1 \le a \le b \le c \le 7$ 을 만족시키는 음이 아닌 정수해의 순서쌍의 개수는 $1, 2, 3, \cdots, 7$ 에서 3 개를 뽑는 중복조합의 수와 같으므로 $_7H_3 = 84$ 인데, $b,\ c$ 는 음의 정수도 가능하므로 구하는 경우의 수는 $84 \times 2 \times 2 = 336$ 이다.

03 ⑤

주어진 명제가 거짓이므로 $x^2 - x - 6 \le 0$ 인 모든 실수 x 에 대하여 $x^2 - 2x + k > 0$ 이다. 즉 $-2 \le x \le 3$ 일 때, $x^2 - 2x + k > 0$ 이므로 그림에서처럼 함수 $y = x^2 - 2x + k$ 의 그래프는 x 축과 만나지 않아야 한다. 따라서 $\frac{D}{4} = 1 - k < 0 \quad \therefore k > 1$ 이므로 정수 k 의 최솟값은 2 이다.

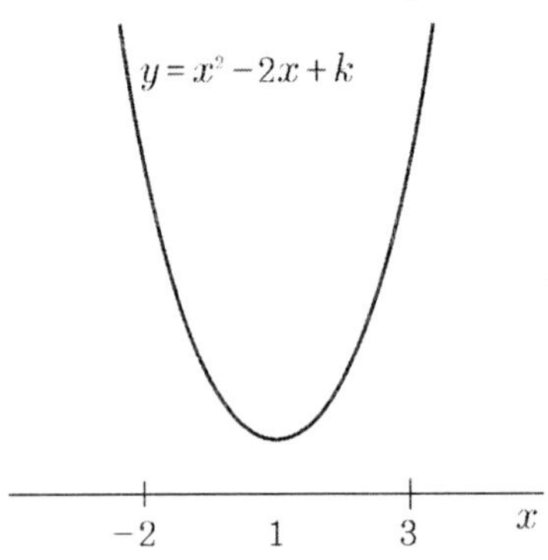

04 ④

양의 실수 x, y 가 $9x^2+4y^2=36$ 을 만족시킬 때,

$(3x+2y)^2=9x^2+4y^2+12xy=36+12xy$ 이고, 산술기하평균에 의해

$9x^2+4y^2=36 \geq 2\sqrt{36x^2y^2}=12xy$ 에서 $xy \leq 3$ 이다. 따라서 $36+12xy \leq 36+36=72$ 이므로 $(3x+2y)^2$ 의 최댓값은 72 이다.

05 ④

1) $n(A\cap B)=0$ 일 때, 집합 B 는 $1, 2, 3$ 을 포함하지 않는 부분집합이므로 집합 B 의 개수는 $2^{5-3}=2^2=4$ 이다.

2) $n(A\cap B)=1$ 일 때, 집합 A 의 원소 중 1 개를 포함하고 나머지 2 개는 포함하지 않는 부분집합의 개수이므로 ${}_3C_1\times 2^{5-3}=12$ 이다.

3) $n(A\cap B)=2$ 일 때, 집합 A 의 원소 중 2 개를 포함하고 나머지 1 개는 포함하지 않는 부분집합의 개수이므로 ${}_3C_2\times 2^{5-3}=12$ 이다.

따라서 집합 B 의 개수는 $4+12+12=28$ 이다.

06 ③

$\log_{ab}3=x$, $\log_{bc}3=y$, $\log_{ca}3=z$ 라면, 연립방정식 $\begin{cases} x+2y=4 \\ y+2z=5 \\ z+2x=6 \end{cases}$ 을 풀면

$x=2, y=1, z=2$ 이다. $\log_{ab}3=2$ 에서 $a^2b^2=3$ 이고 같은 방법에 의해 $bc=3$, $c^2a^2=3$ 이므로

$\dfrac{a^2b^2}{c^2a^2}=1$ $\therefore b=c$ 이고 $bc=3$, $b=c$ 에서 $b=c=\sqrt{3}$ 이다. $a^2b^2=3$, $b=\sqrt{3}$ 에서 $a=1$ 이므로

$abc=1\times\sqrt{3}\times\sqrt{3}=3$ 이다.

07 ②

직선 AB 의 기울기는 3 이고, 직선 AB 에 평행하고 포물선 $y=f(x)$ 에 접하는 직선의 방정식을 $y=3x+k$ 라 하면 $x^2-4x+7-(3x+k)=0$

$$x^2-7x+7-k=0$$
$$D=49-28+4k=0$$
$$\therefore k=-\frac{21}{4}$$

이므로 $y=3x-\dfrac{21}{4}$ 이다.

이때 점 D 의 좌표는 $D\left(1, -\dfrac{9}{4}\right)$ 이므로 그림에서처럼 평행사변형 $ABCD$ 의 넓이는 삼각형 ADB 의 넓이의 2 배이다. 삼각형 ADB 의 넓이는 $\dfrac{1}{2}\times\overline{AD}\times 5=\dfrac{125}{8}$ 이므로 구하는 평행사변형의 넓이는 $\dfrac{125}{4}$ 이다.

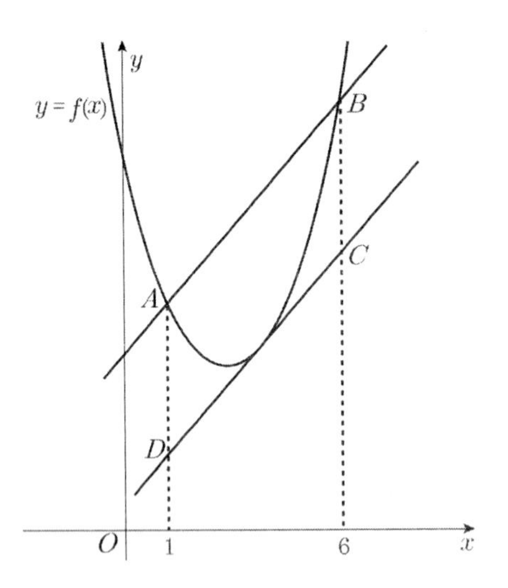

08 ②

주머니 A 에서 꺼낸 카드에 적힌 수를 a , 주머니 B 에서 꺼낸 카드에 적힌 수를 b 라고 하면, 전체 경우의 수는 $4\times5=20$이다.

$X=1$인 (a, b)의 순서쌍은 $(1, 1)$ 뿐이므로 $P(X=1)=\frac{1}{20}$ 이다.

$X=2$인 (a, b)의 순서쌍은 $(1,2), (2, 1), (2, 2)$ 이므로 $P(X=2)=\frac{3}{20}$ 이다.

$X=3$인 (a, b)의 순서쌍은 $(1, 3), (2, 3), (3, 3), (3, 2), (3, 1)$ 이므로 $P(X=3)=\frac{5}{20}$ 이다.

$X=4$인 (a, b)의 순서쌍은 $(1, 4), (2, 4), (3, 4), (4, 4), (4, 3), (4, 2), (4, 1)$ 이므로 $P(X=4)=\frac{7}{20}$ 이다.

$X=5$ 인 (a, b) 의 순서쌍은 $(1, 5), (2, 5), (3, 5), (4, 5)$ 이므로 $P(X=5)=\frac{4}{20}$ 이다.

이를 표로 나타내면 다음과 같다.

X	1	2	3	4	5	합계
$P(X=k)$	$\frac{1}{20}$	$\frac{3}{20}$	$\frac{5}{20}$	$\frac{7}{20}$	$\frac{4}{20}$	1

이때, $E(X)=1\times\frac{1}{20}+2\times\frac{3}{20}+3\times\frac{5}{20}+4\times\frac{7}{20}+5\times\frac{4}{20}=\frac{7}{2}$ 이다.

09 ⑤

그림에서처럼 $\int_{2}^{10} g(x)\,dx$ 의 값은 곡선 $y=g(x)$ 와 두 직선 $x=2$, $x=10$ 으로 둘러싸인 도형의 넓이인데 이는 직선 $y=x$ 에 대칭이동시킨 도형의 넓이, 즉 곡선 $y=f(x)$ 와 두 직선 $y=2$, $y=10$ 으로 둘러싸인 도형의 넓이와 같다.

이 도형의 넓이는 직사각형 $ODEF$ 의 넓이에서 직사각형 $OABC$ 의 넓이와 곡선 $y=f(x)$ 와 직선 $x=2$, $x=3$ 으로 둘러싸인 도형의 넓이를 뺀 것과 같다.

그러므로 구하는 넓이는 $3\times10-\left\{2\times2+\int_{2}^{3} f(x)dx\right\}=30-\left(4+\dfrac{21}{4}\right)=\dfrac{83}{4}$ 이다.

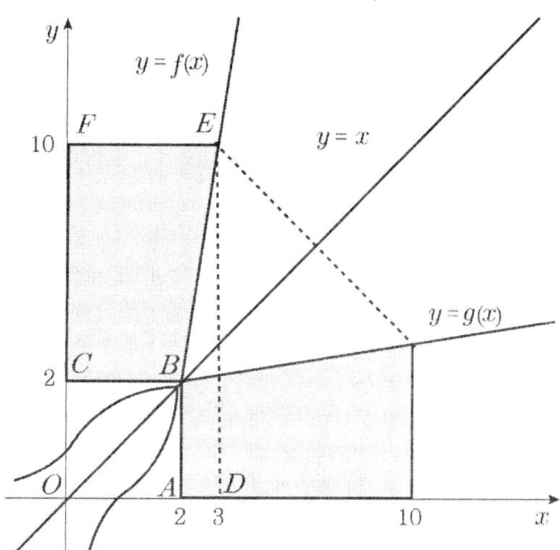

10 ⑤

곡선 $y=x^2-8x+17$ 에 대하여 $y'=2x-8$ 이고 점 P 에서의 접선의 기울기는 $2t-8$ 이므로 접선의 방정식은 $y=(2t-8)(x-t)+t^2-8t+17$ 이고 이 접선의 y 절편은 $-t^2+17$ 이다. 따라서 삼각형 PQR 의 넓이 $S(t)$ 는 그림에서처럼

$S(t)=\dfrac{1}{2}\times\overline{PR}\times\overline{QR}=\dfrac{1}{2}\times t\times\{-t^2+17-(t^2-8t+17)\}=-t^3+4t^2$ 이다.

$S'(t)=-3t^2+8t$ 에서 $t=0$, $\dfrac{8}{3}$ 에서 각각 극소, 극대이며 그림에서처럼 $1\le t\le3$ 일 때 $S(t)$ 의 최대는 $t=\dfrac{8}{3}$ 일 때이다.

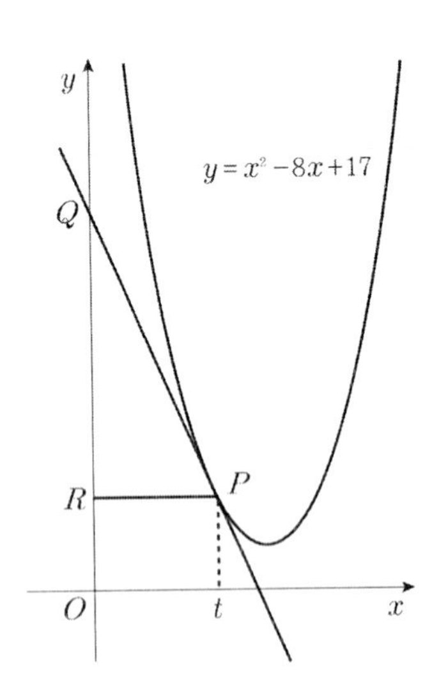

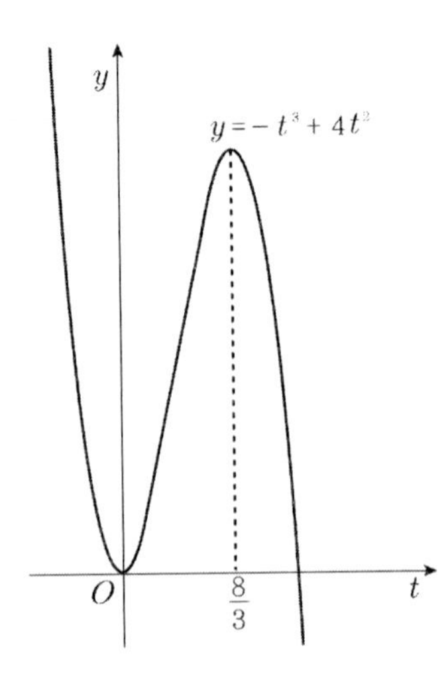

11 ①

목격자가 동양인이라고 진술하는 사건을 E, 지역 주민 중에서 백인, 흑인, 동양인을 선택하는 사건을 각각 A, B, C 라 하면 $P(A)=\frac{80}{100}$, $P(B)=\frac{10}{100}$, $P(C)=\frac{10}{100}$ 이고

$P(E|A)=\frac{1}{10}$, $P(E|B)=\frac{1}{10}$, $P(E|C)=\frac{9}{10}$ 이다.

이때 $P(C|E)=\frac{P(C\cap E)}{P(E)}=\frac{P(C\cap E)}{P(A\cap E)+P(B\cap E)+P(C\cap E)}$ 이고

$P(A\cap E)=P(A)\,P(E|A)=\frac{80}{100}\times\frac{1}{10}=\frac{8}{100}$,

$P(B\cap E)=P(B)\,P(E|B)=\frac{10}{100}\times\frac{1}{10}=\frac{1}{100}$,

$P(C\cap E)=P(C)\,P(E|C)=\frac{10}{100}\times\frac{9}{10}=\frac{9}{100}$

이므로 구하는 확률은 $\dfrac{\frac{9}{100}}{\frac{8}{100}+\frac{1}{100}+\frac{9}{100}}=\frac{1}{2}$ 이다.

12 ④

함수 $f(x)$ 와 직선 $y=x+1$ 의 교점이 $P(0,1)$, $Q(3,4)$ 이므로

$\dfrac{b}{c}=1$, $\dfrac{3a+b}{3+c}=4$ $\quad\therefore b=c$, $a=c+4$ 이고 $f(x)=\dfrac{-c(c+3)}{x+c}+c+4$ 이다.

그림에서처럼 이 함수의 점근선은 $x=-c$ 이고 또한 이 함수는 직선 $y=x+2c+4$ 에 대하여 대칭이다.

$\overline{PQ}=3\sqrt{2}$ 이고 점 P 에서 직선 $y=x+2c+4$ 에 이르는 거리는 $\dfrac{|2c+3|}{\sqrt{2}}$ 이므로

직사각형 $PQRS$ 의 넓이는 $3\sqrt{2}\times 2\times\dfrac{|2c+3|}{\sqrt{2}}=30$ 에서 $|2c+3|=5$ $\quad\therefore c=-4$ 이다.

따라서 함수 $f(x)=\dfrac{-4}{x-4}$ 이고 $f(-2)=\dfrac{2}{3}$ 이다.

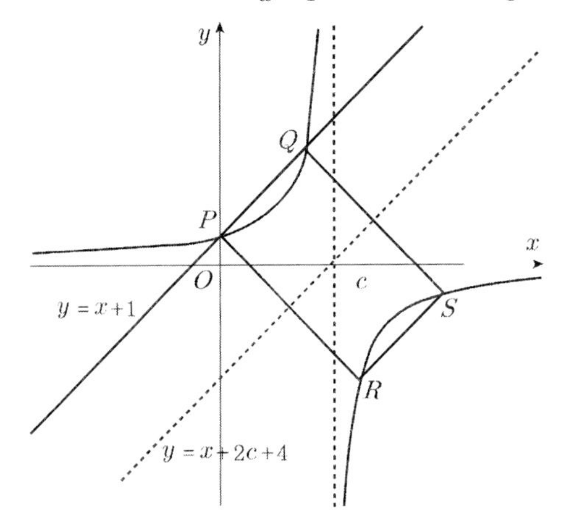

13 ⑤

수열 $\{a_n\}$ 의 일반항이 $a_n=\dfrac{(n!)^4}{(pn)!}$ 일 때,

$$\frac{a_n}{a_{n+1}}=\frac{(n!)^4}{(pn)!}\times\frac{(pn+p)!}{\{(n+1)!\}^4}$$

$$=\left(\frac{n!}{(n+1)!}\right)^4\times\frac{(pn+p)!}{(pn)!}=\frac{1}{(n+1)^4}\times\frac{(pn+p)(pn+p-1)\cdots(pn+1)}{1}$$ 이므로

$\displaystyle\lim_{n\to\infty}\frac{a_n}{a_{n+1}}=\alpha$ 로 수렴하기 위해서는 $p=4$ 이어야 한다. 이때 $\displaystyle\lim_{n\to\infty}\frac{a_n}{a_{n+1}}=p^4$ 이므로 $p^4=\alpha$

$\therefore \alpha=4^4=2^8$이고 따라서 $\log_2\alpha=\log_2 2^8=8$ 이다.

14 ③

8 개의 점에서 3 개의 점을 연결하여 만들 수 있는 삼각형의 개수는 ${}_8C_3=56$ 이다.

둔각삼각형이 되는 경우는 그림1 과 그림 2 의 경우이므로 경우의 수는 $8+8\times2=24$ 이다.

따라서 확률은 $\dfrac{24}{56}=\dfrac{3}{7}$ 이다.

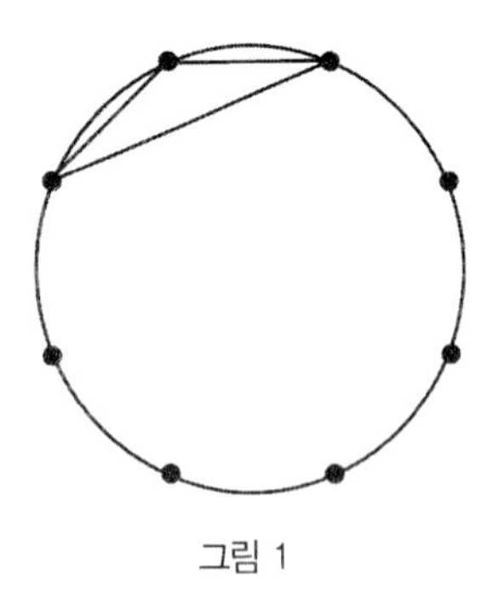
그림 1

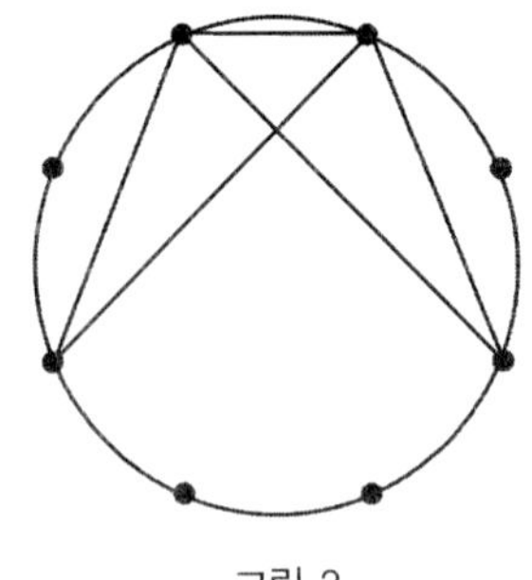
그림 2

15 ①

네 수의 곱이 15 의 배수이므로 네 수 중 하나는 반드시 5 이어야 한다. 5 를 포함하면서 합이 홀수이기 위해서는 다른 세 수의 합이 짝수이어야 한다.

세 수가 모두 짝수인 경우는 2, 4, 6, 8 에서 세 수를 선택하는 조합이므로 ${}_4C_3 = 4$ 이고,

세 수 중 짝수가 1 개, 홀수가 2 개 인 경우의 수는 ${}_4C_1 \times {}_4C_2 = 24$ 이므로

5 를 포함하며 합이 홀수인 경우의 수는 $4 + 24 = 28$ 이다.

이 중 곱이 15 의 배수가 안 되는 경우는 세 수에 3 의 배수, 즉 3, 6, 9 가 포함되지 않는 경우이며, 세 수가 모두 짝수인 경우는 2, 4, 8 로서 1 가지이고 세 수 중 짝수가 1 개, 홀수가 2 개인 경우의 수는 1, 7, 2 또는 1, 7, 4 또는 1, 7, 8 로서 3 가지이다.

그러므로 조건을 만족하는 경우의 수는 $28 - (1 + 3) = 24$ 이고 전체 경우의 수는 ${}_9C_4 = 126$ 이므로

확률은 $\dfrac{24}{126} = \dfrac{4}{21}$ 이다.

16 ⑤

점 P_0, P_1, P_2, $\cdots$ 에서 무수히 많은 점들이 선분 DA 위에 있기 위해서는 선분 $P_{n-1}P_n$ 의 길이의 합

$\displaystyle\sum_{n=1}^{\infty} \overline{P_{n-1}P_n} = 1 + \frac{1}{t} + \frac{1}{t^2} + \cdots = \frac{1}{1-t}$ 에 대하여

$3 < \dfrac{1}{1-t} < 4$, $7 < \dfrac{1}{1-t} < 8, \cdots, 4n-1 < \dfrac{1}{1-t} < 4n, \cdots$ 이어야 한다. 이 부등식을 만족하는 t 의 범위는 $\dfrac{2}{3} < t < \dfrac{3}{4}$, $\dfrac{6}{7} < t < \dfrac{7}{8}, \cdots, \dfrac{38}{39} < t < \dfrac{39}{40}$, $\dfrac{42}{43} < t < \dfrac{43}{44}, \cdots$ 이므로

$k < t < \dfrac{39}{40}$ 을 만족하는 k 의 범위는 $\dfrac{38}{39} \leq k$ 이므로 k 의 최솟값은 $\dfrac{38}{39}$ 이다.

17 ①

접점의 좌표를 (t, t^3+1) 이라 하면 접선의 방정식은 $y=3t^2x-2t^3+1$ 이고 점 (a, b) 를 지나므로 $b=3t^2a-2t^3+1$, 즉 $2t^3-3at^2=1-b$ 가 성립한다. 접선의 개수가 3 일 때 이 삼차방정식의 실근의 개수가 3 개이고 따라서 곡선 $y=2t^3-3at^2$ 의 그래프와 직선 $y=1-b$ 의 그래프는 서로 다른 세 점에서 만난다. 곡선 $y=2t^3-3at^2$ 에서 $y'=6t(t-a)$ 이므로 $t=0$, $t=a$ 에서 각각 극소, 극대이고 그래프는 [그림 1]과 같다.

직선 $y=1-b$ 와 서로 다른 세 점에서 만나기 위해서는 $-a^3<1-b<0$ $\quad\therefore 1<b<a^3+1$ 이다.

$0\le a\le 1$ 에 대하여 점 (a, b) 가 나타내는 영역의 넓이는 [그림 2]에서처럼

$\int_0^1 (x^3+1)dx-1=\frac{1}{4}$ 이다.

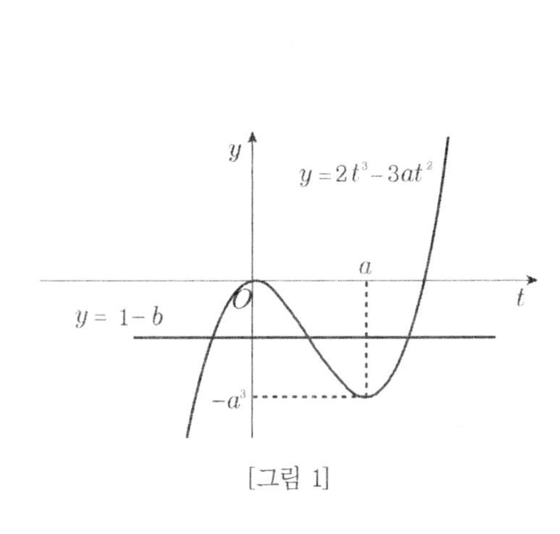

[그림 1]

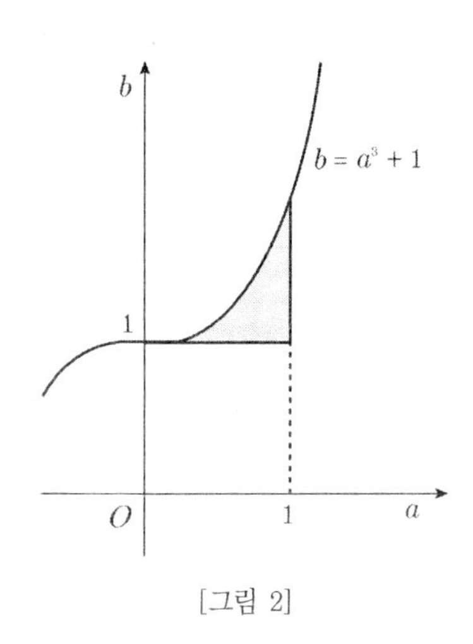

[그림 2]

18 ②

함수 $f(x)$ 는 $0<x\le\frac{1}{2}$ 에서

$$\text{함수 } f(x)=\begin{cases} 0-0+0-0=0 & \left(0<x<\frac{1}{6}\right) \\ 0-1+0-0=1 & \left(\frac{1}{6}\le x<\frac{1}{4}\right) \\ 1-1+0-0=0 & \left(\frac{1}{4}\le x<\frac{1}{3}\right) \\ 1-2+0-0=-1 & \left(\frac{1}{3}\le x<\frac{1}{2}\right) \\ 2-3+0-0=-1 & \left(\frac{1}{2}\le x<\frac{2}{3}\right) \\ \vdots & \vdots \quad \vdots \end{cases}$$

이고 $0<x\le\frac{1}{2}$ 에서 그림에서처럼 함수 $f(x)$ 의 불연속점은 $x=\frac{1}{6},\ \frac{1}{4},\ \frac{1}{3}$ 으로 3 개다.

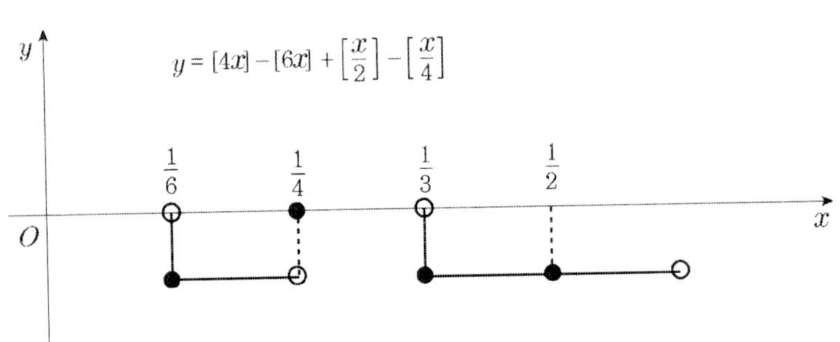

$\frac{1}{2}< x \le 1$ 에서도 불연속점이 3 개이므로 $0< x \le 1$ 에서 불연속점은 6 개다.

마찬가지로 하면 $0< x <5$ 에서 불연속점은 $6\times 5=30$ 이다

한편, $x=2$ 근방에서 $f(x)=\begin{cases}7-11+0-0=-4 & (x<2)\\ 8-12+1-0=-3 & (x\ge 2)\end{cases}$ 이므로 $x=2$ 에서 불연속이다.

그러므로 불연속점의 개수는 31 개다.

19 ①

함수 $f(x)=\begin{cases}\lim\limits_{n\to\infty}\dfrac{x(x^{4n}-1)}{x^{4n}+1} & (x\ne 0)\\ 0 & (x=0)\end{cases}$ 에 대하여 $f(x)=\begin{cases}x & (x>1)\\ -x & (-1<x<1)\\ 0 & (x=1,\ x=-1)\end{cases}$ 이다.

방정식 $f(x)=(x-k)^2$ 의 실근의 개수는 함수 $y=f(x)$ 의 그래프와 포물선 $y=(x-k)^2$ 의 그래프의 교점의 개수와 같다. 그림에서처럼 $k=\frac{1}{4}$ 일 때 포물선은 함수 $y=f(x)$ 에 접하고 $k=1$ 일 때 원점을 지난다. 따라서 교점의 개수가 3 이 되는 k 의 범위는 $0<k<\frac{1}{4}$ 이다.

그러므로 $a=0,\ b=\frac{1}{4}$ $\quad\therefore a+b=\frac{1}{4}$ 이다.

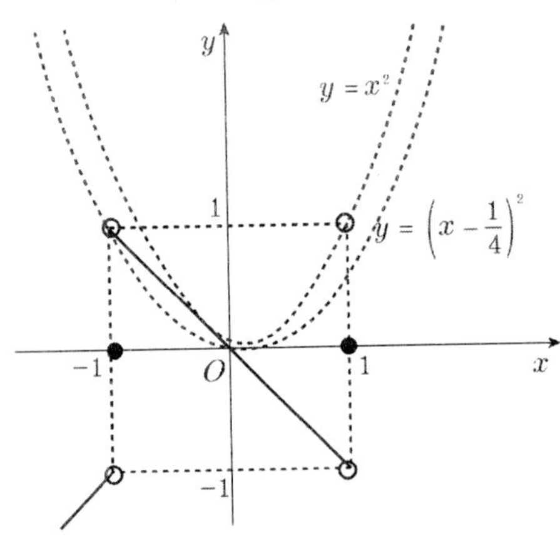

20 ③

함수 f 가 조건을 만족하기 위해서는 합성함수 $f \circ f$ 의 치역은 반드시 1, 2, 3 을 포함하여야 한다.

1) 함수 f 의 치역이 $\{1, 2, 3\}$ 일 때, 그림처럼 1, 2, 3 은 반드시 1, 2, 3 으로 대응되어야 하므로 이 경우의 수는 $3! \times 3 \times 3 = 54$ 이다.

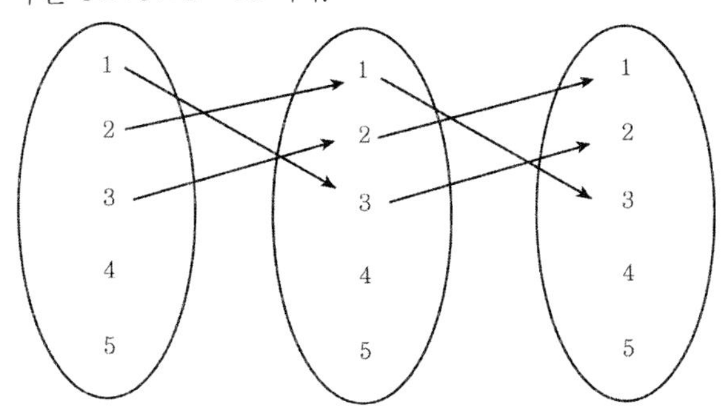

2) 함수 f 의 치역이 $\{1, 2, 3, 4\}$ 또는 $\{1, 2, 3, 5\}$ 일 때, ⅰ) [그림 1]에서와 같이 1, 2, 3, 4 가 일대일대응인 경우 $4! \times 4 = 96$ 이고, ⅱ) [그림 2]에서와 같이 1, 2, 3, 4 의 치역이 1, 2, 3 인 경우 $\frac{{}_4C_2 \times {}_2C_1 \times {}_1C_1}{2!} \times 3! = 36$ 이어서 총 경우의 수는 $2 \times (96 + 36) = 264$ 이다.

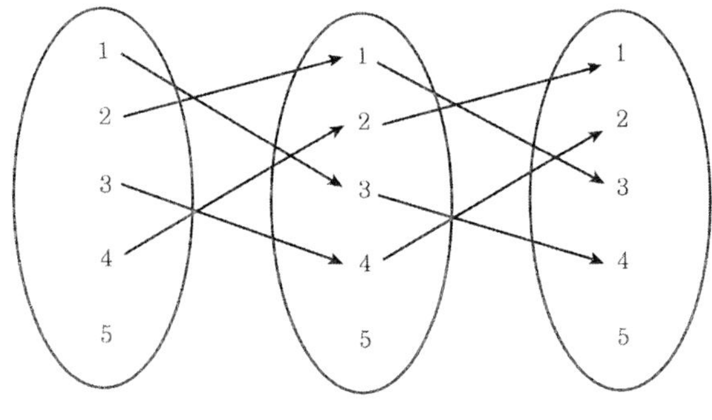

[그림 1]

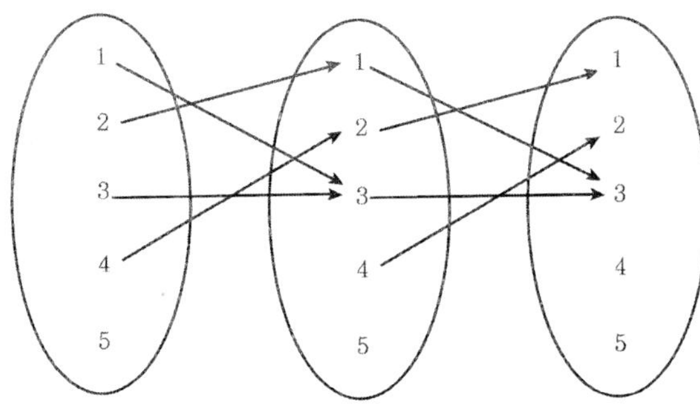

[그림 2]

3) 함수 f 의 치역이 $\{1, 2, 3, 4, 5\}$ 일 때, 경우의 수는 $5! = 120$ 이다.

따라서 구하는 함수 f 의 개수는 $54 + 264 + 120 = 438$ 이다.

21 7

$$\lim_{n\to\infty}\frac{1}{n^3}\{(n+3)^2+(n+6)^2+\cdots+(n+3n)^2\}$$
$$=\lim_{n\to\infty}\frac{1}{n^3}\sum_{k=1}^{n}(n+3k)^2$$
$$=\lim_{n\to\infty}\sum_{k=1}^{n}\left(1+\frac{3k}{n}\right)^2\frac{1}{n}$$
$$=\frac{1}{3}\lim_{n\to\infty}\sum_{k=1}^{n}\left(1+\frac{4-1}{n}k\right)^2\frac{4-1}{n}$$
$$=\frac{1}{3}\int_1^4 x^2\,dx$$
$$=7$$

22 13

수열 $\{a_n\}$ 에 대하여 $S_n+S_{n+1}=(a_{n+1})^2$ $\cdots$ ㉠ 으로부터

$S_n+S_{n+1}-(S_{n-1}+S_n)=(a_{n+1})^2-(a_n)^2$
$a_{n+1}+a_n=(a_{n+1}+a_n)(a_{n+1}-a_n)$

$\therefore a_{n+1}=a_n+1$ (단, $n\ge 2$)

㉠의 식에 $n=1$ 을 대입하면 $a_2=5$ 이므로 수열$\{a_n\}$ 은 첫 항이 $a_1=10$ 이고 두 번째 항부터 공차가 1인 등차수열이고 일반항은 $\begin{cases}a_n=n+3 & (n\ge 2)\\ a_1=10\end{cases}$ 이다.

따라서 $a_{10}=10+3=13$ 이다.

23 172

부등식 $10^{10}\le 2^x5^y$ 의 양변에 상용로그를 취하면

$10\le \log 2x+\log 5y$, 즉 $10\le 0.3x+0.7y$ $\therefore 3x+7y-10\ge 0$ 이다.

이 부등식을 만족하는 양의 실수 x, y 에 대하여 좌표평면에 영역으로 나타내면 그림과 같다.

부등식의 영역에 있는 점 $(x,\ y)$에 대하여 x^2+y^2은 원점과의 거리의 제곱이므로 원점에서 직선 $3x+7y-10=0$ 에 내린 수선의 발을 H 라고 하면 x^2+y^2 의 최솟값은

$m=\overline{OH}^2=\left(\dfrac{|-10|}{\sqrt{3^2+7^2}}\right)^2=\dfrac{10000}{58}=172.4137\cdots$ 이다. 따라서 m 의 정수부분은 172 이다.

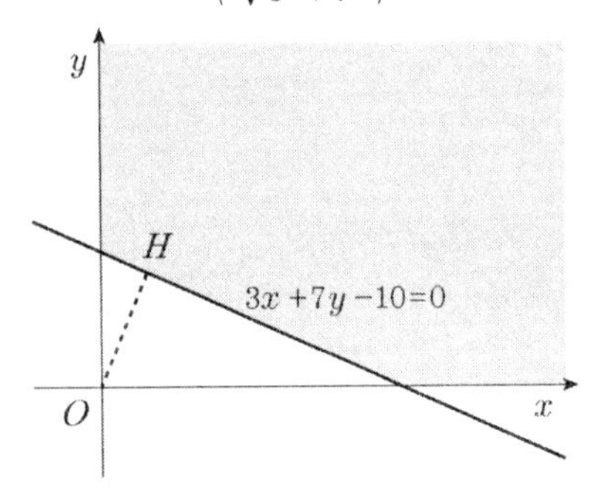

24 3

함수 $f(x)=\begin{cases} x+1 & (x \le 0) \\ g(x) & (0<x<2) \\ k(x-2)+1 & (x \ge 2) \end{cases}$ 에 대하여 $f'(x)=\begin{cases} 1 & (x \le 0) \\ g'(x) & (0<x<2) \\ k & (x \ge 2) \end{cases}$ 이다.

함수 $f(x)$ 가 모든 실수 x 에 대하여 미분가능하기 위해서는

$x=0$ 에서 미분가능해야 한다. 따라서 $g(0)=1,\ g'(0)=1 \cdots$ ㉠

또한 $x=2$ 에서 미분가능해야 하므로 $g(2)=1,\ g'(2)=k \cdots$ ㉡

㉠, ㉡ 의 네 조건을 만족하는 가장 낮은 차수의 다항식 $g(x)$는 삼차다항식이고

이때 $g(x)=ax^3+bx^2+cx+d$라 하면 $g'(x)=3ax^2+2bx+c$이고 ㉠, ㉡에서

$d=1,\ c=1,\ 4a+2b+1=0$이다.

한편 $g(1)=a+b+2$이고 $\frac{1}{4}<g(1)<\frac{3}{4}$와 $a=-\frac{1}{2}b-\frac{1}{4}$에서 $-3<b<-2$이다.

이때, $k=g'(2)=12a+4b+1=-2b-2$이고 따라서 $2<k<4$이다. 이를 만족하는 자연수 k는 3이다.

25 40

A 지점에서 B 지점까지의 최단 경로의 수는 오른쪽으로 한 칸 이동하는 것을 a, 위쪽으로 한 칸 이동하는 것을 b 라 나타내면 8 개의 a, a, a, a, a, b, b, b 를 일렬로 나열하는 것과 같다. 이때 최단 경로 중에서 가로 또는 세로의 길이가 3 이상인 경우는 다음과 같다.

1) 가로의 길이가 3 인 경우

i) $\vee\ a\ \ a\ \ a\ b\ \vee\ a \vee a\ \vee$ 의 경우 4 개의 빈자리 $\vee$ 에 2 개의 b 를 넣는 경우의 수와 같으므로 ${}_4H_2={}_5C_2=10$ 이다.

ii) $\vee\ a\ \vee b\ a\ \ a\ a\ b\ \vee a\ \vee$ 의 경우 4개의 빈자리 $\vee$ 에 1 개의 b를 넣는 경우의 수와 같으므로 ${}_4H_1={}_4C_1=4$ 이다.

iii) $\vee\ a\ \vee a \vee\ b\ \ a\ \ a\ \ a\ \vee$ 의 경우 4 개의 빈자리 $\vee$ 에 2 개의 b를 넣는 경우의 수와 같으므로 ${}_4H_2={}_5C_2=10$ 이다.

따라서 가로의 길이가 3 인 경우의 수는 $10+4+10=24$이다.

2) 가로의 길이가 4 인 경우: $\vee\ a\ \ a\ \ a\ \ a\ b\ \vee a\ \vee$ 또는 $\vee\ a\ \vee b\ a\ \ a\ \ a\ a\ \vee$ 의 경우이므로 $2\times{}_3H_2=12$ 이다.

3) 가로의 길이가 5 인 경우는 $\vee\ a\ a\ a\ a\ a\ \vee$ 이므로 ${}_2H_3=4$ 이다.

그러므로 구하는 경우의 수는 $24+12+4=40$이다.

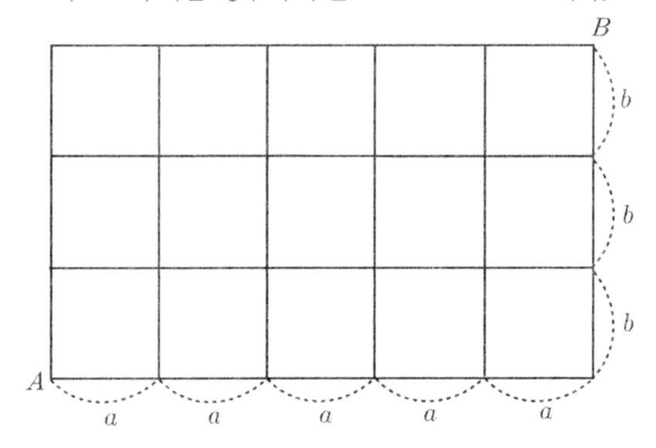

15 2020학년도 정답 및 해설

01 ②

$2^{3x}=9$ 에서 $2^3=9^{\frac{1}{x}}=(3^2)^{\frac{1}{x}}=3^{\frac{2}{x}}$ $\therefore 3^{\frac{2}{x}}=8$

02 ①

$\log_x 1000+\log_{100}x^4=3\log_x 10+\frac{4}{2}\log_{10}x=3\log_x 10+2\log_{10}x$ 에 대하여 $x>1$ 일 때

$\log_x 10>0,\ \log_{10}x>0$ 이므로 산술기하평균에 의해

$3\log_x 10+2\log_{10}x\geq 2\sqrt{3\log_x 10\times 2\log_{10}x}=2\sqrt{6}$ 이므로 $3\log_x 10=2\log_{10}x$ 일 때, 즉

$\log_{10}x=\frac{\sqrt{6}}{2}$ 일 때 최솟값은 $m=2\sqrt{6}$ 이다. $\log_{10}\alpha=\frac{\sqrt{6}}{2}$ 이므로

$\log_{10}\alpha^m=m\log_{10}\alpha=2\sqrt{6}\times\frac{\sqrt{6}}{2}=6$ 이다.

03 ④

$$f(x)=\lim_{n\to\infty}\frac{x(x^2)^n-2(x^2)^n+1}{x^2(x^2)^n+(x^2)^n+1}=\begin{cases}\frac{x-2}{x^2+1} & (x<-1,\ x>1)\\ 1 & (-1<x<1)\\ 0 & (x=1)\\ -\frac{2}{3} & (x=-1)\end{cases}$$ 이므로

$\lim_{x\to-1-}f(x)=\lim_{x\to-1-}\frac{x-2}{x^2+1}=-\frac{3}{2},\ \lim_{x\to1-}f(x)=\lim_{x\to1-}1=1$ 이다.

따라서 $a=-\frac{3}{2},\ b=1$ $\therefore \frac{b}{a+2}=2$

04 ④

확률변수 X 가 이항분포 $B\left(400,\ \frac{4}{5}\right)$ 를 따른다고 하면 $\sum_{k=308}^{400}{}_{400}C_k\left(\frac{4}{5}\right)^k\left(\frac{1}{5}\right)^{400-k}=P(308\leq X)$ 이다.

X 는 근사적으로 정규분포 $N(320,\ 8^2)$ 을 따르므로

$P(308\leq X)=P\left(\frac{308-320}{8}\leq Z\right)=P(-1.5\leq Z)=0.5+P(0\leq Z\leq 1.5)=0.9332$ 이다.

05 ③

$a_k = \lim_{n\to\infty} \dfrac{5\times 5^n}{k\times 5^n + 4\times k\times k^n}$ 에 대하여

$k=1, 2, 3, 4$ 이면 $a_k = \lim_{n\to\infty} \dfrac{5}{k+4k\left(\dfrac{k}{5}\right)^n} = \dfrac{5}{k}$ 이고

$k=5$ 이면 $a_k = \lim_{n\to\infty} \dfrac{5^{n+1}}{5^{n+1}+4\times 5^{n+1}} = \dfrac{1}{5}$ 이고

$k>6$ 이면 $a_k = \lim_{n\to\infty} \dfrac{5\left(\dfrac{5}{k}\right)^n}{k\left(\dfrac{5}{k}\right)^n + 4k} = 0$ 이다.

따라서 $\sum_{k=1}^{10} k a_k = \sum_{k=1}^{4} k\times\dfrac{5}{k} + 5\times\dfrac{1}{5} + 0 = 21$ 이다.

06 ③

$f(2)-f(1)=f(3)-f(2)=1$ 에서 $f(1)<f(2)<f(3)$ 이면서 차가 1 인 경우는 1, 2, 3 이 1, 2, 3 또는 2, 3, 4 또는 3, 4, 5 로 대응되는 경우로 3 가지이다. 이때 4, 5 가 대응되는 경우는 각각 5 가지이므로 함수 f 의 개수는 $3\times 5\times 5=75$ 이다.

07 ⑤

실수 t 에 따른 곡선 $y=|x^2-4|$ 와 직선 $y=x+t$ 가 만나는 점의 개수는 [그림1]에서처럼

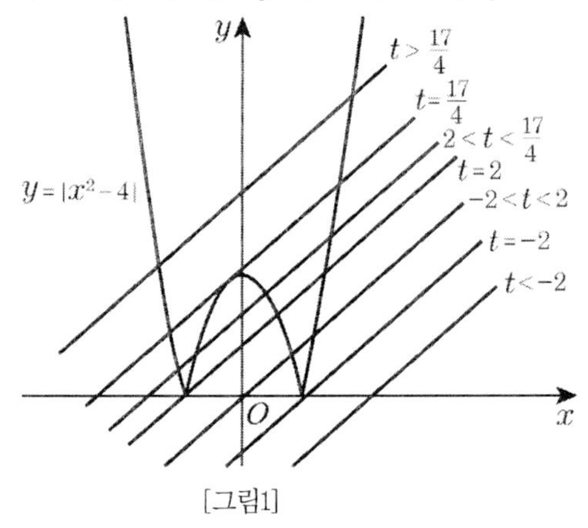

[그림1]

$$g(t)=\begin{cases} 2 & \left(t>\frac{17}{4}\right) \\ 3 & \left(t=\frac{17}{4}\right) \\ 4 & \left(2<t<\frac{17}{4}\right) \\ 3 & (t=2) \\ 2 & (-2<t<2) \\ 1 & (t=-2) \\ 0 & (t<-2) \end{cases}$$ 와 같다.

함수 $y=g(x)$ 의 그래프와 직선 $y=\frac{1}{2}x+2$ 가 만나는 점의 개수는 [그림2]에서처럼 5 개다.

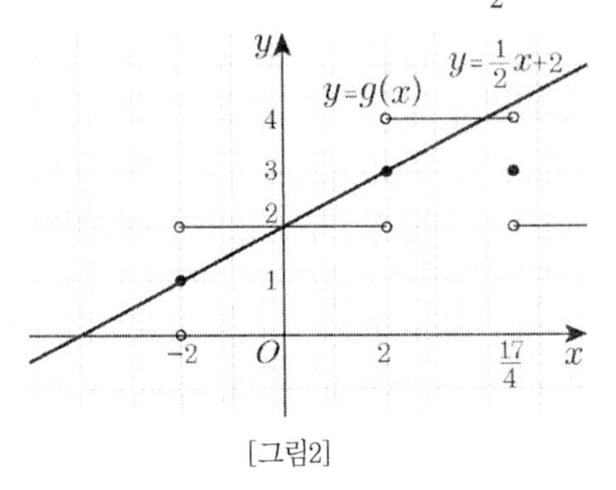

[그림2]

08 ①

$A-B=\{1\}$ 을 만족하는 모든 순서쌍 (A, B) 의 개수는 원소 2, 3, 4, 5 가 각각 $A\cap B$ 또는 $B-A$ 또는 $(A\cup B)^C$ 의 원소가 되는 경우와 같아서 $3\times3\times3\times3=81$ 가지이다.

09 ④

$\int_0^x (x-t)^2 f'(t)\,dt = x^2\int_0^x f'(t)dt - 2x\int_0^x tf'(t)\,dt + \int_0^x t^2 f'(t)\,dt$ 이므로

주어진 식을 x 에 관하여 미분하면

$2x\int_0^x f'(t)\,dt - 2\int_0^x tf'(t)\,dt = 3x^3-6x^2$ 이고,

이 식을 다시 미분하면

$2\int_0^x f'(t)\,dt = 9x^2-12x$, 즉 $2\{f(x)-f(0)\}=9x^2-12x$ 이다.

$f(0)=1$ 이므로 $f(x)=\frac{1}{2}\{9x^2-12x+2\}$ 이고 이때 $\int_0^1 f(x)\,dx=-\frac{1}{2}$ 이다.

10 ②

네 정수의 제곱의 합이 17 이 되는 경우는 네 정수의 제곱이 16, 1, 0, 0 또는 9, 4, 4, 0 인 경우이다.

i) 네 정수의 제곱이 16, 1, 0, 0 일 때의 경우의 수는 a^2, b^2, c^2, d^2 의 순서를 정하는 경우의 수 $\frac{4!}{2!}$ 각각에 양수, 음수를 정하는 경우의 수 2×2 를 곱하는 것과 같아서 $\frac{4!}{2!}\times2\times2=48$ 이다.

ii) 네 정수의 제곱이 9, 4, 4, 0 일 때의 경우의 수는 a^2, b^2, c^2, d^2 의 순서를 정하는 경우의 수 $\frac{4!}{2!}$ 각각에 양수, 음수를 정하는 경우의 수 $2\times2\times2$ 를 곱하는 것과 같아서 $\frac{4!}{2!}\times2\times2\times=96$ 이다.

그러므로 모든 순서쌍의 개수는 $48+96=144$ 이다.

11 ⑤

삼차함수 $P(x)=ax^3+bx^2+cx+d$ 에 대하여 $P'(x)=3ax^2+2bx+c$ 이고 이때 a 는 이차함수 $P'(x)$ 의 폭과 관련되어 있다.

$0\le x\le 1$ 에서 $|P'(x)|\le 1$ 이 되는 경우는 예를 들면 [그림 1]이나 [그림 2] 와 같다.

a 의 최댓값을 구하므로 $a>0$ 이면서 이차함수의 폭이 가장 좁을 때는 [그림 2]처럼 축이 $x=\frac{1}{2}$ 일 때이다. 따라서 $P'(x)=3a\left(x-\frac{1}{2}\right)^2-1$ 에서 $(0, 1)$ 을 지나므로 $a=\frac{8}{3}$ 이다.

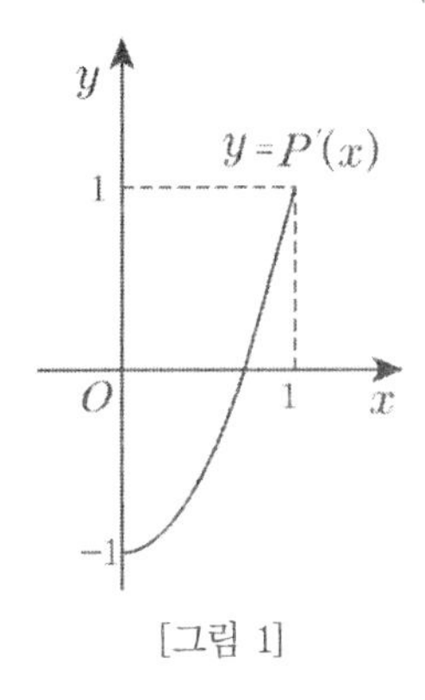

[그림 1]

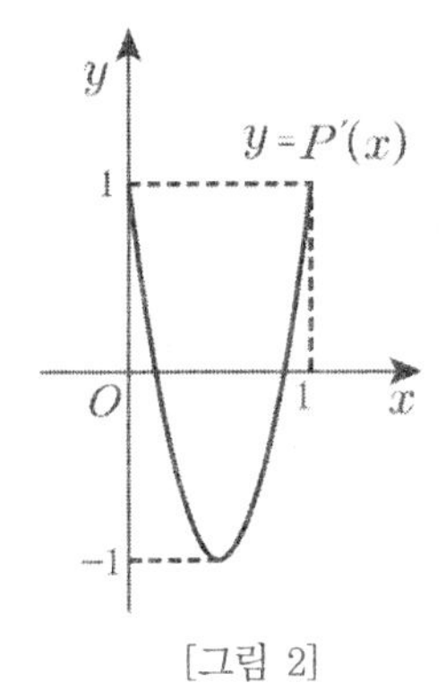

[그림 2]

12 ③

함수 $g(x)$ 가 $x=-1$, $x=5$ 에서 미분가능하므로 $f'(-1)=0$, $f'(5)=0$ 이어야 한다.

㉠ 최고차항의 계수가 1 인 삼차함수 $f(x)$ 에 대하여 $f'(-1)=0$, $f'(5)=0$ 이므로 $x=-1$ 에서 극대, $x=5$ 에서 극소이다. 따라서 ㉠은 참.

㉡ $f'(x)=3(x+1)(x-5)$ 를 적분하면 $f(x)=x^3-6x^2-15x+C$ 이고 $f(9)=0$ 이므로 $C=-108$ 이다. 따라서 $f(x)=x^3-6x^2-15x-108$ 이고 이때 $f(-1)=-100$, $f(5)=-208$ 이므로 $a=|f(-1)|=100$, $b=|f(5)|=208$ $\therefore a<b$ 이다. 그러므로 ㉡은 거짓.

㉢ 함수 $f(x)$ 는 $x=-1$ 에서 극대, $x=5$ 에서 극소이므로 $a=b$ 이면 $a=|f(-1)|$, $b=|f(5)|$ 에서 $f(-1)=-f(5)$ 이어야 한다. 이때 $f(x)=x^3-6x^2-15x+C$ 에서 $C=46$ 이고 그러므로 $f(0)=46$ 이다. 따라서 ㉢은 참.

13 ③

합성함수 $g(f(x))=\begin{cases}1 & (f(x)>0)\\ 0 & (f(x)\le 0)\end{cases}$ 가 실수 전체의 집합에서 연속이기 위해서는 모든 실수 x 에 대하여 $f(x)>0$ 이거나 $f(x)\le 0$ 이어야 한다.

i) 모든 실수 x 에 대하여 $f(x)>0$ 이기 위해서는 $a-3>0$, $\frac{D}{4}=b^2-c<0$ 이어야 한다. 이를 만족하는 경우의 수는 $a=4,5,6$ 각각에 대하여 $b=1, c=2,3,4,5,6$ 또는 $b=2, c=5,6$ 으로 $3\times(5+2)=21$ 이다.

ii) 모든 실수 x 에 대하여 $f(x)\le 0$ 이기 위해서는 $a-3<0$, $\frac{D}{4}=b^2-c\le 0$ 이어야 한다. 이를 만족하는 경우의 수는 $a=1,2$ 각각에 대하여 $b=1$, $c=1,2,\cdots,6$ 또는 $b=2, c=4,5,6$ 으로 $2\times(6+3)=18$ 이다.

iii) $a-3=0$ 이면 모든 실수 x 에 대하여 $f(x)=0$ 이므로 함수 $g(x)$ 는 연속이다. 따라서 이 경우의 수는 $a=3$ 에 대하여 $b=1,2,\cdots 6$, $c=1,2,\cdots 6$ 이 되므로 $6\times6=36$ 이다.

따라서 확률은 $\frac{21+18+36}{6^3}=\frac{25}{72}$ 이다.

14 ①

(가)에서 $\int_{a-t}^{a+t} f(x)\,dx=0$ 을 t 에 대하여 미분하면 $f(a+t)+f(a-t)=0$, 즉 함수 $f(x)$ 는 점$(a, 0)$에 대하여 대칭인 함수이다. 따라서 $f(a)=0$ 이다.

(나)에서 $f(a)=f(0)=0$ 이고 함수 $f(x)$ 는 점 $(a, 0)$ 에 대하여 대칭인 함수이므로 $f(2a)=0$ 이다.

그러므로 $f(x)=x(x-a)(x-2a)=x^3-3ax^2+2a^2x$ 라 할 수 있다.

(다)에서 $\int_0^a f(x)\,dx=\left[\frac{1}{4}x^4-ax^3+a^2x^2\right]_0^a=\frac{1}{4}a^4=144$ 이므로 $a=2\sqrt{6}$ 이다.

15 ④

두 곡선이 만나는 교점을 구하기 위해 $x^3+4x^2-6x+5=x^3+5x^2-9x+6$ 에서 $x^2-3x+1=0$ 의 양의 두 실근이 α, β 이므로 $\alpha+\beta=3$, $\alpha\beta=1, \beta-\alpha=\sqrt{5}$ 이다.

곡선 $y=6x^5+4x^3+1$ 은 $y'=30x^4+12x^2\ge 0$ 이고 $x=0$ 일 때의 값이 1 이므로 $\alpha\le x\le\beta$ 에서 $y>0$ 이다.

따라서 구하는 넓이는 $\int_\alpha^\beta(6x^5+4x^3+1)dx=\left[x^6+x^4+x\right]_\alpha^\beta=(\beta^6-\alpha^6)+(\beta^4-\alpha^4)+(\beta-\alpha)$ 이다.

$\beta^2+\alpha^2=(\beta+\alpha)^2-2\alpha\beta=7$ 이므로
$\beta^3+\beta^3=(\beta+\alpha)^3-3\alpha\beta(\beta+\alpha)=18$
$\beta^3-\alpha^3=(\beta-\alpha)^3+3\alpha\beta(\beta-\alpha)=8\sqrt{5}$
$\beta^6-\beta^6=(\beta^3+\alpha^3)(\beta^3-\alpha^3)=144\sqrt{5}$
$\beta^4-\alpha^4=(\beta^2+\alpha^2)(\beta+\alpha)(\beta-\alpha)=21\sqrt{5}$
넓이는 $144\sqrt{5}+21\sqrt{5}+\sqrt{5}=166\sqrt{5}$ 이고 따라서 $a=166$ 이다.

16 ②

사차방정식 $f(x)=0$ 의 근이 $x=1,\ a,\ a-1,\ a-2$ 이므로 서로 다른 세 실근을 갖기 위해서는 중근을 가져야 한다.

i) $a=1$ 이면 $f(x)=kx(x+1)(x-1)^2$ 이 되어 $x=1$ 에서 극소이고 따라서 두 극솟값의 곱은 0 이다.

ii) $a=3$ 이면 $f(x)=k(x-1)^2(x-2)(x-3)$ 이 되어 $x=1$ 에서 극소이고 따라서 두 극솟값의 곱은 0 이다.

iii) $a=2$ 이면 $f(x)=kx(x-1)^2(x-2)$ 이고 $f'(x)=2k(x-1)(2x^2-4x+1)$ 이다. 이차방정식 $2x^2-4x+1=0$ 의 두 근을 $\alpha,\ \beta$ 라고 하면 $\alpha<1<\beta$ 이므로 함수 $f(x)$ 의 극솟값은 $f(\alpha),\ f(\beta)$ 이고 따라서 두 극솟값의 곱은 $\alpha+\beta=2,\ \alpha\beta=\dfrac{1}{2}$ 을 적용하면

$f(\alpha)f(\beta)=k^2\alpha\beta(\alpha-1)^2(\beta-1)^2(\alpha-2)(\beta-2)=\dfrac{k^2}{16}$ 이므로 $\dfrac{k^2}{16}=25\quad\therefore k=20$ 이다.

따라서 $ak=2\times20=40$ 이다.

17 ②

주어진 식에 $x=y=0$ 이면 $f(0)=0$ 이다.

$$f'(x)=\lim_{h\to0}\frac{f(x+h)-f(x)}{h}=\lim_{h\to0}\frac{f(x)-f(-h)-3xh(x-h)-f(x)}{h}$$
$$=\lim_{h\to0}\left\{\frac{-f(-h)}{h}-3x(x-h)\right\}$$
$$=-3x^2+f'(0)$$

함수 $f(x)$ 가 $x=2$ 에서 극댓값을 가지므로 $f'(2)=0$ 이다. 따라서 위의 식에서 $f'(0)=12$ 가 되고 이때 $f'(x)=-3x^2+12$, $f(x)=-x^3+12x+C$ 이다.

$f(0)=0$ 이므로 $C=0$ 이고 따라서 $f(x)=-x^3+12x$ 이다.

이때 극댓값 $a=f(2)=16$, $f'(0)=b=12$ 이므로 $a-b=4$ 이다.

18 ⑤

주어진 식의 값이 최대가 되기 위해서는 12 를 기준으로 이웃하는 항에 1, 2 가 있어야 한다. 이때 1의 이웃하는 항에는 11 , 2 의 이웃하는 항에는 10 이 있어야 한다. 이런 식으로 생각하면 수의 배열은 다음과 같다.

7, 5, 9, 3, 11, 1, 12, 2, 10, 4, 8, 6

따라서 최댓값은 $2+4+6+8+10+11+10+8+6+4+2=71$ 이다.

19 ⑤

$\log_2(x+\sqrt{2}y)+\log_2(x-\sqrt{2}y)=2$ 에서 $x^2-2y^2=4$ 또는 $|x|^2-2|y|^2=4$ 이다.

$|x|-|y|=k$ 라 하면 $|y|=|x|-k$ 이고 $|x|^2-2|y|^2=4$ 에서 $|x|^2-4k|x|+2k^2+4=0$ 은 양의 실근을 가져야 한다. 그러므로 $k>0$ 이고 $\frac{D}{4}=4k^2-2k^2-4\geq 0$ 이므로 $k\geq\sqrt{2}$ 어서 최솟값은 $\sqrt{2}$ 이다.

20 ③

$\frac{1}{a}+\frac{1}{b}\leq 4$ 에서 $\frac{a+b}{ab}\leq 4$ $\therefore a+b\leq 4ab$, 또는 $(a+b)^2\leq 16(ab)^2$ …… ㉠

$(a-b)^2=16(ab)^3$ 이므로 $(a+b)^2=(a-b)^2+4ab=16(ab)^3+4ab$ 이다.

따라서 부등식 ㉠에서 $16(ab)^3+4(ab)\leq 16(ab)^2$ 이 성립한다.

$ab=x\ (x>0)$ 라 하면

$16x^3-16x^2+4x\leq 0$ 에서 $4x(2x-1)^2\leq 0$ $\therefore x=\frac{1}{2}$ $(\because x>0)$ 이다. 즉 $ab=\frac{1}{2}$ 이고

$(a+b)^2=16(ab)^3+4(ab)=4$ $\therefore a+b=2$ 이다.

21 2

$\sum_{n=1}^{\infty}r^{3n-2}=\frac{1}{2}$ 이므로 $-1<r^3<1$ 이고 이때 $\frac{r}{1-r^3}=\frac{1}{2}$ 를 만족한다. 따라서 $r^3+2r-1=0$ 이고 삼차방정식 $x^3+ax-1=0$ 의 실근이 r 이므로 $r^3+ar-1=0$ 이다. 그러므로 $a=2$ 이다.

22 4

두 상자 A, B 중 각각의 상자를 선택하는 사건을 각각 A, B 라 하고 선택한 상자에서 공을 1 개 꺼냈을 때 검은 공인 사건을 E 라고 하면 구하는 확률은 $P(B|E)$ 라고 할 수 있다.

$$P(B|E)=\frac{P(B\cap E)}{P(E)}=\frac{P(B\cap E)}{P(A\cap E)+P(B\cap E)}=\frac{\frac{1}{2}\times\frac{1}{4}}{\frac{1}{2}\times\frac{2}{4}+\frac{1}{2}\times\frac{1}{4}}=\frac{1}{3}\text{ 이다.}$$

따라서 $p=3,\ q=1$ $\therefore p+q=4$ 이다.

23 202

부등식 $\left|n-\sqrt{m-\frac{1}{2}}\right|<1$ 을 m 에 관하여 풀면

$\left|\sqrt{m-\frac{1}{2}}-n\right|<1$

$n-1<\sqrt{m-\frac{1}{2}}<n+1$

$(n-1)^2<m-\frac{1}{2}<(n+1)^2$

$n^2-2n+\frac{3}{2}<m<n^2+2n+\frac{3}{2}$

이다. 이 부등식을 만족하는 자연수 m 의 범위는 $n^2-2n+2\leq m\leq n^2+2n+1$ 이므로 개수는 $a_n=4n$ 이다. 이때 $\frac{1}{100}\sum_{n=1}^{100}a_n=\frac{1}{100}\sum_{n=1}^{100}4n=\frac{1}{100}\times 4\times\frac{100\times 101}{2}=202$ 이다.

24 17

i) $\sqrt{2k+1}-\sqrt{2k-1}=\frac{2}{\sqrt{2k+1}+\sqrt{2k-1}}>\frac{2}{\sqrt{2k+1}+\sqrt{2k+1}}=\frac{1}{\sqrt{2k+1}}$ 이므로

$\sum_{k=1}^{180}(\sqrt{2k+1}-\sqrt{2k-1})>\sum_{k=1}^{180}\frac{1}{\sqrt{2k+1}}$ 이다.

좌변은

$\sum_{k=1}^{180}(\sqrt{2k+1}-\sqrt{2k-1})=(\sqrt{3}-\sqrt{1})+(\sqrt{5}-\sqrt{3})+\cdots+(\sqrt{361}-\sqrt{359})=19-1=18$ 이므로 $\sum_{k=1}^{180}\frac{1}{\sqrt{2k+1}}<18$ 이다.

ii) $\sqrt{2k+3}-\sqrt{2k+1}=\frac{2}{\sqrt{2k+3}+\sqrt{2k+1}}<\frac{2}{\sqrt{2k+1}+\sqrt{2k+1}}=\frac{1}{\sqrt{2k+1}}$ 이므로

$\sum_{k=1}^{179}(\sqrt{2k+3}-\sqrt{2k+1})<\sum_{k=1}^{179}\frac{1}{\sqrt{2k+1}}$ 이다.

좌변은

$\sum_{k=1}^{179}(\sqrt{2k+3}-\sqrt{2k+1})=(\sqrt{5}-\sqrt{3})+(\sqrt{7}-\sqrt{5})+\cdots+(\sqrt{361}-\sqrt{359})$

$=19-\sqrt{3}=17.***$ 이므로 $17.***<S_{179}$ 이다.

따라서 $S_{179}<S_{180}$ 이므로 $17.***<S_{179}<S_{180}<18$ 에서 S_{180} 의 정수부분은 17 이다.

25 23

$g(a)=\lim_{n\to\infty}\sum_{k=0}^{n-1}f\left(a-\frac{2k}{n}\right)\frac{1}{n}=\int_0^1 f(a-2x)dx$ 이다.

$f(x)=\begin{cases}x+1 & (1\leq x<2)\\ \frac{1}{2}x+2 & (2\leq x<3)\\ \frac{7}{2} & (3\leq x)\end{cases}$ 이므로 $f(3-2x)=\begin{cases}-2x+4 & \left(\frac{1}{2}<x\leq 1\right)\\ -x+\frac{7}{2} & \left(0<x\leq\frac{1}{2}\right)\\ \frac{7}{2} & (x\leq 0)\end{cases}$ 이다.

따라서 $g(3)=\int_0^1 f(3-2x)\,dx=\int_0^{\frac{1}{2}}\left(-x+\frac{7}{2}\right)dx+\int_{\frac{1}{2}}^1(-2x+4)dx=\frac{23}{8}$ 이다.

그러므로 $8\times g(3)=23$ 이다.

봉투모의고사 **찐!5회** 횟수로 플렉스해 버렸지 뭐야 ~

국민건강보험공단 봉투모의고사(행정직/기술직)

국민건강보험공단 봉투모의고사(요양직)